英国战列巡洋舰全史

The Complete History of British Battlecruiser

江泓　著

吉林文史出版社
JILINWENSHICHUBANSHE

图书在版编目（CIP）数据

英国战列巡洋舰全史 / 江泓著. -- 长春：吉林文
史出版社, 2016.8（2024.11重印）
　　ISBN 978-7-5472-3303-0

Ⅰ. ①英… Ⅱ. ①江… Ⅲ. ①战列舰－巡洋舰－发展
史－英国 Ⅳ. ①E925.6

中国版本图书馆CIP数据核字(2016)第186577号

YINGGUO ZHANLIE XUNYANGJIAN QUANSHI

英国战列巡洋舰全史

著 / 江泓
责任编辑 / 吴枫　策划编辑 / 张雪
封面设计 / 舒正序
策划制作 / 指文图书　出版发行 / 吉林文史出版社
地址 / 吉林省长春市福祉大路 5788 号　邮编 / 130117
电话 / 0431-81629369
印刷 / 重庆长虹印务有限公司
版次 / 2016 年 8 月第 1 版　2024 年 11 月第 2 次印刷
开本 / 787mm×1092mm　1/16
印张 / 17.5　字数 / 280 千
书号 / ISBN 978-7-5472-3303-0
定价 / 129.80 元

出版说明

美国著名军事理论家阿尔弗雷德·马汉在其关于"海权论"的著作中曾经明确提出过，海权与国家兴衰休戚与共。一个国家能否成长为伟大国家，与她对海洋的掌控和利用密切相关。几千年来，中国人对陆地的痴迷远远超过对海洋的关注。这一方面是由于农耕文明的天性使然，另一方面也是由于中国人一直奉行与世无争的哲学思维的结果。尽管郑和下西洋宣示了天朝上国的皇恩浩荡，但是很快中国还是面对浩瀚大洋关闭了自己的大门，拱手放弃了对海洋的主权。于是，一次又一次，中国受到了来自海洋的威胁，荷兰人、英国人、法国人、日本人等等先后从海上向这个自诩为世界正中的国家发起攻击。在受尽欺侮之后，中国人终于慢慢意识到了海洋的重要性，尤其是海防对一个国家的重要性。从晚清开始，尽管受到国力所限，但是一代又一代的中国人对海防建设的重视程度逐渐提高。到今天，我们可以欣喜地看到，海洋文化和海防建设已经成为了一个非常热门的话题。尤其是在南海、东海、钓鱼岛等这些时时触动国人神经的问题尚待时日解决的环境下，可以预料与海洋有关的军事话题将持续获得国人的关注。

维护国家的海洋主权，毫无疑问最重要的力量莫过于海军。放眼全球，以美国、日本、英国、俄罗斯、法国、德国等为代表的海军强国都具有举足轻重的地位。这些国家的海军，现在或者曾经叱咤风云，在世界历史上留下了浓墨重彩的一笔。可以说，海军强国就是世界强国。作为海军的重要组成部分，海军舰艇又是维护海洋主权最有力的工具。而这些国家的海军舰艇，又是体现人类科技发展和历史进步的一面镜子。研究主要海军强国的军舰，既可以全面了解世界海军发展历史，也可以为中国的海军装备建设提供经验。这就是指文号角工作室的"指文·世界舰艇"图书大系出版的初衷。

我们力争将这套大系打造成为一套有品质的读物。这主要体现在：

一、全面。这套图书大系，力图梳理世界主要海军强国主力舰艇的全部发展历史，囊括了航空母舰、战列舰、巡洋舰、驱逐舰、护卫舰、登陆舰艇、鱼雷舰艇、潜艇等主要舰种，预计将出版40本以上。每本书都对相关内容进行极致而深入的介绍，每艘舰艇几乎都会涉及，每段历史也都尽量不错过。

二、通俗。我们不做学术性的专著，我们更不做地摊读物。我们瞄准的是具备一定海军常识的读者。所以我们不会长篇累牍地讲解某种军舰的技术特性，也不会只罗列一些数据。我们根据普通读者的兴趣点，会将一些枯燥的内容用通俗易懂的方式展现；我们更会在书中穿插介绍一些颇有意思甚至带有一点儿八卦色彩的话题。

三、实用。这套书系完全可以成为工具书，读者可以在其中查到所有舰艇的简单数据，也可以看到几乎每艘舰艇的图片。一书在手,相信读者能够对某国某种舰艇的发展产生清晰的印象,而不再人云亦云或稀里糊涂。

四、精美。得益于指文图书多年来的出版经验,此套大系排版设计极为精美,堪称国内同类图书的佼佼者。这不是王婆卖瓜,这是实事求是。书中大量线图和大幅照片,可以让读者大饱眼福,甚至拍案叫绝。

自从指文号角工作室成立以来,我们关注有质量的军事历史话题。先后出版了华文世界唯一制服徽章收藏文化读物"号角文集"及"单兵装备"系列丛书。"世界舰艇"大系将是我们奉献给读者的另外一套诚意之作。这套大系应该填补了华文读物的一项空白,相信能够获得读者的认可,也希望能够为中国的海洋文化建设做出自己的贡献。

丛书主编:唐思
2014年8月于深圳祥怡阁

1941 年丹麦海峡战斗时的"胡德"号（HMS Hood）战列巡洋舰

绘图 / 顾伟欣

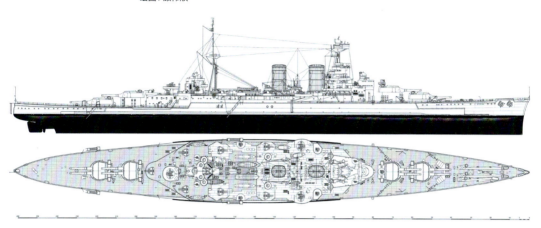

1945 年时的"声望"号（HMS Renown）战列巡洋舰

绘图 / 顾伟欣

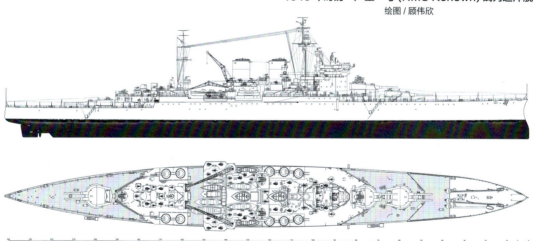

序
战列巡洋舰：兼具机械美和悲剧美的舰种

今年恰逢日德兰海战一百周年，在整个日德兰海战中，最为引发人们争议的舰种便是英国近代海军之父费舍尔勋爵首创的战列巡洋舰了。在最初的接触战中，英国海军的两艘战列巡洋舰接连爆炸沉没，指挥这支战列巡洋舰队的英国海军中将贝蒂还留下了"我们这些该死的船今天似乎有点毛病"这样的话语。这场海战中，战列巡洋舰的开山祖"无敌"号也壮烈地走向了自己的归宿。时隔25年后，在1941年那场著名的海战之中，英国海军最后的战列巡洋舰"胡德"号依然逃不出命运的诅咒，和日德兰海战中轰然先行的前辈们一样，"强大的胡德"以一种战列巡洋舰最为典型的形式轰轰烈烈地粉身碎骨而去。因此，在人们的心目中，战列巡洋舰大约是一种比较失败的舰种吧。

我们不妨看看什么是战列巡洋舰。首先，战列巡洋舰不是一种战列舰，而是装甲巡洋舰的发展。随着"无畏舰"的问世，巡洋舰的设计也发生了巨大的变化。英国单一主炮的装甲巡洋舰"无敌"号在1908年诞生，此时，简氏年鉴将其称为"无畏巡洋舰（Dreadnought cruiser）"，而1911年布拉希年鉴则将其放入战列舰的范畴，称"巡洋战舰（Cruiser-battleship）"，最终在1912年以后基本上统一成了"战列巡洋舰（Battlecruiser，直译当为战斗巡洋舰，根据习惯而用此名）"。人们有时候还将战列巡洋舰和战列舰并称为"主力舰（Capital ship）"，但是这个只是一种统称法，这个称呼在以后的条约时代才发生更为重要的意义。

纵览整个第一次世界大战的海战，除了日德兰海战中有限的一段时期，英德双方建造的大量无畏战列舰并未真正进行过决战，即便在日德兰发生战斗也并未取得决定性结果，没有一艘无畏舰是被对方的舰炮所击沉。这与十年前日俄战争时期的海战形成了鲜明的对比。

而原本是作为主力舰队侦察力量的战列巡洋舰却发生了数次大规模的战斗，并且取得了巨大的战果，从德国的"戈本"号取得的战略效果，到赫尔戈兰湾、福克兰、多格尔沙洲之战，直到在日德兰的对抗。当然，在日德兰战场上英国的战列巡洋舰暴露出了严重的脆弱性，正如上文贝蒂本人的话"我们这些该死的船今天似乎有点毛病"，三艘价格昂贵的巨舰在顷刻间便带着舰上的千余名官兵爆炸沉没。对此有人便认为战列巡洋舰是其缔造者费舍尔勋爵的严重过错的产物，但是笔者却认为不然，甚至可以说，第一次世界大战的水面舰艇中，战列巡洋舰反倒是一种最为有效的舰艇之一。

战列巡洋舰究其性能，拥有与无畏舰相当的炮火，并在速度上对无畏舰具有4节左右的优势。在当时的技术条件下，为了达到这样的目标，必须做出牺牲，而最早被牺牲的，便是装甲防御了。

不过，在英国完成"虎"号的建造之后，便暂时中断了战列巡洋舰的建造，在海军大臣丘吉尔的倡议下，英国建造了计划航速25节的"伊丽莎白女王"级战列舰，由此揭开了高速战列舰的时代。虽然此后英国还建造了若干航速超过30节的高速战列巡洋舰，但也只是战列巡洋舰的回光返照。随着动力技术发展，真正退出历史舞台的是那些低速的战列舰，根据日德兰海战的经验与教训，战列巡洋舰被融合到高速战列舰这个新的范畴内。以后随着舰队航空母舰的出现，能够伴随特混舰队的，也只有战列巡洋舰或者高速战列舰。

　　从这个意义而言，战列巡洋舰是通向新一代主力舰的必然阶段。

　　江泓君笔耕不辍，在完成了三部巨篇《英国战列舰全史》之后，又推出了这部《英国战列巡洋舰全史》，这本书的出现，可以说是对前者的完美补充。作者将从"无敌"号到"胡德"号的这段英国战列巡洋舰历史进行了非常翔实的梳理，绘声绘色地刻画出了这种壮美的舰种身上特有的那种兼具机械美和悲剧美的一切。

　　衷心期待本书的早日付梓。

前言

~~~~~~~~~~~~~~~~~~~~~~~~

一艘艘钢铁巨舰在大洋上劈开汹涌波涛，大口径主炮在天空中发出震耳欲聋的咆哮，这一切都代表了海战史上一个伟大的时代——无畏舰时代。在那时，各海军强国的核心力量便是拥有大舰巨炮的主力舰，这些身披钢甲、手握巨炮的怪物是人类历史上出现的最强大最具威严的超级武器之一。

1906年2月10日，当一艘外形流线饱满的巨舰从朴茨茅斯造船厂的船台缓缓滑入大海，便标志着无畏舰时代的到来，这艘战舰就是大名鼎鼎的"无畏"号战列舰。"无畏"号以单一口径的主炮、全面的装甲防护、大功率的蒸汽轮机将战列舰的整体设计和战力推上了一个全新的高度，他的缔造者正是有"英国近代海军之父"称号的约翰·阿巴斯诺特·"杰基"·费舍尔勋爵。在费舍尔的心中一直想为皇家海军建造一种能够猎杀所有巡洋舰的"理想型巡洋舰"，这种战舰应该具有战列舰的火力和巡洋舰的速度，这一设想的最终成果便是"无敌"号。当"无敌"号于1907年下水时，一个全新的舰种"战列舰巡洋舰"就此诞生。（有趣的是，当"无敌"号刚刚服役的时候依然被划分为装甲巡洋舰，直到1912年"战列舰巡洋舰"这个名字才诞生。）

战列巡洋舰（Battlecruiser），仅从字面意义上就可以解读出它是战列舰与巡洋舰优点的结合，但又不是简单的叠加。与大舰巨炮的战列舰相同，战列巡洋舰也是海军的主力战舰，两者被统称为"主力舰"。而与战列舰不同，并不是所有的海军强国都拥有这个独特的舰种，只有创造它的大英帝国真正将其发扬光大，自成体系。

本书系统介绍了各级英国战列巡洋舰的设计、建造和服役的历史，从"无敌"级开始，英国战列巡洋舰经历了继任者"不倦"级，超越者"狮"级、"玛丽王后"级和"虎"级，收官者"声望"级和"海军上将"级，直至俊美的"胡德"号给英国战列巡洋舰的历史画上了一个永远不灭的印记。可以说，英国的战列巡洋舰见证了大英帝国在无畏舰时代到来后海权的强盛至衰落。

本书的核心是按时间顺序介绍英国设计建造的各级战列巡洋舰，除了对每一艘曾经在皇家海军中服役的战列巡洋舰的设计建造背景、技术性能参数、服役历史进行记录，书中还收录了相关的历史背景知识，包括重要海军将领、海军军备竞赛与裁军、经典海上战斗、外销战列巡洋舰简史等内容，力图让读者对英国战列巡洋舰的发展有一个全面而清晰的认识。

本书的相关数据资料来源于英国海军官方网站、档案馆已公开的文档以及与英国战列巡洋舰相关的专业论著及网站，此外还有国内外的专业军事网站和杂志等。在编写过程中，由于掌握的资料有限，难免有不足之处，希望各位读者指正。

在本书的成书过程中，我有幸请到中国海军史研究会的顾伟欣先生为本书绘制战舰线图，其精湛的技术和一丝不苟的工作态度令人钦佩，精美的线图为本书增色不少。在此我还要感谢中国海军史研究会的朋友王子午、赵国星、杨坚等人，感谢诸位老师提供的大量资料及指导意见。

在本书即将出版之际，突然得到为本书作序的章骞老师因急病去世的消息。我与章骞老师相识于2013年，当时正值其作品《无畏之海》出版发行。在此后的日子里，我与章骞老师成为朋友，他渊博的学识和儒雅的气质令人折服。在海战史的写作过程中，章骞老师一直支持鼓励着我，并且为我提供了许多指导意见和大量宝贵的资料，让我能够不断进步。作为益友和良师，章骞老师已经成为我的榜样。今天闻此噩耗，让人深感悲痛，这不仅仅是个人的损失，也是中国海军史研究的损失。希望章老师一路走好，在另一个世界里一定有您追求的美好！

谨以此书献给中国海军史专家章骞老师。

2016年8月12日于烟台

CONTENTS 目录

第一章
无畏舰时代

费舍尔的超级巡洋舰

19世纪末20世纪初，经过几个世纪的发展，英国依然是世界一等一的海军强国。对于像英国这样的岛国，其依赖于世界范围内的原料产地和商品销售市场，因此保证其在全球范围内海上交通网络的安全便成为非常重要的事情。由于战列舰航速慢，对补给要求又高，因此护航的任务便交给了拥有足够速度、火力和远洋自持能力的巡洋舰。

1874年，俄国建造的"海军上将"号（General-Admiral）巡洋舰第一次在两舷的船壳外侧安装了装甲带，标志着装甲巡洋舰的诞生。装甲巡洋舰的优势在于防御力的显著提升，它能够击败除战列舰之外的各种舰艇，又能在遇到敌方战列舰时凭借高航速撤退。认识到装甲巡洋舰的优势之后，反应迅速的英国建造了"香农"号（HMS Shannon）装甲巡洋舰，该舰于1875年11月11日下水并在1877年服役，之后英国相继建造了多个级别的装甲巡洋舰。

1899年，当时担任英国地中海舰队司令的约翰·阿巴斯诺特·"杰基"·费舍尔（John Arbuthnot "Jacky" Fisher）非常重视装甲巡洋舰的作用，他基于长期的实践和研究指出海战的距离已经由原来的1500米延伸至

▲ 俄国海军"海军上将"号装甲巡洋舰，它首次在船壳外侧安装了装甲带

▲ 皇家海军"香农"号装甲巡洋舰，是英国第一艘装甲巡洋舰

3000至4000米，在这个距离上拥有射速优势的新型6英寸（152毫米）速射炮比大口径舰炮具有更大的破坏力和更高的射击精度。费舍尔认为一艘安装了大量6英寸速射炮的高速大型装甲巡洋舰完全有能力单挑一艘战列舰，速度上的优势让它可以选择什么时候开始战斗、什么时候结束战斗。1901年，安装有2门234毫米火炮、12门152毫米火炮、12门76毫米炮，航速21节，排水量12000吨的"莱克西"级（Cressy Class）装甲巡洋舰开始服役，这正是费舍尔想要的战舰。

20世纪初，费尔舍在看过波兰人扬·戈特利布·布洛赫（Jan Gotlib Bloch）写的《未来的战争》（La Guerre Future）一书后提出了"支队防御"理论，该理论是以潜艇和小型舰

▲ 约翰·费舍尔，这位后来成为第一海军大臣的人将给皇家海军带来深远的影响

艇在英吉利海峡和地中海这样的狭窄水域内集中使用鱼雷攻击对方的主力舰队，从而起到防御对抗的效果。当小型舰艇承担起保护本土的重任之后，主力舰便可以放开手脚进入大洋执行各种作战任务了，此时的主力舰需要的不仅仅是强大的火力和卓越的防御，高航速更为重要。

1903年，随着被帽穿甲弹和高爆穿甲弹的研制成功，在正常交战距离上，新型炮弹能够轻易击穿战列舰和装甲巡洋舰的装甲。在防御遇到瓶颈的情况下，火力和航速就成了装甲巡洋舰的设计重点，费舍尔提出装甲巡洋舰安装与战列舰相同口径的主炮。促成费舍尔做出这一决定的原因是"坡伦"系统的诞生，该系统由测距仪、方位仪、自动绘图仪及射击指挥仪等多部分组成。在战斗中，战舰上的测距仪和方位仪首先测得目标的距离和航向，然后自动绘图仪会结合目标数据与本舰的速度和航向在图版上自动绘制出本舰与目标在未来一段时间内的运动轨迹，射击指挥仪在结合了这些数据后能够迅速计算出火炮射击诸元并发送给枪炮军官和炮塔内的炮组。经过研制，改进型的"坡伦"系统已经具备了自动接收数据、自动解算炮弹飞行数据的强大功能，其一举解决了大口径舰炮在战舰高速运动时的射击精度问题，这是无畏舰时代到来之前最伟大的海军科技发明。"坡伦"系统的出现使得安装有大口径舰炮的战舰能够在进入对方射程之前就集中火力消灭对方，因此火力和速度成了比防御更重要的决胜因素。

1904年夏天，新型战舰设计委员会的设计报告交给了身为第二海军大臣的费舍尔，报告中指出战列舰使用的12英寸主炮和火控系统完全能够安装在装甲巡洋舰上，装甲巡洋舰同时还能够保持原有的高航速。10月20

日，费舍尔成为英国第一海军大臣，他在提出新战列舰设计要求的同时也指出皇家海军需要一种强大的通用型主力舰艇，其不但要有与战列舰相当的火力，而且还要比战列舰跑得更快，以便在全球范围内进行部署。

1905年5月27至28日，日本与俄罗斯在对马海峡爆发了一场大海战。海战中，由于日本的战列舰数量不足，其将安装有大口径火炮的装甲巡洋舰编入战列舰队中作战，日本舰队在俄国舰队面前进行大转弯并抢占了T字阵头，然后以猛烈密集的火力击败了对手。在研究了对马海战之后，费舍尔对日军将装甲巡洋舰和战列舰编在一起使用非常感兴趣。在费舍尔的推动之下，设计委员会最终认同了新装甲巡洋舰的设计方案，其被称为未来英国海军"理想型巡洋舰"，战列巡洋舰这一全新的战舰类型终于诞生了。

费舍尔非常钟爱战列巡洋舰，称其为"伪装战列舰""高速战列舰"。在他看来，安装12英寸主炮、拥有25节高航速的战列巡洋舰能够在广阔的大洋上扫荡一切破坏航运安全的袭击舰。在主力舰队决战中，战列巡洋舰组成的快速舰队又能袭扰敌方战列舰的队列两翼。作为己方舰队的前锋或后卫，战列巡洋舰将成为苍茫大洋上最强悍的高速枪骑兵。

"无敌"级
（Invincible class）

19世纪末至20世纪初，各海军强国经过半个多世纪的探索，在战舰的设计建造上已经积累了大量的经验。随着第二次工业革命以来科技的快速发展，战列舰大口径主炮的威力越来越大，装甲钢越来越坚硬，新型蒸汽轮机的动力越来越澎湃，一切都预示着海军造舰史上一场翻天覆地的大变革即将到来。

当费舍尔于1904年10月成为英国第一海军大臣之后，其开始推动新型战列舰和装甲巡洋舰的设计工作，其中新战列舰将变身为著名的"无畏"号。1905年初，英国舰艇设计委员会根据费舍尔针对新型装甲巡洋舰的设想：在战术方面，新型装甲巡洋舰能够作为侦察分队的旗舰，带领舰队突破敌方轻型舰艇组成的警戒网进行侦察。新型装甲巡洋舰组成的快速舰队可以担任战列舰队的前锋或后卫并掩护侧翼，在追击中扩大战果，在撤退中提供掩护。新型装甲巡洋舰可以率领巡洋舰寻歼单独行动的敌方舰艇；在战略方面，由新型装甲巡洋舰组成的快速舰队可以在短时间内前往英国本土之外的热点地区，进行武力支援和战略威慑。作为传统巡洋舰的提升，新型装甲巡洋舰仍然担负着保护英国在全球范围内的海上航线的任务，对敌方的海上袭击舰进行无情绞杀。

参考借鉴了"无畏"号战列舰的创新设计，同时强调了高速性能，海军方面对新型装甲巡洋舰的要求为：排水量在17000吨以上，安装8门12英寸主炮，最高航速25节。设计师据此拿出了A、B、C、D、E共5套方案，这些方案之间的差别主要在火炮的安装和动力系统的布局上。经过激烈的争论和不断调整，最终E方案得到通过。

1905年3月17日，新型战列巡洋舰和"无畏"号战列舰的设计草图得到了海军部委员会的批准。7月7日，其设计细节图获得了海军部委员会的批准，战舰的设计内容被列为高度机密。为了迷惑外界，1906年出版的英国《战舰》杂志披露皇家海军的新型装甲巡洋舰安装了8至10门234毫米主炮，航速超过20节。

在海军部向政府提交的"1906年海军预算"中将新型装甲巡洋舰描述为："战舰装备

8门12英寸主炮，能够追捕并摧毁敌方任何类型的巡洋舰，在遇到更为强大的对手时，将凭借25节的高速摆脱对手的纠缠……这种'理想型巡洋舰'将会成为真正的巡洋舰杀手！"从描述中可以看出，新型装甲巡洋舰的任务是消灭敌方的巡洋舰，而并不是参加主力舰队之间的决战。

1905年，英国下院通过了"1906年海军预算"。根据预算，英国将在1906年建造1艘战列舰和3艘新型装甲巡洋舰，其中的战列舰是"柏勒洛丰"级的"柏勒洛丰"号（HMS Bellerophon），3艘装甲巡洋舰便是"无敌"级。"无敌"级在诞生之初依然被归为装甲巡洋舰，后来为了区别其与装甲巡洋舰的不同，这类战舰在1912年被重新定义为"战列巡洋舰"（Battlecruiser），"无敌"级因此成为世界上最早的战列巡洋舰。

"无敌"级的舰体设计与著名的"无畏"号战列舰相似，采用了长舰楼船外形，舰艏微微前倾。与"无畏"号相比，"无敌"级的上层建筑显得更为高大雄伟，其最上层的战斗舰桥高出海平面达21米，上层建筑一直向后延伸到舰体后部，只是中间被"P""Q"两座炮塔隔开。"无敌"级上有前后两座大型三角主桅，其前主桅顶部高出海平面57米，桅杆上的主观测台高出海平面33米，后主桅除了有观测台还安装了1部大型吊车。"无敌"级舰长172.8米，舰宽23.9米，吃水9米，相对细长的舰体有利于航速的提高。"无敌"级舰艏高出海面9米，舰艉高出海面6米，保证了其具有良好的适航性和居住性。"无敌"级的标准排水量17530吨，满载排水量20750吨，略低于"无畏"号。从外形上看，"无敌"级舰型优美而不失威严，象征着英国皇家海军对海洋的统治。

"无敌"级在武器系统上采用了革命性的"全装重型火炮"（All-Big-Gun）设计，军舰上共有8门305毫米45倍口径的Mark X火炮，这些火炮分别安装在四座双联装炮塔中。"无敌"级上的每门305毫米主炮重约57吨，每座炮塔重450至500吨。"无敌"级上的四座炮塔有两座在舰体的中轴线上，包括舰艏的"A"炮塔和舰艉的"Y"炮塔，另外两座炮塔交错安装在舰体中部的两舷，其中位于左舷的炮塔代号为"P"，右舷的炮塔代号为"Q"。"A""Y"炮塔的射界为-150°~+150°，"A"炮塔距离海面9.4米，"Y"炮塔距离海面6.4米。"P""Q"炮塔的射界为+30°~+150°，这两座炮塔距离海面8.5米。"无敌"级在向前和向后的火力上达到6门主炮，其在左右两舷方向上可以发挥8门火炮的全部火力，"P""Q"炮塔交错布局保证了两座炮塔可以向两舷射击。在实际使用中，由于上层建筑的遮挡，"无敌"级在向前和向后射击时只能使用两座炮塔内的4门主炮；两舷炮塔尽管交错布置，但是却很难有效发挥火力，其在向一侧射击时只能使用三座炮塔内的6门主炮。"无敌"级主炮的俯仰角在-3°~+13.5°之间，其炮口初速831米/秒，弹丸重量390千克。当以13.5°进行射击时，305毫米主炮在发射穿甲弹时最大射程达到16450米。"无敌"级的主炮采用117千克MD45型发射药，该发射药的成分为65%的火药棉、30%的硝基甘油和5%的凡士林，发射药为杆状推进剂装料。"无敌"级的每门主炮载弹量80枚，载药量220包，射速为2发/分钟。"无敌"级的主炮弹药舱位于舰体底舱内，采用双层舰底结构，侧壁装甲板厚178毫米。弹药舱上层为发射药舱，下层是弹丸舱，下层舰底设有通海阀，紧急情况下可向弹药舱内注水。"无敌"级的主炮布局在发挥最大火力的同时也存在着隐患：位于舰体中部的"P""Q"炮塔距离太近，炮塔之下的弹药输送通道也很近，当其中一座弹药舱被击中发生爆炸时另一座弹药舱也可能发生连锁爆炸，这对于战舰可是非常致命的。

与"无畏"号相同，"无敌"级也没有安装标准的副炮，其辅助武器为16门102毫米45倍口径Mk III速射炮，这些火炮都安装在主炮塔顶部和上层建筑中。"无敌"级的16门102毫米火炮中有8门安装在主炮塔顶部，每座炮塔顶上有两门，其余的8门火炮中有4门安装在前部上层建筑中，剩下的4门安装在后部的上层建筑中。102毫米炮长4.2米，重1.32吨，炮口初速700米/秒，弹丸重量11.34千克。当以20°进行射击时，102毫米炮的最大射程达到8200米。102毫米火炮主要用于对付敌方的鱼雷艇等小型舰艇，其没有任何的装甲防护，在战斗中炮手的安全得不到保障；除了102毫米炮，"无敌"级上还有一门防空用的76毫米高射炮；火炮之外，"无敌"级上有五具450毫米鱼雷发射管，其中一具位于舰艉，另外四具在军舰两侧，战舰上共运载了14枚鱼雷。

"无敌"级拥有先进的火控系统，它是皇家海军中第一艘安装了电力传导仪器，指挥和控制炮塔转动的军舰，其控制室在前主桅信号塔之上。在海战中，目标的探测数据由巴尔和斯特劳德（Barr and stroud）公司生产的长2.7米的FQ-2测距仪获得，然后数据会传入德梅里克机械计算机中并通过电传导输入威格士射距钟（Vickers range clock），经过一系列计算后最终得到的便是目标航向、航速的变化数据。目标的动态数据同时会在绘图桌上的海图上标明，这将更好地帮助炮术军官判断目标的运动方向。通过火控系统、发射

▲ 位于"无敌"号舰体中部的两座主炮塔，与一旁的船员相比，其体积相当巨大

▲ 高速航行中的"无敌"级战列巡洋舰，其烟囱中冒出黑色浓烟

台、控制室和主炮塔组成了一个高效的射击系统。

"无敌"级为了追求高航速，其装甲防护与战列舰比大打折扣，但是要强于同时代的装甲巡洋舰。"无敌"级的装甲总重达到4000吨，低于"无畏"号5000吨的装甲重量，其采用了由维克斯公司生产的表面经过硬化

处理的耐磨镍铬渗碳钢板，这种装甲钢板的硬度和抗弹性都要优于普通装甲钢。

　　"无敌"级的侧舷主装甲带从"A"炮塔炮座一直延伸至"Y"炮塔，主装甲带厚152毫米，向前的舰艏部分厚102毫米，向后的舰艉部分厚76毫米，侧舷其他部分厚50毫米；"无敌"级在水平防御上采用了多层甲板设计，其中上层甲板厚20至25毫米、主装甲甲板厚25毫米，下层装甲甲板厚63.5毫米；"无敌"级的炮塔装甲较厚，其四面装甲厚178毫米，顶部装甲厚76毫米，基座装甲厚178毫米；位于舰桥下方的指挥塔是全舰装甲防护最强的地方，最大厚度达到了254毫米，指挥塔内部有钢制防弹装甲通道直通主甲板以下的司令住舱。在舰体内部，巨大的锅炉舱和轮

▲ 停泊在海面上的"无敌"号（右）和"不倦"号（左），不远处还有两艘装甲巡洋舰

▼ "无敌"级的左舷，可以看到位于一侧的"P"炮塔和众多102毫米火炮，舰体上悬挂着防鱼雷网支撑杆

机舱成为重点防护的区域，其采用了呈箱型的装甲防御布局，四周拥有重甲保护。

从"无敌"级各部位的装甲厚度看，其炮塔、锅炉舱、机舱、指挥塔等部分得到了重点防护。为了对付鱼雷和水雷对水线处和水线以下舰底的爆炸攻击，"无敌"级水线下的舰体内部划分出23个装甲防护区，这样的设计能够加强水密结构，提高战舰的抗沉能力。同时，"无敌"级的舱室尽量小型化水密化，以提高水密结构增加浮力储备，隔舱间的支撑壁采用强化钢结构以提高隔舱的强度和韧性，船员的进出只能通过纵向的水密门。巧妙精细的装甲安装和舱室设计分布对于提高战舰的防护能力特别是抗沉性具有显著的效果。

"无敌"级是继"无畏"号之后皇家海军第二级安装蒸汽轮机的大型战舰，蒸汽轮机提供的动力使得"无敌"级达到了前所未有的高航速。"无敌"级上有四台帕森斯蒸汽轮机组，其中高压蒸汽轮机和低压蒸汽轮

机各两台，每一台蒸汽轮机都安装在单独的机舱中。"无敌"级的四台蒸汽轮机通过四根长轴与四具三叶螺旋桨连接，其中高压蒸汽轮机驱动外侧螺旋桨，低压蒸汽轮机驱动内侧螺旋桨，外侧的三叶螺旋桨直径3米，内侧的三叶螺旋桨直径3.4米。帕森斯蒸汽轮机由多达31座亚罗公司生产的三胀式水管燃煤蒸汽锅炉提供动力，这些锅炉分布在四个锅炉舱中，其中1号锅炉舱内有7座锅炉，2、3、4号锅炉舱内各有8座锅炉。三胀式水管燃煤蒸汽炉的蒸汽压力约17.6千克／立方厘米，锅炉以威尔士褐煤为燃料，在高速航行时会往炉膛内喷洒重油进行混合燃烧以提高燃烧效率。正是由于锅炉数量的增加，"无敌"级的舰体长度比"无畏"号长出了12米。新型的蒸汽轮机设计功率达到41000马力，在海试中最高输出功率更是达到了46000马力，同样采用蒸汽轮机的"无畏"号由于锅炉数量少其输出功率只有23000马力。强大的动力使"无敌"级达到了破纪录的25节的高航速，

▲ "无敌"号（后）和"不屈"号（前）战列巡洋舰

海试时航速更是达到26.64节，这是大型战舰第一次达到如此高的航速。"无敌"级能够装载3045吨煤和750吨重油，在10节的经济航速下其续航能力达到3090海里。"无敌"级上的高功率动力系统的燃料消耗量非常惊人，在全速航行时，一天能够消耗500吨煤和125吨重油！

为了给数量众多的锅炉排烟，"无敌"级上共安装了3根高大的烟囱，这也成为该级战舰最显著的辨识特征。"无敌"级的1号烟囱位于前主桅后方，2号烟囱位于1号烟囱之后，3号烟囱位于后主桅之前。战舰的1号烟囱与1号锅炉舱相连，2号烟囱与2、3号锅炉舱相连，3号烟囱与4号锅炉舱相连。在服役之后，"无敌"级的1号烟囱出现了排烟影响舰桥观测的问题，于是烟囱被加高。

1906年4月2日，"无敌"级的"无敌"号战列巡洋舰在阿姆斯特朗公司开工建造，该级的"不屈"号和"不挠"号分别在约翰·布朗公司和费尔菲尔德造船工程公司建造。所有的"无敌"级都在1907至1909年建成服役。服役之后，3艘"无敌"级都加入了第1巡洋舰分舰队服役，由于当时战列巡洋舰这个舰种还没有诞生，因此"无敌"级还被作为装甲巡洋舰。

第一次世界大战爆发后，"不屈"号和"不挠"号属于地中海舰队的第2战列巡洋舰分舰队，它们参加了开战后对德国地中海分舰队的监视和追击，之后炮击了土耳其军队位于达达尼尔海峡的阵地。"无敌"号在开战之后留在本土，其很快便参加了英德海军间的第一次较量——赫尔戈兰湾海战。1914年12月7日，"无敌"号和"不屈"号千里迢迢赶到南美洲福克兰群岛的斯坦利港，2艘战舰参加了第二天爆发的福克兰群岛海战并以压倒性的优势消灭了德国远东分舰队。1915年1月24日，"不挠"号参加了多格尔沙洲之战。

1916年5月31日，在著名的日德兰海战中，所有"无敌"级全部归入第3战列巡洋舰分舰队中，分舰队指挥官是海军少将胡德。在海战中，"无敌"级与其他英国战列巡洋舰一直冲在最前方，它们与德国舰队展开了激烈的战斗。在战斗中，"无敌"号被击中并引发了弹药舱大爆炸，最终沉没，随舰同沉的还有1026人，其中就包括胡德少将。

日德兰海战之后，由于德国公海舰队出动的频率大大降低，"不屈"号和"不挠"号大部分时间都执行巡逻的任务。吸取了"无敌"号在日德兰海战中因为弹药舱爆炸而被击沉的教训，"不屈"号和"不挠"号弹药舱的装甲防御得到了加强，2艘战舰的"P""Q"主炮塔上还架设了便于飞机起飞的简易跑道。

第一次世界大战结束后，随着国力下降，英国开始裁减海军力量，剩下的2艘"无敌"级退役封存。在这个时期，智利曾经有购

▲ 从"无敌"级的"P"炮塔顶部向前望去，可以看到1号和2号烟囱还有前面高大的三角前主桅

◀ 日德兰海战中的"不屈"号和"不挠"号

买"不屈"号和"不挠"号的意向，但是由于各方面的反对，这笔交易最终没有达成。随着之后《华盛顿海军条约》的签署，"不屈"号和"不挠"号最终被出售拆解。

与"无畏"号一样，"无敌"级也是一种跨时代的海战兵器，其第一次将战舰的强大火力和高航速结合到一起，开创了战列巡洋舰这一全新的舰种。脱胎于装甲巡洋舰的"无敌"级宣告了装甲巡洋舰这一战舰种类已经过时，之后各国便不再建造装甲巡洋舰。从"无敌"级的设计性能上看，其带有典型的英国色彩，适合英国的需求。拥有航速优势的"无敌"级可以快速部署到世界的各个角落，对敌人的袭击舰队进行攻击以保卫大英帝国赖以生存的海上生命线。正是由于战列巡洋舰的存在，海军主力战列舰终于不用再纠结于为船队进行护航，海军方面可以将主要力量集中起来用于压制对手。

第一次世界大战爆发时，由于英国在战列巡洋舰数量上的优势（9：5），德国方面一直没有从本土派出水面破交舰队袭扰英国的海上航运，对英国本土的零星袭击也是采用打了就跑的战术。当时，德国唯一在本土之外进行破交作战的远东分舰队也在"无敌"号和"不屈"号两艘战列巡洋舰的重击之下灰飞烟灭。在英德之间激烈的海上博弈中，"无敌"级南征北战，发挥了重要的作用。

尽管性能优异，但由于过于追求速度，"无敌"级在设计建造中降低了装甲防护，在主力舰队决战中，战列巡洋舰这一弱点就暴露出来。在日德兰海战中，包括"无敌"号在内的3艘战列巡洋舰被击沉，惨重的损失让英国人开始加强战列巡洋舰的防护。对于"无敌"号来说，征战海疆，战死沙场既是不幸也是荣誉。尽管战争结束后，剩下的"无敌"级最终不得不面对退役拆解的命运，但是战列巡洋舰已经迎来了属于自己的黄金时代。作为战列巡洋舰的鼻祖，"无敌"级是英国在20世纪初海权面临严峻挑战时的产物，它们是英国海军"攻击至上"传统的最好体现。

"无敌"级战列巡洋舰一览表

舰名	译名	建造船厂	开工日期	下水日期	服役日期	命运
HMS Invincible	无敌	阿姆斯特朗公司	1906.4.2	1907.4.13	1909.3.20	1916年5月31日被击沉
HMS Inflexible	不屈	约翰布朗公司	1906.2.5	1907.6.26	1908.10.20	1920年3月退役，1922年出售拆解
HMS Indomitable	不挠	费尔菲尔德造船工程公司	1906.3.1	1907.3.16	1908.6.20	1919年2月退役，1921年出售拆解

基本技术性能	
基本尺寸	舰长172.8米，舰宽23.9米，吃水9米
排水量	标准17530吨 / 满载20750吨
最大航速	25节
动力配置	31座燃煤锅炉，4台蒸汽轮机，41000马力
武器配置	8×305毫米火炮，16×102毫米火炮，5×450毫米鱼雷发射管
人员编制	784～1000名官兵

"无敌"号
（HMS Invincible）

　　"无敌"号由阿姆斯特朗公司（Sir W G Armstrong Whitworth & Co Ltd）位于泰恩河畔艾尔西克的造船厂建造，该舰于1906年4月2日动工。1907年4月13日下午15时，"无敌"号的下水仪式在船厂举行，艾伦代尔子爵夫人（Lady Allendale）参加仪式并将一瓶香槟敲碎在战舰的舰艏。1907年12月28日，正在进行舾装的"无敌"号遭到了运煤船"奥登"号（Oden）的猛烈撞击，导致战舰舰体横梁和框架发生弯曲。由于严重受损，"无敌"号不得不返回船厂维修，其直到1909年3月16日才正式完工，战舰造价为176.75万英镑。

　　"无敌"号这个舰名在英国皇家海军中有着悠久的历史，第一艘使用这个名字的战舰是1747年皇家海军在战斗中俘获的安装有74门炮的法国风帆战舰；第二艘"无敌"号是

▲ 1909年6月至7月，停泊在斯皮特黑德的"无敌"号战列巡洋舰

一艘安装有74门炮的三等风帆战列舰，于1765年在泰晤士河畔的德特福德建造，后来参加了美国独立战争，其最终在北诺福克遭遇风暴沉没；第三艘"无敌"号也是一艘安装有74

门炮的三等风帆战列舰，于1806年在伍尔维奇建造，在参加了拿破仑战争等一系列军事行动之后于1861年退役；第四艘"无敌"号属于"大胆"级（Audacious class）装甲中央炮郭舰，其于1867年在格拉斯哥建造，1870年服役，1914年9月17日因为意外沉没，这艘"无敌"号舰长85米，宽16米，吃水1.88米，战舰排水量6200吨，航速13.5节，装有10门230毫米主炮和4门64磅前装膛线炮，最大装甲厚度200毫米；第五艘"无敌"号便是属于"无敌"级战列巡洋舰的"无敌"号；最后一艘"无敌"号是1973年开始建造，1980年服役的"无敌"级轻型航空母舰首舰，该舰于2005年退役。

1909年3月20日，"无敌"号正式加入本土舰队的第1巡洋舰分舰队服役，其参加了之后4月和6月举行的舰队演习及6月12日在斯皮特黑德进行的海上检阅。参加检阅之后，"无

敌"号从1909年8月17日至1910年的1月17日在朴次茅斯接受了维修以解决炮塔的电动旋转不畅的问题，不过结果并不让人满意。1911年3月，"无敌"号再次进入朴次茅斯解决炮塔的电动旋转方面的问题，但是仍然没有成功。

1912年底，"无敌"号加入地中海舰队。1913年3月17日，"无敌"号与C34号潜艇相撞，值得庆幸的是潜艇没有沉没也没有造成任何人员伤亡。12月，结束了在地中海舰队的服役之后，"无敌"号返回英国。1914年3月，"无敌"号进入朴次茅斯港进行改造，这次改造中，战舰炮塔的电动旋转装置被传统的液压机械替代，炮塔转动的问题终于得到解决。

随着第一次世界大战的爆发，"无敌"号的改造维修工作于8月4日中断。尽管提前结束改造并重新服役，不过炮塔改造工程还是拖延了一个星期的时间。按照计划，"无敌"号将

▼ 停泊中的"无敌"号，几艘小艇从其身旁经过显出了这艘战舰的巨大

是第一艘安装新型火控指挥系统的英国战列巡
洋舰，不过由于改造中断只能延后。

1914年8月19日，匆匆结束改造的"无
敌"号重新服役，第2战列巡洋舰分舰队指
挥官，海军少将阿奇博尔德·戈登·摩尔
（Archibald Gordon Moore）在"无敌"号上升
起了自己的将旗。根据命令，"无敌"号与战
列巡洋舰"新西兰"号一起停泊在亨伯河，它
们随时准备支援在荷兰东南岸大约14托均匀
水深的海区（Broad Fourteens）进行巡逻的船
只。在亨伯河停泊期间，"无敌"号上的防鱼
雷网被拆除，因为当时的新型鱼雷已经具备了
穿透防鱼雷网的能力，而损坏的防鱼雷网会缠
住螺旋桨。除了拆掉防鱼雷网，在"无敌"号
舰艉甲板上还增加了一门76毫米防空炮。

1914年8月28日，根据英国皇家海军计
划，将派出舰队伏击在黑尔戈兰湾内巡逻的
德国舰队。按照计划，摩尔少将指挥"无敌"
号和"新西兰"号2艘战列巡洋舰与4艘驱逐

▲ 时为海军中将的戴维·贝蒂，他是日德兰海战的功臣

舰组成的K巡洋舰队将与海军中将戴维·贝蒂
（David Beatty）指挥的第1战列巡洋舰分舰队
及一些轻巡洋舰汇合，第1战列巡洋舰分舰队

▲ 全速航行中的"无敌"号，其高大前倾的舰艏劈开了破浪

包括"狮"号、"大公主"号及"玛丽女王"号3艘战列巡洋舰。

8月28日清晨，英德双方的轻型舰艇开始交战，"无敌"号接到了前方请求支援的电报。K巡洋舰队与第1战列巡洋舰分舰队汇合后，5艘战列巡洋舰以"狮"号、"玛丽女王"号、"大公主"号、"无敌"号及"新西兰"号的顺序前进。11时35分，战列巡洋舰转向南方并以27节的高速前往支援正在交战的轻型舰艇，高大的战舰劈开波浪、高速前进。

12时35分，由贝蒂指挥的英国战列巡洋舰队到达战场，一艘艘巨舰立即改变了战场的形势。12时37分，在贝蒂的命令下，英国战舰开始向位于左舷的德国轻巡洋舰射击。很快，德国轻巡洋舰"科隆"号（SMS Cöln）便被重创。就在此时，德国轻巡洋舰"阿里阿德涅"号（SMS Ariadne）进入战场，英国战列巡洋舰开始对其进行集中攻击。为了追赶对手，英国战列舰纷纷提高航速，而速度最慢的"无敌"号逐渐被甩在了队列的末尾，它与敌人交战的机会也因此最少。

下午14时10分，由于担心遭遇可能出现的德国战列舰，贝蒂命令英国舰队向北返航。

这时，"无敌"号向漂浮在海面上的德国轻巡洋舰"科隆"号发射了18枚炮弹，但是都没有命中目标。至此，赫尔戈兰湾海战（Battle of Heligoland Bight）结束，德国有3艘轻巡洋舰和1艘驱逐舰被击沉，其中2艘轻巡洋舰便是英国战列巡洋舰的战果。

1914年11月1日，海军少将克里斯托弗·克拉多克（Christopher Cradock）指挥的巡洋舰分队在智利以南海域与德国海军中将玛克西米利安·冯·斯佩（Maximilian von Spee）率领的德国远东分舰队相遇。克拉多克在不了解敌我实力对比的情况下便率领4艘巡洋舰贸然发起进攻。在德国舰队的猛烈打击下，克

▲ 德皇海军轻巡洋舰"阿里阿德涅"号（*SMS Ariadne*）

▲ 德皇海军轻巡洋舰"科隆"号（*SMS Cöln*）

拉多克的旗舰"好望角"号和"蒙默斯"号被击沉，他本人和1600名海军官兵丧生。与英国的惨重损失相比，德国舰队仅有2艘巡洋舰受轻伤，无人阵亡，这场战斗便是著名的科罗内尔角海战。

科罗内尔角海战失败后，英国在大西洋西南部的形势非常严峻，在这一海域仅存的老式战列舰"卡诺珀斯"号和巡洋舰"奥特朗托"号、"格拉斯哥"号只能退守福克兰群岛的斯坦利港。

11月3日，科罗内尔角海战失败的噩耗传到英国，这对于皇家海军来说是巨大的耻辱。11月4日，在第一海军大臣费舍尔的计划下，海军部决定派遣"无敌"号和"不屈"号2艘战列巡洋舰前往福克兰群岛进行支援，舰队指挥官是海军少将弗雷德里克·多夫顿·斯

▲ 皇家海军少将弗雷德里克·多夫顿·斯特迪

▲ 皇家海军少将克里斯托弗·克拉多克

▲ 德国海军名将玛克西米利安·冯·斯佩伯爵，他在福克兰之战中阵亡

特迪（Frederick Doveton Sturdee）。经过维修和物资补充，"无敌"号和"不屈"号于11月11日出港。

凭借着自身的高航速，"无敌"号和"不屈"号在11月26日便抵达巴西的阿布罗柳斯礁，它们在这里与由海军少将阿基保尔·皮尔·斯托达特（Archibald Peile Stoddart）指挥的第5巡洋分舰队的5艘巡洋舰汇合。经过加煤作业后，舰队于28日启程前往福克兰群岛。

1914年12月7日早晨，当"无敌"号高大的舰桥和桅杆出现在海平面上时，斯坦利港内爆发出一阵阵欢呼声。抵达斯坦利港之后，"无敌"号和"不屈"号停泊在港外加煤，同时对战舰进行检修。12月8日上午7时30分，位于福克兰岛东部灯塔上的瞭望哨发现了海面上的烟雾，在瞭望哨的引导下，停泊在斯坦利港外作为固定炮塔使用的战列舰"卡诺珀斯"号在11000米的距离上向目标开炮，其发射的305毫米炮弹在距离德国轻巡洋舰"格奈森诺"号不足900米的海面上爆炸。遭到重炮袭击并发现斯坦利港内有众多高大三角桅杆的"格奈森诺"号将情况报告斯佩，斯佩立即命令德国舰队转向。

上午10时，完成出航准备的英国战舰纷纷起锚。作为旗舰的"无敌"号桅杆上此时挂起了"全体追击"的信号旗，2艘高速前进的战列巡洋舰速度达到了24节。由于德国舰队的速度较慢，英国舰队的航速降至20节。面对己方其他战舰速度过慢的问题，斯特迪决定带领战列巡洋舰先行投入战斗。12时20分，英国战列巡洋舰的航速达到22节，30分钟后航速更是提高到25节。12时55分，"不屈"号首先向16000米外的德国轻巡洋舰"莱比锡"号（SMS Leipzig）开火。1分钟后，"无敌"号也向"莱比锡"号开火，305毫米炮弹在"莱比锡"号四周激起高大的水柱。

面对英国战列巡洋舰的炮击，斯佩决定将舰队分为两支，装甲巡洋舰"沙恩霍斯特"号和"格奈森瑙"号与英国舰队交战拖住对手，而轻巡洋舰"纽伦堡"号、"莱比锡"号及"德累斯顿"号则向南转向撤退。面对分开的德国舰队，斯特迪命令2艘装甲巡洋舰和1艘轻巡洋舰追击逃跑的3艘德国轻巡洋舰，"无敌"号和"不屈"号继续与德国装甲巡洋舰交战。

在英国战列巡洋舰与德国装甲巡洋舰的

▲ 福克兰群岛海战中高速追击德舰的"无敌"号，滚滚浓烟几乎遮盖了舰艉

▲ 德皇海军"莱比锡"号轻巡洋舰，其四根排列在一起的烟囱是当时战舰的标准

交战中，战列巡洋舰上的305毫米主炮具有火力上的绝对优势，但是在进入对方主炮的有效距离后"无敌"号却遭到了集中攻击。13时44分，"无敌"号侧舷的主装甲带被一枚210毫米炮弹击中，不过并没有被击穿。为了减少被击中的概率，斯特迪命令舰队拉开与对方的距离，双方距离达到15000米后暂时停止了射击。14时50分，当双方的距离再次进入15000米内之后，"无敌"号和"不屈"号再次开火，不断有炮弹击中2艘德国装甲巡洋舰。16时之后，"沙恩霍斯特"号因为多次被命中而被大火和烟雾笼罩。16时17分，"沙恩霍斯特"号沉没，斯佩中将及全体官兵与舰同沉。

"沙恩霍斯特"号沉没之后，英国战列巡洋舰开始集中攻击"格奈森瑙"号。在绝境之下，"格奈森瑙"号坚决反击，其发射的炮弹多次击中"无敌"号，但是没有造成损伤。17时45分，"格奈森瑙"号沉没。就在2艘德国装甲巡洋舰被击沉时，另外2艘德国轻巡洋舰也被负责追击的英国巡洋舰击沉。

在整场战斗中，"无敌"号一共发射了513枚305毫米炮弹，其被12枚210毫米炮弹、6枚150毫米炮弹及一些小口径炮弹击中。2枚击中侧舷水线之下的210毫米炮弹致使煤舱漏水，舰体出现了15°倾斜。在人员损失方面，"无敌"号上只有1人轻伤。

结束战斗的"无敌"号返回斯坦利港接受了临时维修之后前往直布罗陀，在直布罗陀的船坞中，战舰又得到了进一步的维修。这次维修持续了一个月，在此期间"无敌"号第一根烟囱加高了4.6米，目的是减少烟囱喷出的黑烟对舰桥观测的影响。

1915年2月15日，"无敌"号返回斯卡帕湾并回到大舰队序列中。21日，皇家海军将手中的战列巡洋舰编为3个战列巡洋舰分舰队，其中的第3战列巡洋舰分舰队包括了全部3艘"无敌"级战列巡洋舰，之后"无敌"号前往地中海执行任务。4月25日至5月12日，"无敌"号接受改造，包括更换炮膛磨损严重的305毫米炮管，减少102毫米火炮的数量并且加强了防御。5月27日，海军少将霍勒斯·胡德（Horace Hood）成为第3战列巡洋舰分舰队的指挥官，其将旗在"无敌"号上升起。

皇家海军计划在1916年4月24至25日派遣第1和第3战列巡洋舰分舰队对德国炮击雅茅斯和洛斯托夫特的舰队进行截击，但是由于天气原因没有出击。4月25日午夜11时07分，"无敌"号在返回英国时与一艘巡逻艇相撞。

▲ 皇家海军少将霍勒斯·胡德，他将在日德兰海战中名垂千古，本书将要介绍的著名的"胡德"号战列巡洋舰就是以其家族命名的

巡逻艇的部分舰艇撞入"无敌"号的舰体造成了舰体进水，致使"无敌"号的航速下降至12节，不过凭借着自身的动力，战舰还是进入罗塞斯港，对"无敌"号的维修一直持续到1916年5月22日。

1916年5月末，第3战列巡洋舰分舰队被划入大舰队。5月30日，英国方面截获了德国公海舰队的无线电通讯，得知公海舰队将倾巢出动。大舰队立即接到命令，准备南下截击德国舰队。作为大舰队的一部分，"无敌"号随第3战列巡洋舰分舰队作战，舰队于30日晚22时离开罗塞斯港向东南方向前进。

1916年5月31日下午14时30分，"无敌"号收到轻巡洋舰"加拉提亚"号发来的无线电，称发现了2艘德国巡洋舰。为了防止对方逃跑，胡德少将于15时11分命令战舰的航速提高至22节以从东南方向切断对方的退路。20分钟后，胡德收到了海军中将贝蒂发来的信息，称发现了德国的5艘战列巡洋舰。之后胡德又收到了战斗在东南方向打响的报告。16时06分，胡德命令"无敌"号以全速向东南方向航行以支援贝蒂。到16时56分，胡德没有发现友舰，他询问贝蒂所在的位置、航速，但是一直没有收到回音。

17时40分，航行中的舰队听到不远处的炮声，胡德立即命令随行的轻巡洋舰"切斯特"号（HMS Chester）前往侦察。"切斯特"号很快与德国第2侦察分舰队的4艘巡洋舰遭遇，其将敌情通知胡德，而胡德立即指挥舰队转向以支援"切斯特"号。17时53分，"无敌"号向7300米之外的德国轻巡洋舰"威斯巴登"号（SMS Wiesbaden）开火，另外2艘同级舰在2分钟之后跟了上来。

面对英国战列巡洋舰的炮击，德国战舰发射鱼雷之后向南转向想要寻找烟雾的庇

▲ 德皇海军"威斯巴登"号轻巡洋舰，这艘战舰在日德兰海战中遭到了英国舰队毁灭性的打击

护。就在德国战舰转向之后，"无敌"号发射的炮弹击中了"威斯巴登"号的机舱并击毁了发动机，此外其发射的炮弹还对轻巡洋舰"皮劳"号（SMS Pillau）造成了一次命中。

为了掩护友舰，德国轻巡洋舰"雷根斯堡"（SMS Regensburg）与来自第2和第9雷击大队的31艘驱逐舰向英国舰队发起了鱼雷攻击。为英国战列巡洋舰提供护航的5艘驱逐舰在轻巡洋舰"坎特伯雷"号（HMS Canterbury）的率领下前去拦截德国驱逐舰。为了躲避德国驱逐舰发射的12枚鱼雷，"无敌"号向北规避，而跟在他身后的"不屈"号和"不挠"号向南规避。在成功躲避鱼雷之后，"无敌"号继续转向向北，就在此时其船舵被卡住，战舰不得不停下来解决这个问题。当船舵的问题被解决后，"无敌"号迅速调整航向向西追赶舰队。

18时21分，贝蒂指挥的战列巡洋舰与大舰队主力汇合，胡德则转向向南引领贝蒂

的战列巡洋舰。双方正在靠近的主力舰队开始交火，这次依然是速度较快的战列巡洋舰们。就在希佩尔指挥的德国战列巡洋舰与贝蒂指挥的英国战列巡洋舰相互对射之时，由胡德指挥的英国第3战列巡洋舰分舰队向希佩尔的舰队发起突然袭击，几乎将"吕佐夫"号（SMS Lützow）打残。18时30分，反应过来的德国人立即调转炮口进行反击，战列巡洋舰"吕佐夫"号和"德弗林格尔"号（SMS Derfflinger）向距离他们最近的"无敌"号进行了3轮齐射。德军第3轮齐射中发射的一枚305毫米炮弹击穿了"无敌"号的"Q"炮塔，爆炸的炮弹引燃了"Q"炮塔下面弹药舱中的弹药，在一系列巨大的爆炸中，"无敌"号断成两截沉入海底。"无敌"号的沉没共造成1026人遇难，其中就包括胡德少将。驱逐舰"獾"号（HMS Badger）驶来并救起了幸存的6名船员，他们分别是：海军中校休伯特·E·丹罗伊特（Hubert E.

▲ 日德兰海战中被击中的"无敌"号，照片是从一艘驱逐舰上拍摄的

Dannreuther)、海军上尉塞西尔·S·桑福德(Cecil. S. Sandford)、上士汤普森(P. T. I. Thompson)、信号旗士官沃尔特·麦克莱恩·普拉特(Walter Maclean Pratt)、二等兵厄内斯特·乔治·丹德里奇(Ernest George Dandridge)、炮手布莱恩·贾森(Bryan Gasson)。

第一次世界大战结束后的1919年，皇家海军在曾经的战场发现了"无敌"号

▲ 在日德兰海战中，断成两截下沉的"无敌"号

的残骸，其沉没位置在57° 02′ 40″ N，06° 07′ 15″ E，舰体位于距离海平面55米的砂质海底处。为了纪念这艘英勇战沉的巨舰，加拿大落基山脉中的一座山峰在1917年被命名为无敌峰(Mount Invincible)。根据《1986年海军遗址保护法》(Protection of Military Remains Act 1986)规定，"无敌"号的残骸作为海底沉船遗址被英国保护起来。

"不屈"号
(HMS Inflexible)

"不屈"号由约翰·布朗公司(John Brown and Company)位于克莱德班克的造船厂建造，该舰于1906年2月5日动工，1907年6月26日下水。1908年10月20日，"不屈"号建造完成并加入皇家海军本土舰队。

"不屈"号这个舰名在英国皇家海军中有着悠久的历史，第一艘使用这个名字的战舰出现在1814年，曾经参加了在北美洲爆发的尚普兰湖战役(Battle of Lake Champlain)。在

战斗中，一共有15艘美国小型战舰与英军作战，英军舰队的旗舰便是"不屈"号，他安装了18门12磅炮；第二艘"不屈"号是一艘安装有64门火炮的风帆战舰，其于1777年在哈里奇建造，1820年退役；第三艘"不屈"号于1876年在朴次茅斯海军造船厂开工建造，该舰长104.8米、宽22.86米，吃水8米，排水量达到11880吨。"不屈"号安装了4门16英寸（406毫米）前装巨炮，这4门火炮安装在两座交错分布于舰体中部两舷的圆饼形炮塔中，此外军舰上还装有6门20磅炮、17挺机枪和4具360毫米鱼雷发射管（详见《英国战列舰全史1860–1906》）；第四艘"不屈"号属于"无敌"级战列巡洋舰。

当还在调试阶段时，"不屈"号就被归入本土舰队的诺尔分舰队。1908年10月20日，"不屈"号代替了"威严"级战列舰"朱庇特"号（HMS Jupiter），后者后来被改造成一艘射击训练舰。在主炮试射过程中，由于火炮意外爆炸给"不屈"号造成了严重的损伤，其不得不在1908年10月至1909年1月接受维修。

1909年3月，完成维修的"不屈"号加入第1巡洋舰分舰队。在此期间，"不屈"号的煤舱发生了爆炸，不过战舰没有受到太大的损伤。9月，"不屈"号成为海军上将爱德华·霍巴特·西摩（Edward Hobart Seymour）的旗舰，其不久便前往美国纽约参

▲ 海军上将爱德华·霍巴特·西摩

▲ 皇家海军第三艘"不屈"号，其主炮位于舰体中间的圆饼型炮塔内

▲ 1909年访问纽约的"不屈"号，舰容崭新，在他周围有大量皇家海军的战舰

加哈德逊–富尔顿庆典（The Hudson-Fulton Celebration），该庆典是为了庆祝亨利·哈德逊（Henry Hudson）发现哈德逊河300周年。

1909年，从美国返回的"不屈"号接受了维修，维修一直持续到1909年12月。1911年5月，"不屈"号与"柏勒洛丰"级的首舰"柏勒洛丰"号（HMS Bellerophon）战列舰相撞，其舰艏部分严重损坏。针对"不屈"号舰艏的维修一直持续到当年的11月，在维修期间，其烟囱被加高。结束舰艏维修后，"不屈"号重新服役并再次加入第1巡洋舰分舰队。1912年5月，"不屈"号成为地中海舰队司令阿奇博尔德·伯克利·米尔恩（Archibald Berkeley Milne）上将的旗舰，其与姐妹舰"不挠"号同属于第2战列巡洋舰分舰队。

1914年8月，第一次世界大战爆发后，"不屈"号与地中海舰队的其他战舰对德国地中海分舰队（Mittelmeer Division）展开围捕，此时德国地中海分舰队只有战列巡洋舰"戈本"号（SMS Goeben）和轻巡洋舰"布雷斯劳"号（SMS Breslau），舰队司令是海军少将

威廉·苏雄（Wilhelm Souchon）。8月4日，德国舰队轰击了法属阿尔及利亚的菲利普维尔港，之后前往意大利的墨西拿加煤。尽管战争已经爆发，但是鉴于意大利是中立国，英国

▲ 海军上将阿奇博尔德·伯克利·米尔恩

▲ 1909年访问纽约参加庆典的"不屈"号，可以看到舰容崭新，桅杆上也挂上了彩旗

海军得到的命令是待在意大利海岸10千米以外对德国人进行围困和监视。米尔恩将"不倦"号和"不挠"号2艘战列巡洋舰部署在墨西拿海峡北部入口处,"不屈"号则与轻巡洋舰"格洛斯特"号(HMS Gloucester)把守着港口南部的出口,这样的布置是防止2艘德国战舰向西进入地中海西部。

米尔恩预计德国战舰将向西进入大西洋然后返回德国,但是出乎他意料的是苏雄指挥战舰于8月6日离开墨西拿后一路向东航行,此时只有"格洛斯特"号尾随德国战舰。随着奥匈帝国向俄国宣战,米尔恩知道英国与奥匈帝国的战争已经不可避免,为了封锁奥匈帝国的海军,他决定保持原来的舰队部署。8月9

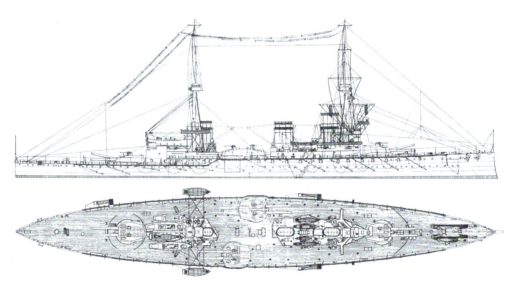

▲ "不屈"号建成时的线图,注意其在舰体两侧交错安装的主炮塔

▲ 一艘小帆船从巨大的"不屈"号身旁经过,从这个角度可以看到战舰整洁的舰体和高大的三角桅杆

日，眼看着"戈本"号向东航行得越来越远，米尔恩终于下令对其追击，但是一切都太晚了。2艘德国战舰最终抵达达达尼尔海峡，而"不屈"号于8月18日接到命令返回本土。

1914年11月3日，在接到科罗内尔角海战惨败的消息之后，海军部听取第一海军大臣费舍尔的建议派遣"不屈"号和"无敌"号2艘战列巡洋舰前往福克兰群岛进行支援，舰队指挥官是海军少将弗雷德里克·多夫顿·斯特迪。经过维护和物资补充，"无敌"号和"不屈"号于11月11日出港，于11月26日便抵达巴西的阿布罗柳斯礁，它们在这里与由海军少将阿基保尔·皮尔·斯托达特指挥的第5巡洋舰分舰队汇合。

12月7日，包括"不屈"号在内的英国舰队抵达位于福克兰群岛的斯坦利港，它们受到了热烈的欢迎。12月8日，由德国海军中将玛克西米利安·冯·斯佩率领的德国远东分舰队出现在斯坦利港外，德国舰队计划对该港进行突袭。早有准备的英国人在早晨7时30分就发现了南方海平面上出现的烟雾和桅杆。在瞭望哨的引导下，停泊在斯坦利港外作为炮台使用的前无畏舰"卡诺珀斯"号在11000米的距离上向德舰开炮，其发射的305毫米炮弹在距离德国轻巡洋舰"格奈森诺"号不足900米的海面上爆炸。遭到重炮袭击并发现斯坦利港内有众多高大三角桅杆的"格奈森诺"号将情况报告斯佩，斯佩立即取消了突袭计划并命令德国舰队撤退。

德国舰队的撤退对于英国人是一个千载难逢的机会，他们可以追击并全歼对手。上午10时，在"无敌"号的率领下，英国舰队向南对德国舰队进行追击。在这场速度的较量中，整体航速仅有20节的德国舰队落于下风，它们很快就被25节高速航行的英国战列巡洋舰追上。为了保持与德国舰队相对稳定的位置，英国舰队的航速降至20节。

12时55分，"不屈"号首先向16000米

▲ 停泊在海面上的英国舰队，眼前便是三艘"无敌"级战列巡洋舰

▲ 靠岸停泊的"不屈"号，可以看到其位于舰艉的舰名和飘扬着的英国海军旗

▲ 停泊中的"不屈"号,其舰体两侧的防鱼雷网并没有打开,左舷的主炮塔指向左方

◀ 福克兰群岛海战中"不屈"号营救被击沉的"格奈森瑙"号上落水的船员

外的德国轻巡洋舰"莱比锡"号开火。1分钟后,"无敌"号也向"莱比锡"号开火。13时20分,面对对手的优势兵力,斯佩命令轻巡洋舰向西南方向撤退,他则带着装甲巡洋舰向东北方向撤退。斯佩希望以分开撤退的计策分散对方的追击兵力,让尽可能多的战舰

摆脱被击沉的厄运。

13时30分，装甲巡洋舰"沙恩霍斯特"号和"格奈森瑙"号开始向英国舰队射击，来自"沙恩霍斯特"号的炮弹于14分钟之后击中了"无敌"号，但是没有击穿其装甲带。为了降低被德国战舰击中的可能，"不屈"号和"无敌"号转向以拉开与对手的距离，然后在对手主炮射程之外进行射击。由于从烟囱中喷出的浓烟影响了对目标的观测，英国战列巡洋舰的射击精度很差，这时斯佩下令向南转向。

德国舰队的机动使得双方的距离拉开至16000米，在这个距离上"不屈"号上的305毫米主炮没有准度可言。为了拉近与对手的距离，"不屈"号和"无敌"号将航速提高到24节。14时50分，当双方距离再次进入15000米内后，2艘战列巡洋舰上的主炮立即开始以最大仰角进行齐射。15时15分，开始迎风航行的英国战舰立即摆脱了自身烟雾对射击造成的影响。就在这时，斯佩命令2艘德国装甲巡洋舰转向西北以抢占T字阵头，但是遭到了英国战列巡洋舰的猛烈打击。16时之后，"沙恩霍斯特"号因为多次被命中而被大火和烟雾笼罩。16时17分，"沙恩霍斯特"号沉没，斯佩中将与全体官兵与舰同沉。

"沙恩霍斯特"号沉没之后，英国战列巡洋舰开始集中攻击"格奈森瑙"号。在绝境之下，"格奈森瑙"号坚决反击，其发射的炮弹多次击中"无敌"号，但是没有造成损伤。17时45分，"格奈森瑙"号沉没。就在2艘德国装甲巡洋舰被击沉时，另外2艘德国轻巡洋舰也被击沉。在整场战斗中，"不屈"号一共发射了661枚305毫米炮弹，被3枚210毫米炮弹击中。在人员损失方面，"不屈"号上有1人阵亡、5人受伤。

结束了在福克兰群岛的作战后，"不

▲ 福克兰群岛海战之后，被俘的德国官兵站在"不屈"号的前甲板上，他们身后是战舰巨大的"A"炮塔

屈"号驶往直布罗陀进行维修和改造。1915年1月24日，"不屈"号抵达达达尼尔海峡，取代"不倦"号成为地中海舰队的旗舰。2月19日和3月15日，"不倦"号和其他英国战舰一起对达达尼尔海峡周边的土耳其海岸炮台进行了炮击。3月18日，为了掩护扫除土耳其布设的水雷的行动，"不屈"号与其他英国战舰对土耳其炮台进行了压制射击。在土耳其军队的猛烈还击中，多枚炮弹击中了"不屈"号：其中1枚150毫米炮弹击中了"P"炮塔；1枚105毫米炮弹击中了露天甲板造成了多人伤亡；1枚口径不详的炮弹击中了左舷水线以上1.8米的位置，炮弹在舰体表面上留下了一个向内凹的弹坑；1枚240毫米炮弹击中了前主桅下的舰桥，在应急舱周围引起了火灾，破坏了顺着主桅布设的电缆和传话筒；"不屈"号上的损管人员及时行动，很快就扑灭了大火。尽管受伤，但是"不屈"号依然留下来对土军炮台射击，不过毁伤效果并不明显。

结束了对土军炮台的射击，"不屈"号

转移至伦柯伊湾（Eren Keui Bay），不幸的是战舰被一枚100千克水雷击中。水雷在"不屈"号右舷前部爆炸，在舰底炸出一个大洞，海水顺势淹没了鱼雷舱，有39名船员溺水身亡。遭到重创的"不屈"号为了避免沉没，不得不在武涅多斯岛附近搁浅。尽管进水达1600吨，但是海军技术人员还是将"不屈"号舰底长9.1米、宽7.9米的大洞堵住。抢修之后，"不屈"号在前无畏舰"卡诺珀斯"号和装甲巡洋舰"托尔伯特"号（HMS Talbot）的护送下于4月6日抵达马耳他。由于遇到了恶劣的天气，舰底大洞再次进水，"不屈"号又面临着沉没的危险。在这关键时刻，"卡诺帕斯"号用钢缆对"不屈"号进行拖拽，"不屈"号上的损管人员则奋力对战舰进行了长达6个小时的抢修。经过惊险的航行，"不屈"号终于到达马耳他，其经过修理之后于6月返回英国本土。当月19号"不屈"号加入属于大舰队的第3战列巡洋舰分舰队，分舰队司令是海军少将胡德。

1916年5月末，第3战列巡洋舰分舰队被划入大舰队。5月30日，英国方面截获了德国公海舰队的无线电通讯，得知公海舰队将倾巢出动。大舰队立即接到命令，准备南下截击德国舰队。作为大舰队的一部分，"不屈"号随第3战列巡洋舰分舰队出海作战，舰队于30日晚22时离开罗塞斯港向东南方向前进。

1916年5月31日下午14时30分，"不屈"号收到轻巡洋舰"加拉提亚"号发来的无线电报，称发现了2艘德国巡洋舰。为了防止对方逃跑，胡德少将于15时11分命令战舰提高航速至22节并从东南方向上切断对方的退路。20分钟后，胡德收到了海军中将贝蒂发来的信息，称发现了德国的5艘战列巡洋舰，之后胡德又收到了战斗在东南方向打响的报

告。16时06分，胡德命令"无敌"号以全速向东南方向航行以支援贝蒂。到16时56分，胡德没有发现友舰，他询问贝蒂所在的位置、航速，但是一直没有收到回音。

17时40分，航行中的舰队听到不远处的炮声，胡德立即命令随行的轻巡洋舰"切斯特"号前去侦察。"切斯特"号很快与德国第2侦察分舰队的4艘巡洋舰遭遇，其将发现通知胡德，而胡德立即指挥舰队转向以支援"切斯特"号。17时53分，"不屈"号的同级舰"无敌"号向7300米之外的德国轻巡洋舰"威斯巴登"号开火，"不屈"号在2分钟之后跟了上来。

为了掩护友舰，德国轻巡洋舰"雷根斯堡"号与来自第2和第9雷击大队的31艘驱逐舰向英国舰队发起了鱼雷攻击。为英国战列巡洋舰提供护航的5艘驱逐舰在轻巡洋舰"坎特伯雷"号的率领下前去拦截德国驱逐舰。为了躲避德国驱逐舰发射的12枚鱼雷，"无敌"号向北规避，而跟在它身后的"不屈"号和"不挠"号向南规避。有一枚鱼雷从"不屈"号舰底下面通过，有惊无险的是鱼雷没有爆炸。

18时21分，贝蒂指挥的战列巡洋舰与大舰队主力汇合，胡德则转向向南引领贝蒂的战列巡洋舰。此时，双方的战列巡洋舰相距8200米，双方立即发生交火。就在希佩尔指挥的德国战列巡洋舰与贝蒂指挥的英国战列巡洋舰相互对射之时，由胡德指挥的英国第3战列巡洋舰分舰队向希佩尔的舰队发起突然袭击，几乎将"吕佐夫"号打残。18时30分，反应过来的德国人立即调转炮口进行反击，战列舰巡洋舰"吕佐夫"号和"德弗林格尔"号向距离他们最近的"无敌"号进行了3轮齐射并将其击沉。跟在后面的"不屈"号紧急

转向以避免与下沉的"无敌"号相撞。由于紧急转向，"不屈"号失去了目标而停止射击。远离下沉的"无敌"号后，"不屈"号和"不挠"号加入第1战列巡洋舰分舰队和第2战列巡洋舰分舰队的战列，"不屈"号跟在"新西兰"号后面，"不挠"号在"不屈"号后面。

"不屈"号和"不挠"号跟随贝蒂继续战斗，两舰发射的8枚305毫米炮弹连续击中"吕佐夫"号，重伤的"吕佐夫"号不得不离开战场并最终沉没。19时20分，德国第6和第9雷击大队的驱逐舰向英国舰队发起鱼雷攻击，"不屈"号向靠近的德国驱逐舰进行了两轮齐射。在躲避射来的鱼雷时，"不屈"号报告距离其最近的1枚鱼雷大约在137米之外。趁着驱逐舰发起鱼雷攻击，德国主力舰队开始撤退。

当20时19分太阳消失在海平面上时，"不屈"号向9100米外的德国战列巡洋舰进行了短促射击，之后双方就因为烟雾失去了目标。至此，"不屈"号结束了在日德兰海战中的战斗，其在战斗中一共发射了88枚305毫米炮弹，包括10枚穿甲弹、59枚常规弹、19枚高爆弹。"不屈"号上的102毫米火炮没有发射炮弹，战舰在战斗中也没有被击中。

由于在日德兰海战中损失了3艘战列巡洋舰，皇家海军将剩下的战列巡洋舰重组为两个战列巡洋舰分舰队，"不屈"号和"不挠"号被编入了第2战列巡洋舰分舰队。之后德国皇帝禁止德国舰队出海，因此"不屈"号大部分时间都是在北海上巡逻。1916年8月19日，德国U-65号潜艇向"不屈"号发射了2枚鱼雷，但是没有命中。1918年2月1日，"不屈"号在五月岛附近与英国潜艇K22相撞，双方受到轻微损伤。1918年初，"不屈"号的"P""Q"炮塔顶部安装了便于飞机起飞的简易跑道。当第

一次世界大战结束后，"不屈"号在斯卡帕湾迎来了投降的德国公海舰队。

随着战争的结束，英国开始处理仍然在服役的老舰，其中就包括2艘"无敌"级战列巡洋舰。1919年1月，"不屈"号转入储备舰队，1920年3月31日退役。就在退役后不久，正在大力发展海军的智利开始考虑购买"不屈"号，但是因为很多原因，这笔交易没有达成。1921年12月1日，"不屈"号正式被出售，其在1922年被拖往德国进行拆解。加拿大政府在1917年将落基山脉中的一座山峰命名为不屈峰以纪念这艘战舰。

"不挠"号
（HMS Indomitable）

"不挠"号由费尔菲尔德造船工程公司（Fairfield Shipbuilding & Engineering Company）位于格拉斯哥的戈万造船厂建造，该舰于1906年3月1日动工，1907年3月16日下水，1908年6月20日建成。

与同级的"无敌"号和"不屈"号不同，在英国皇家海军的历史上只出现过2艘"不挠"号，第一艘是属于"无敌"级的"不挠"号，第二艘是属于"光辉"级航空母舰的"不挠"号。

在"不挠"号建造完成服役前，其护送威尔士亲王（后来的英王乔治五世）前往加拿大参加魁北克市建市300周年的庆典活动。在返回途中，"不挠"号保持了25节的最高航速，这个速度几乎达到了之前跨洋班轮"卢西塔尼亚"号创造的25.08节最快穿越大西洋的记录。1908年6月10日，返回英国的"不挠"号继续最后的栖装收尾工作。

1908年10月28日，"不挠"号被派往本土舰队的诺尔分舰队服役。1909年3月，他加

▲ 编队航行中的英国战列巡洋舰分舰队，近处的便是"不挠"号

入第1巡洋舰分舰队，成为海军少将科尔维尔（S. Colville）的旗舰。1910至1913年，"不挠"号经过了多次改造，其在之后的1913年8月27日加入地中海舰队并与姐妹舰"无敌"号一起归入第2战列巡洋舰分舰队。1914年3月17日，"不挠"号在斯托克斯湾与布雷舰C4号相撞，战舰轻微受损。受损的"不挠"号在7月进入马耳他进行维修，但是欧洲局势的紧迫使维修被迫中断。"不挠"号与刚抵达地中海的"不屈"号开始对德国的地中海分舰队进行监视，其听从英国地中海舰队司令米尔恩的指挥。

▲ 高速航行中的"不挠"号，其烟囱中喷出滚滚浓烟

▶ "不挠"号战列巡洋舰的线图

1914年8月4日，德国对法宣战，当天在地中海执行任务的德国战列巡洋舰"戈本"号和轻巡洋舰"布雷斯劳"号轰击了法属阿尔及利亚的菲利普维尔港，之后2艘战舰前往意大利的墨西拿加煤。由于英国和德国还没有开战，包括"不挠"号在内的英国舰队对德国战舰只进行尾随跟踪没有进行攻击。

8月5日，英国向德国宣战，地中海中的英国战舰开始围捕墨西拿港中的2艘德国战舰。尽管英国与德国之间的战争已经爆发，但是鉴于意大利是中立国，英国海军得到的命令是待在意大利海岸10千米以外。米尔恩将"不挠"号和"不倦"号2艘战列巡洋舰部署在墨西拿海峡北部入口处，"不屈"号则与轻巡洋舰"格洛斯特"号把守着港口南部的出口，这样的布置是防止2艘德国战舰向西进入地中海西部。

8月6日，德国战舰突然离开墨西拿向东航行，英国海军中只有"格洛斯特"号尾随德国战舰。英国方面预计德国战舰将设法进入西地中海并借道返回德国，但是"戈本"号和"布雷斯劳"号却直接抵达当时的土耳其首都伊斯坦布尔并加入土耳其海军。得到巨舰的土耳其加入德国一边，其很快向英、法及俄罗斯宣战。由于土耳其的参战，英国海军大臣丘吉尔开始计划对土耳其发起攻击。

1914年11月3日，英法两国的战舰对达达尼尔海峡发起了第一轮攻击，攻击力量包括"不挠"号、"不屈"号及几艘法国前无畏舰。英法舰队对达达尼尔海峡的一处土耳其军队阵地进行了炮击，目的是检测土耳其海岸炮阵地的坚固程度及其反应反击能力。这次炮击相当成功，猛烈的炮火摧毁了作为目标的土耳其炮兵阵地，击毁了10门火炮并杀

▲ 停泊在马耳他的"不挠"号，注意其舰艏左侧挂着一艘小艇

死了86名土军士兵。尽管炮击的效果很好，但是却提醒了土耳其人，他们开始在达达尼尔海峡周围加固原有的阵地并修建新的炮台，这将在未来给同盟国造成巨大的损失。在此期间，"不挠"号接到命令返回英国加入第2战列巡洋舰分舰队。

1915年初，德国海军对于英国本土采取打了就跑的战术，出动高航速的战列巡洋舰对英国东南部的港口城市进行炮击。在炮击英国本土时，德国飞艇侦察发现多格尔沙洲海域有英国的轻型舰艇为在此捕鱼的渔船提供保护，公海舰队参谋长艾克曼少将认为可以派遣战列巡洋舰对这里的英国船只进行攻击。在1月23日16时45分，希佩尔率领第1侦察中队的4艘战列巡洋舰、第2侦察中队的4艘巡洋舰及19艘驱逐舰从锚地出发直奔多格尔沙洲，德国方面计划在24日清晨扫荡那里的英国船只。

由于英国方面已经破译了德国的无线电密码，因此在希佩尔指挥舰队出发时英国就掌握了德国人的动向。为了截击德国舰队，英国海军派出了由贝蒂指挥的第1、第2战列巡洋舰分舰队，此外还有哈里奇分舰队的3艘轻巡洋舰和30艘驱逐舰。

1915年1月24日上午7时20分，英国轻巡洋舰"阿瑞托莎"号（HMS Arethusa）发现了德国轻巡洋舰"科尔伯格"号（SMS Kolberg）。在得到轻巡洋舰发来的消息后，希佩尔以为发现了英国的轻型战舰，遂命令舰队以20节的速度向南转向接近对手。不久，希佩尔又得到消息称发现英国大型战舰，他明白自身处于危险之中，于是下令掉头全速返航。

就在德国舰队返航时，贝蒂命令舰队全速追击对手，"不挠"号的速度达到了超出设计的26节，贝蒂于8时55分发来了"干得好，不挠。（Well done, Indomitable.）"的消息。8时52分，英国舰队旗舰"狮"号向18000米外的德国装甲巡洋舰"布吕歇尔"号（SMS Blücher）开

▲ 德国装甲巡洋舰"布吕歇尔"号

火。9时9分，德国舰队开始还击。由于位于德国舰队的末尾，航速只有23节的"布吕歇尔"号遭到了英国战舰的集中攻击，不断有炮弹击中他。在众多命中中，1枚炮弹击中了战舰的锅炉舱，1枚击中了轮机舱，"布吕歇尔"号因此遭到重创，航速也降至17节。面对越跑越慢的"布吕歇尔"号，"不挠"号也加入了对其进行攻击的行列。在"布吕歇尔"号于12时07分沉没之前，"不挠"号一共发射了134枚炮弹。战斗结束后，"不挠"号接到命令对旗舰"狮"号进行拖拽作业，后者由于在战斗中损坏了轮机而航速下降。

结束了多格尔沙洲之战后，"不挠"号转入第3战列巡洋舰分舰队服役，时间是1915年2月。5月27日，海军少将胡德成为第3战列巡洋舰分舰队的指挥官。1916年4月24日，德国舰队对英国的雅茅斯和罗斯托夫特进行了炮击，英国第1和第3战列巡洋舰分舰队对德国舰队进行截击。由于当天海上天气恶劣，出击的英国舰队没有发现目标。

1916年5月末，第3战列巡洋舰分舰队被划入大舰队，此时分舰队包括了全部3艘"无敌"级。5月30日，英国方面截获了德国公海

舰队的无线电通讯，得知公海舰队将倾巢出动。大舰队立即接到命令，准备南下截击德国舰队。作为大舰队的一部分，"不挠"号随第3战列巡洋舰分舰队作战，舰队于30日晚22时离开罗塞斯向东南方向前进。

1916年5月31日下午14时30分，"不屈"号收到轻巡洋舰"加拉提亚"号发来的无线电报，称发现了2艘德国巡洋舰。为了防止对方逃跑，胡德少将于15时11分命令战舰提高航速至22节以从东南方向上切断对方的退路。20分钟后，胡德收到了海军中将贝蒂发来的信息，称发现了德国的5艘战列巡洋舰。之后胡德又收到了战斗在东南方向打响的报告。16时06分，胡德命令舰队以全速向东南方向航向以支援贝蒂。到16时56分，胡德没有发现友舰，他询问贝蒂所在的位置、航速，但是一直没有收到回音。

17时40分，航行中的第3战列巡洋舰分舰队听到不远处传来的炮声，胡德立即命令随行的轻巡洋舰"切斯特"号前往侦察。"切斯特"号很快与德国第2侦察分舰队的4艘巡洋舰遭遇，其将发现报告胡德，胡德立即指挥舰队转向以支援"切斯特"号。17时53分，"无敌"号

▲ 多格尔沙洲之战中对"狮"号进行拖拽作业的"不挠"号

向7300米之外的德国轻巡洋舰"威斯巴登"号开火，另外2艘同级舰在2分钟之后跟了上来。

为了掩护友舰，德国轻巡洋舰"雷根斯堡"号与来自第2和第9雷击大队的31艘驱逐舰向英国舰队发起了鱼雷攻击。为了躲避德国驱逐舰发射的12枚鱼雷，"无敌"号向北规避，而跟在它身后的"不屈"号和"不挠"号向南规避。

18时21分，贝蒂指挥的战列巡洋舰与大舰队主力汇合，胡德则转向向南引领贝蒂的战列巡洋舰。此时，双方的战列巡洋舰相距8200米，双方立即发生交火。就在希佩尔指挥的德国战列巡洋舰与贝蒂指挥的英国战列巡洋舰相互对射之时，由胡德指挥的英国第3战列巡洋舰分舰队向希佩尔的舰队发起突然袭击，几乎将"吕佐夫"号打残。18时30分，反应过来的德国人立即调转炮口进行反击，战列舰巡洋舰"吕佐夫"号和"德弗林格尔"号向距离他们最近的"无敌"号进行了3轮齐射并将其击沉。跟在后面的"不挠"号紧急转向以避免与下沉的"无敌"号相撞。"无敌"号沉没后，"不挠"号和"不屈"号加入第1战列巡洋舰分舰队和第2战列巡洋舰分舰队的战列，"不挠"号在"不屈"号后面，"不屈"号跟在"新西兰"号后面。

20时20分，在太阳消失之前，"不挠"号向一艘无法确认身份的德国战舰进行了射击，但是没有命中目标。20时39分，"不挠"号再次开火射击，其发射的炮弹命中了一艘德国前无畏舰。到战斗结束时，"不挠"号一共发射了175枚305毫米炮弹，其中有99枚是穿甲弹、10枚普通弹和66枚高爆弹，其102毫米火炮也发射了4枚炮弹。

1916年6月，"不挠"号加入了第2战列巡洋舰分舰队，8月其进入船厂维修改造，战舰的弹药舱上方增加了25毫米装甲板。1918年初，同姐妹舰"不屈"号一样，"不挠"号的"P""Q"炮塔顶部安装了便于飞机起飞的简易跑道。第一次世界大战结束后，"不挠"号在斯卡帕湾迎来了投降的德国公海舰队。

战后，由于英国无力继续维持庞大的舰队，许多战舰开始退役。"不挠"号在1919年2月退役，1921年12月出现在出售名单上。随着《华盛顿海军条约》的签订，"不挠"号最终被出售拆解。

"不倦"级
（Indefatigable class）

在1906年的海军预算中，皇家海军计划建造更多数量的大型巡洋舰，其设计要求排水量达到22861吨，主装甲带装甲厚度达到280毫米，航速25节。经过讨论，海军方面改变主意决定建造3艘无畏舰——"柏勒洛丰"级（Bellerophon Class）。在1907至1908年的海军预算中，大型巡洋舰的计划排水量在18390至21743吨之间，但是巡洋舰的建造计划再度被战列舰的建造代替。

1908年，新型巡洋舰的设计图纸最终通过，当费舍尔拿到图纸时写道："我拿到菲利普·沃茨关于新型'不挠'号的设计后就确定无论谁看到这个设计都会流口水的。（I've got Sir Philip Watts into a new Indomitable that will make your mouth water when you see it.）"在费舍尔的积极推动下，1908年的海军预算中计划建造3艘新型巡洋舰。但就在1908年，英国工党上台执政，新政府提出削减海军预算等政策，因此庞大的造舰计划被直接缩减成1艘战列舰和1艘新型巡洋舰。

1909年8月，英国的自治领参加了帝国

会议并讨论帝国防御策略，海军方面提出由各自治领建立一支自治领舰队，包括1艘"无敌"级新型巡洋舰、3艘巡洋舰和6艘驱逐舰。这些自治领舰队分别由澳大利亚、新西兰、南非和加拿大建立，英国海军则将舰队集中在英国本土以对抗不断增强的德国海军。会议的结果是南非和加拿大拒绝在协议上签字，澳大利亚和新西兰则同意协议并各订购1艘1908年型的新型巡洋舰。就这样，这3艘新型巡洋舰组成了"不倦"级。

"不倦"级的设计脱胎于著名的"无敌"级，采用了长艏楼船外形，舰艏微微前倾。与"无敌"级相比，"不倦"级的舰体更长更宽，舰体中部拉长，锅炉舱的布局被重新设计，舰体中部有三根高大的烟囱。"不倦"级前后有两座高大的舰桥，舰桥上有三角主桅。"不倦"级舰长179.8米，舰宽24.4米，吃水8.2米。"不倦"级的标准排水量达到18800吨，满载排水量22490吨，要高于"无敌"级。

"不倦"级采用了与"无敌"级相似的武器系统，火炮布局上采用了革命性的"全装重型火炮"设计，军舰上共有8门305毫米45倍口径的Mark X火炮，分别安装在四座双联装炮塔中。"不倦"级上的四座炮塔有两座在舰体的中轴线上，包括舰艏的"A"炮塔和舰艉的"Y"炮塔，另外两座炮塔交错安装在舰体中部的两舷，其中位于左舷的炮塔代号"P"，右舷的炮塔代号为"Q"。"A""Y"炮塔的射界为-150°~+150°，"P""Q"炮塔的射界为+30°~+150°。"不倦"级在向前和向后的火力上达到6门

▲ "不倦"级舰艏甲板上巨大的"A"炮塔，后面是高大的舰桥

主炮，而在左右两舷方向上可以发挥全部8门火炮的火力。"不倦"级主炮的俯仰角在-3°~13.5°之间，之后改进至16°，其炮口初速为831米/秒，弹丸重量为390千克。当以13.5°进行射击时，305毫米主炮在发射穿甲弹时最大射程达到16450米。当以16°进行射击时，305毫米主炮在发射穿甲弹时最大射程达到20435米。"不倦"级的每门305毫米主炮载弹量110枚，射速为2发/分钟。

"不倦"级没有安装副炮，其辅助武器为16门102毫米45倍口径Mk VII速射炮。与"无敌"级不同的是，"不倦"级的所有102毫米炮都安装在上层建筑而不是主炮塔顶部，其中6门安装在前部上层建筑中，剩下的10门安装在后部的上层建筑中。102毫米Mk VII炮长5.11米，重2.13吨，炮口初速为869米/秒，弹丸重量为14千克。以15°进行射击时，102毫米炮的最大射程达到10600米。"不倦"级的每门102毫米炮载弹量为100枚，射速为6~8发/分钟。102毫米火炮主要用于对付敌方的鱼雷艇等小型舰艇，其没有任何的装甲防护，后来在1914至1915年的改造中，所有的火炮都安装了防盾；除了火炮，"不倦"级上有2具450毫米鱼雷发射管，位于"X"炮塔舰体两侧的水线之下，战舰上共装载了12枚鱼雷。

"不倦"级拥有先进的火控系统，安装有电力传导仪器来指挥和控制炮塔转动，其

▲ 位于"不倦"级舰艏主炮塔中的2门305毫米火炮，这个口径的火炮在当时具有巨大的威力

控制室在前主桅信号塔之上。在海战中，目标的探测数据由巴尔和斯特劳德公司生产的长2.7米的FQ-2测距仪获得，然后数据会传入德梅里克机械计算机中并通过电传导输入威格士射距钟，经过一系列计算后最终得到的便是目标航向航速的变化数据。目标的动态数据同时会在绘图桌的海图上标明，这将更好地帮助炮术军官判断目标的运动方向。通过火控系统，发射台、控制室和主炮塔组成了一个高效的射击系统。除了统一射击，"不倦"级的每座主炮塔都能够独立对目标进行测算和射击。1907年，"不倦"级在与"征服者"级的"英雄"号（HMS Hero）进行模拟对抗训练时火控系统发生故障，沿着主桅的传话筒被切断，最终只能以安装在"A"炮塔后部的2.7米测距仪进行指挥射击。

"不倦"级采用了由维克斯公司生产的表面经过硬化处理的耐磨镍铬渗碳钢板，这种装甲钢板的硬度和抗弹性都要优于普通装甲钢。"不倦"级侧舷主装甲带长91米，厚152毫米，主装甲带中心至"A""Y"炮塔部分装甲厚102毫米，从炮塔至舰艏、舰艉部分装甲带厚64毫米。"不倦"级前部的装甲隔壁装甲厚76至102毫米，"X"炮塔周围的装甲隔壁装甲厚114毫米。"不倦"级主甲板为25毫米厚的装甲镍钢，炮塔周围的甲板厚51毫米，下层甲板厚38毫米。"不倦"级的炮塔装甲较厚，其四面装甲厚178毫米，经过钢筋加强的顶部装甲厚76毫米，炮塔基座装甲厚178毫米。"不倦"级位于舰桥下方的指挥塔是全

▲ 在停泊时间，公众登上了"不倦"级战列巡洋舰进行访问

舰装甲防护最强的地方，最大装甲厚度达到了254毫米，顶部和底部装甲厚76毫米。"不倦"级位于后部的鱼雷指挥塔周围有25毫米厚的镍钢装甲的加强。在"不倦"级的舰体内部，巨大的锅炉舱、机舱及弹药舱成为重点防护的区域，其中锅炉舱和机舱的防鱼雷隔壁的装甲厚度为38毫米，弹药舱周围的防鱼雷隔壁装甲厚63.5毫米。"不倦"级舰体内部划分出多个装甲防护区，这加强了水密结构，提高战舰的抗沉能力。

由于"澳大利亚"号和"新西兰"号采用了与"不倦"号不同的装甲布局，这2艘战舰的主装甲带并没有覆盖整个舰体侧面，而是在距离舰艏16.8米、距离舰艉18.3米处结束。2艘战舰的炮座装甲厚127毫米，主甲板装甲厚63.5毫米，下层装甲厚38至51毫米。日德兰海战之后，所有"不倦"级的装甲增加

▲ "不倦"级的前甲板，主炮塔上方圆形结构就是有重甲防护的指挥塔

▲ 一门属于"新西兰"号的102毫米火炮在新西兰的奥克兰博物馆外进行展示

了112吨，炮塔和弹药舱部分的装甲得到了明显加强。

　　"不倦"级安装了大功率的蒸汽轮机，它提供的动力使得"不倦"级达到了相当高的航速。"不倦"级上有四台帕森斯蒸汽轮机组，其中高压蒸汽轮机和低压蒸汽轮机各两台，每一台蒸汽轮机都安装在单独的机舱中。四台蒸汽轮机通过四根长轴与四具四叶螺旋桨连接，其中高压蒸汽轮机驱动外侧直径3.3米的螺旋桨，低压蒸汽轮机驱动内侧直径3.12米的螺旋桨。帕森斯蒸汽轮机由多达31座巴布科克&威尔科克斯水管燃煤蒸汽锅炉提供动力，这些锅炉分布在五个锅炉舱中。正是由于大量锅炉的存在，"不倦"级上的新型蒸汽轮

▲ "不倦"级前部的舰桥部分，从前向后依次为指挥塔、舰桥、主桅和烟囱

▲ "不倦"级左舷甲板，能够看到上层建筑上安装的102毫米火炮和不远处甲板上的"P"炮塔

机设计功率达到了43000马力，在海试中最高输出功率更是达到了55140马力。强大的动力使"不倦"级的航速达到了破纪录的25节，海试时速度26.89节。"不倦"级能够装载3340吨煤和870吨重油，在10节的经济航速下其续航能力达到6330海里。

"不倦"级上共有三根高高的烟囱，可以给数量众多的锅炉排烟。虽然"不倦"级和"无敌"级都有三根烟囱，但是"不倦"级中间的一根烟囱是独立的，并没有与前面的舰桥、前主桅和第一根烟囱连在一起。

1909年2月23日，"不倦"级的"不倦"号战列巡洋舰在德文波特造船厂开工建造，该级的"新西兰"号和"澳大利亚"号分别在费尔菲尔德造船工程公司和约翰·布朗公司建造。所有的"不倦"级都在1911至1913年建成服役。"不倦"号和"新西兰"号加入了第1巡洋舰分舰队服役，"澳大利亚"号则在澳大利亚皇家海军中服役。

第一次世界大战爆发后，"不倦"号属于地中海舰队的第2战列巡洋舰分舰队，它们参加了开战后对德国地中海分舰队的监视和追击，之后炮击了土耳其军队位于达达尼尔海峡的阵地。"新西兰"在战争爆发之后一直在本土海域服役，先后参加了赫尔戈兰湾海战和多格尔沙洲海战。

与"不倦"号和"新西兰"号不同，战争爆发初期"澳大利亚"号一直在南太平洋上执行任务，其对手是德国的远东分舰队。1915年初，"澳大利亚"号加入英国皇家海军，成为第2战列巡洋舰分舰队的旗舰。

1916年5月末，"不倦"号与"新西兰"号参加了日德兰海战，2舰属于第2战列巡洋舰分舰队，"澳大利亚"号因为正在维修而错过了这场大战。5月31日下午16时，"不倦"号

的炮塔被击穿，炮塔下面的弹药舱发生剧烈爆炸，战舰很快沉没。"不倦"号成为英国海军在日德兰海战中沉没的第一艘战舰，也是"不倦"级中沉没的唯一一艘战舰。

日德兰海战之后，"新西兰"号转入第1战列巡洋舰分舰队服役，"澳大利亚"号继续留在第2战列巡洋舰分舰队中。之后两艘战舰在大舰队中执行训练、巡逻及护航等任务。1918年11月，随着战争的结束，"新西兰"号和"澳大利亚"号执行了押送德国公海舰队的任务。之后，"新西兰"号出访了印度及大洋洲上的英国属地，"澳大利亚"号则返回了澳大利亚。

1922年，随着《华盛顿海军条约》的签署，已经显得老旧的"新西兰"号和"澳大利亚"号出现在处理名单上，其中"新西兰"号在1922年被拆解，"澳大利亚"号在1924年被凿沉。

"不倦"级象征着英国自治领对大英帝国的忠诚，该级中的2艘战舰是由新西兰和澳大利亚分别捐资建造的。3艘"不倦"级的服役扩大了英国在战列巡洋舰数量上的优势，有效遏制了德国海上力量的增长。第一次世界大战爆发后，3艘"不倦"级战列巡洋舰分别在不同的海域作战，"不倦"号和"新西兰"号在北海之上多次与德国舰队进行较量，而"澳大利亚"号在南太平洋海域的存在，迫使德国的远东分舰队只能向东撤退。

"不倦"级在结构设计和武器布局上脱胎于著名的"无敌"级，其在拥有强大火力和高航速的同时在防御上存在着致命的缺陷，日德兰海战中"不倦"号的沉没便是证明。尽管有不足，但"不倦"级和前辈"无敌"级仍是第一次世界大战初期英国战列巡洋舰的主力，为保卫帝国的安全在大洋上艰苦奋战。

"不倦"级战列巡洋舰一览表

舰名	译名	建造船厂	开工日期	下水日期	服役日期	命运
HMS Indefatigable	不倦	德文波特造船厂	1909.2.23	1909.10.28	1911.2.24	1916年5月31日被击沉
HMS New Zealand	新西兰	费尔菲尔德造船工程公司	1910.6.20	1911.7.1	1912.11.19	1922退役并出售拆解
HMAS Australia	澳大利亚	约翰·布朗公司	1910.7.23	1911.10.25	1913.6.21	1921年11月退役，1924年4月12日被凿沉

基本技术性能	
基本尺寸	舰长179.8米，舰宽24.4米，吃水8.2米
排水量	标准18800吨 / 满载22490吨
最大航速	25节
动力配置	31座燃煤锅炉，4台蒸汽轮机，43000马力
武器配置	8×305毫米火炮，16×102毫米火炮，2×450毫米鱼雷发射管
人员编制	784～1000名官兵

"不倦"号
（HMS Indefatigable）

"不倦"号由位于普利茅斯的德文波特船坞（Devonport Dockyard）建造，该舰于1909年2月23日动工，1909年10月28日下水，1911年2月24日建成，造价达152万英镑。

"不倦"号这个舰名在英国皇家海军中有着悠久的历史，第一艘使用这个名字的战舰是1781年建造的风帆护卫舰，战舰上安装有44门火炮；第二艘"不倦"号是一艘商船；第三艘"不倦"号是一艘安装有50门火炮的四等风帆战列舰，建于1848年；第四艘"不倦"号属于二级巡洋舰，在1890年由格拉斯哥工程和钢铁造船有限公司（Glasgow Engineering & Iron Shipbuilding Co Ltd）建造，战舰的排水量为3600吨，舰上安装有2门6英寸火炮、6门4.7英寸火炮、8门6磅炮、1门3磅炮和4挺机关

枪，他最终在1913年被出售拆解；第五艘"不倦"号是"不倦"级战列巡洋舰的首舰；第六艘"不倦"号是1913年建造的一艘二级巡洋舰，后来被作为训练舰使用，该舰与"不倦"号战列巡洋舰属于重复命名；第七艘"不

▲ 刚刚建成的"不倦"号，其前主桅上高高飘扬着英国国旗

倦"号属于"怨仇"级航空母舰，该舰于1939年开始建造，1944年服役，最终在1956年被出售拆解。

1911年4月，建成之后的"不倦"号正式服役，其首先加入了第1巡洋舰分舰队。1913年12月，第1巡洋舰分舰队改名为第1战列巡洋舰分舰队，之后，"不倦"号加入了属于地中海舰队的第2战列巡洋舰分舰队。

1914年8月，在英国正式参加第一次世界大战前，"不倦"号与"不挠"号听令于海军上将米尔恩。8月4日，"不倦"号跟着地中海舰队对德国地中海分舰队的战列巡洋舰"戈

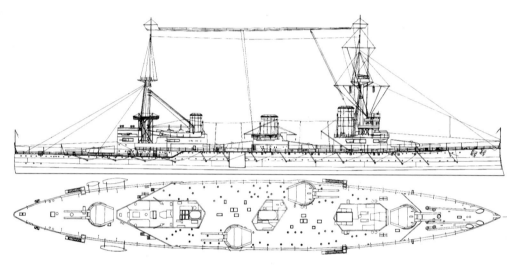

▲ "不倦"号的线图，其与"无敌"级最大的不同就是烟囱的布局

▲ 挂着彩旗的"不倦"号，应该是正在参加重要的活动

本"号和轻巡洋舰"布雷斯劳"号进行跟踪，这2艘战舰刚刚对法属阿尔及利亚的菲利普维尔港进行了炮击。英国舰队一路跟踪德舰至意大利的墨西拿港，由于当时英国还没有参战，因此它们只能对德国战舰进行监视。

1914年8月4日，德国入侵中立国比利时，英国正式对德宣战。由于意大利当时并未参战，因此英国舰队只能停泊在距离意大利海岸线10千米之外。为了封锁墨西拿港内的德国战舰，米尔恩命令"不倦"号和"不挠"号前往

墨西拿海峡北部入口处，这是为了防止德国战舰向西突围或是攻击地中海上的法国运兵船。

1914年8月6日，德国舰队出其不意地向东突围，向土耳其首都君士坦丁堡方向全速驶去。由于米尔恩确信德国舰队会转向重新向西航行，于是他将战列巡洋舰部署在马耳他岛附近，只派轻巡洋舰"格洛斯特"号尾随德国战舰。由于米尔恩判断的失误，英国方面最终错失了击沉"戈本"号和"布雷斯劳"号的大好机会。

1914年10月底，俄国对土耳其宣战。11月

▲ 停泊在海面上的英国舰队，近处的是"不倦"号，不远处是"无敌"号

▲ 第一次世界大战中的"不倦"号，其舰体上已经涂上了用于伪装的迷彩条带

▲ 停泊中的"不倦"号，其舰体整洁，防鱼雷网的支撑架已经被拆除

初，当时的第一海军大臣温斯顿·丘吉尔命令地中海舰队与法国舰队对达达尼尔海峡的土耳其阵地进行炮击，参战战舰中就包括了"不倦"号。在20多分钟的炮击中，英法舰队摧毁了土耳其军队的一座炮兵阵地。值得注意的是，这次炮击发生在11月6日英国正式对土耳其宣战之前。

1915年1月24日，战列巡洋舰"不屈"号取代了"不倦"号的位置，后者则进入马耳他进行维修。"不倦"号于2月14日返回英国，在之后的一年半里，主要参加在北海上的巡逻任务。1916年4至5月，"不倦"号成为第2战列巡洋舰分舰队的旗舰。

1916年5月30日，英国方面截获了德国公海舰队的无线电通讯，得知公海舰队将倾巢出动。为了截击德国舰队，第2战列巡洋舰分舰队由海军中将贝蒂指挥，舰队中包括"不倦"号和"新西兰"号。

▲ 正在锚地中休整的"不倦"号

▲ 从另一艘战舰上拍摄的正在海面上高速航行的"不倦"号

▲ 德皇海军战列巡洋舰"冯·德·坦恩"号

▲ 正在下沉的"不倦"号，露出海面的舰艇部分依然冒着浓烟

1916年5月31日下午，英国战列巡洋舰队与德国战列巡洋舰队相遇。贝蒂命令舰队的航向由正东转为东南，全员做好战斗准备。15点48分，此时英德两国舰队的距离拉近至16000米，德国舰队首先开火，英国舰队立即开始还击。战斗开始后，德国人就显示出了其卓越的炮术水平，不过英国人也毫不示弱。"不倦"号瞄准了德国战列巡洋舰"冯·德·坦恩"号。

15时54分，当双方距离为11800米时，贝蒂命令舰队转向。16时，"冯·德·坦因"号战列巡洋舰的几轮齐射命中了英国的"不倦"号，炮弹击穿了炮塔并诱发弹药舱内弹药的剧烈爆炸。16时03分，"不倦"号又发生了大爆炸，战舰舰艉开始下沉。爆炸产生的火焰和浓烟升起至空中60米的高度，周围的英国战舰都看到了爆炸燃烧的"不倦"号。

在剧烈的大爆炸中，"不倦"号很快沉没，与舰同沉的还有1017名官兵。全舰只有2名幸存者，分别是信号兵法尔默（Falmer）和二等兵埃利奥特（Elliott），2人在海中漂浮了很久之后被德国S16号鱼雷艇救起。

在日德兰海战中战沉之后，"不倦"号的残骸静静地躺在海底，直到《1986年海军遗址保护法》颁布之后才受到了保护。为了纪念"不倦"号，加拿大政府在1917年将位于其境内落基山脉中的一座山峰命名为不倦峰（Mount Indefatigable）。

"新西兰"号
（HMS New Zealand）

1909年8月，帝国会议在伦敦召开，会议讨论了建立自治领舰队的问题。根据各自治领的财政状况，英国政府希望加拿大和澳大利亚建立独立的舰队，而其他自治领成立的舰队将由皇家海军负责操作。对于偏安南太平洋一隅的新西兰，英国政府则指出其舰只可以并入中国舰队。

经过讨论，新西兰总理约瑟夫·瓦尔德在1909年3月22日宣布捐资建造一艘战列舰以作为其他国家的榜样。后来，根据皇家海军方面的需要，新西兰捐资建造的战列舰改为一艘战

▲ 时任新西兰总理的约瑟夫·瓦尔德（Joseph Ward）

▲ 建成之初的"新西兰"号，舰艉旗杆上悬挂着英国国旗

列巡洋舰，名为"新西兰"号。

"新西兰"号由费尔菲尔德造船工程公司位于克莱德班克的造船厂建造，该舰于1910年6月20日动工，1911年7月1日下水，1912年11月19日建成，造价达152万英镑。"新西兰"号在建成4天后的1912年11月23日加入皇家海军。1913年他参加了从南非到新西兰长达10个月的爱国主义航行。在新西兰期间，共有50万新西兰人目睹了这艘巨舰的风采，这相当于新西兰一半的人口。为了入乡随俗，"新西兰"号的舰长在出席公开仪式时身穿一件由卷亚麻编制成的裙子，这是毛利武士的象征，此外他还佩戴一块绿松石材质的饰品，这是毛利人眼中的辟邪之物。

完成了巡游之后，"新西兰"号起航返回英国，他的原计划是驻扎在太平洋地区。1913年12月8日"新西兰"号抵达英国，英国

政府在征得新西兰政府的同意之后将其编入大舰队的第1战列巡洋舰分舰队。

1914年2月，"新西兰"号随第1战列巡洋舰分舰队出访海外。舰队先后访问了拉脱维亚的里加、爱沙尼亚的塔林和俄罗斯的喀琅施塔得等地。随着第一次世界大战的爆发，"新西兰"号在8月19日被编入第2战列巡洋舰

▲ "新西兰"号上饲养的一只小猴子

▲ 访问新西兰的"新西兰"号，他受到了当地人的热烈欢迎

▲ 停泊在码头上的"新西兰"号，其左侧的邮轮非常巨大

▲ "新西兰"号的部分军官在舰艉甲板上合影留念

分舰队。

被编入第2战列巡洋舰分舰队之后，"新西兰"号与"无敌"号一起停泊在亨伯河，它们与其他战舰作为支援力量掩护在荷兰东南

岸大约14托均匀水深的海区执行巡逻任务的舰队。在此期间，英国注意到德国在赫尔戈兰湾内组织舰队进行定期巡逻，于是制订计划对这支舰队进行伏击，这便是赫尔戈兰湾海战。

▲ 停泊中的"新西兰"号，周围有几艘小艇正在靠近

1914年8月28日，根据计划，摩尔少将指挥"无敌"号和"新西兰"号2艘战列巡洋舰与4艘驱逐舰组成的K巡洋舰队与海军中将戴维·贝蒂指挥的第1战列巡洋舰分舰队及一些轻巡洋舰汇合，第1战列舰分舰队包括"狮"号、"大公主"号及"玛丽女王"号3艘战列巡洋舰。

8月28日清晨，作为先头部队的英国海军轻型舰艇与德国舰队接触并开始交战，此时K巡洋舰队已经与第1战列舰分舰队汇合并列队前进，5艘战列巡洋舰中"新西兰"号位于整个战列的最后，他前面是"无敌"号。经过高速前进，英国战列巡洋舰队于12时35分到达战场，2分钟后这些巨舰开始向位于左舷的德国轻巡洋舰射击。

在英国战列巡洋舰猛烈的炮火下，德国轻巡洋舰"科隆"号被重创。在之后的追击战

▲ 参观"新西兰"号的贵妇人正在与舰长握手

▲ 停泊在码头上的"新西兰"号，后面的城镇看上去非常安静

中，速度较慢的"新西兰"号和"无敌"号逐渐被甩在了后面，他们与敌人交战的机会也因此变得很少。由于之后担心德国战列舰赶来支援，英国舰队于下午返航，此时他们已经取得了击沉德国3艘轻巡洋舰和1艘驱逐舰的战果。在整个赫尔戈兰湾海战中，"新西兰"号并没有发射多少炮弹，但值得一提的是其舰长莱昂内尔·哈尔西（Lionel Halsey）一直穿着卷亚麻编制成的裙子，这也成为该舰的传统。

赫尔戈兰湾海战结束后，由于隶属于第1战列巡洋舰分舰队的"不屈"号奉命前往地中海参加对土耳其的作战，"新西兰"号代替他的位置进入第1战列巡洋舰分舰队。

到了1914年底，为了打破僵局，德国海军计划通过炮击英国位于北海沿岸的城镇诱出英国战列巡洋舰等舰艇，然后由等候在多格尔沙洲的公海舰队主力进行围歼。由于无线电通讯被破译，英国很快就掌握了德国海军的计划，其决定在德国炮击舰队向主力舰队靠拢时在其归途上予以截击。为此，英国海军派出了第1战列巡洋舰分舰队（包括"新西

兰"号在内的4艘战列巡洋舰）和第2战列舰分舰队（包括6艘无畏舰）。

1914年12月15日，德国海军少将希佩尔率领以4艘战列巡洋舰为核心的攻击舰队出发，在这支舰队身后则是由冯·英格诺尔海军上将指挥的公海舰队84艘舰艇，这几乎是公海舰队的全部家底了。

12月15日早晨5时25分，在确认对方身份之后，英德两国的轻型舰艇首先发生交火。6时20分，由于接到发现鱼雷的报告，冯·英格诺尔担心遭到英国潜艇的攻击于是命令负责

▲ "新西兰"号上的水兵将一只斗牛犬放在305毫米主炮的炮口处，斗牛犬看上去很不开心

▲ 停泊中的"新西兰"号，可以看到其舰艉高高挂着的救生艇

▲ 慢速航行中的"新西兰"号，其三根高大的烟囱都在冒烟

伏击任务的公海舰队撤退，而此时的希佩尔正率领炮击舰队高速接近英国海岸。早晨8时开始，英国的斯卡伯勒、惠特比和哈特尔浦三座城市遭到了德国战舰的炮击。

就在德国舰队向目标靠近时，"新西兰"号就收到了己方驱逐舰发来的发现敌人的电报，但坐镇"狮"号的贝蒂却没有收到电报。之后"新西兰"号想方设法将情报传递给了指挥官，于是贝蒂在7时55分派遣"新西兰"号前去查明敌情。9时，贝蒂命令"新西兰"号返航重新加入战列。经过搜寻，英国舰队并没有发现返航的德国战列巡洋舰，于是只能返航。尽管这次双方并没有发生大规模的交战，但不久之后双方将会围绕着多格尔沙洲爆发一场激烈的海战。

1915年1月15日，"新西兰"号成为第2战列巡洋舰分舰队的旗舰，在此期间，他安装了一门57毫米防空炮。就在对英国港口进行炮击的同时，德国海军计划对英国位于多格尔沙洲海域的轻型护航舰艇和渔船进行袭击。由于英国方面再次破译了德国的无线电密码，因此了解到德军下一步的计划。

1月23日16时45分，希佩尔率领德国第1侦

▲ 悬挂彩旗的"新西兰"号，看上去很新

▲ 航行中的英国战列巡洋舰队，打头的便是著名的"狮"号

▲ 在船坞中进行维修改造的"新西兰"号

察中队的4艘战列巡洋舰、第2侦察中队的4艘巡洋舰及19艘驱逐舰前往多格尔沙洲。英国方面派出由贝蒂指挥的第1、第2战列巡洋舰分舰队及3艘轻巡洋舰、30艘驱逐舰前往截击。

　　1915年1月24日上午7时20分，英国轻巡洋舰"阿瑞托莎"号发现了德国轻巡洋舰"科尔伯格"号，之后德国战列巡洋舰进入战场。确认目标之后，贝蒂命令舰队全速前进，由于速度较慢，"新西兰"号和"不挠"号落在了其他战舰后面。尽管如此，"新西兰"号仍然在9时35分锁定德国装甲巡洋舰"布吕歇尔"号并向其开火，之后他又向其他德国战列巡洋舰开火。大约一个小时后，"新西兰"号发射的炮弹击毁了"布吕歇尔"号的前炮塔。由于锅炉舱和轮机舱被命中，"布吕歇尔"号的航速下降至17节，它立即遭到了英国舰队的集中攻击。

　　就在英国人暴打"布吕歇尔"号时，德国舰队集中火力击伤了贝蒂的旗舰——"狮"号。由于旗舰受损，贝蒂命令坐镇"新西兰"号的海军少将戈登·穆尔（Gordon Moore）接过指挥权。由于穆尔错误领会了贝蒂发来的"攻击敌人后方"的信号，他指挥舰队继续对位于德国舰队最后的"布吕歇尔"号进行攻击，希佩尔则趁机率领德国舰队主力撤退。当"布吕歇尔"号于12时07分沉没时，"新西兰"号一共发射了147枚炮弹，自身没有被击中。至此，多格尔沙洲海战以英国的胜利而结束。

　　1915年2月22日，姐妹舰"澳大利亚"号接替"新西兰"号成为第2战列巡洋舰分舰队的旗舰。3月，"新西兰"号的防空武器增加，甲板上安装了一门76毫米防空炮。3月29

▲ 停泊中的"新西兰"号，其烟囱冒烟表示锅炉并没有熄火

▲ 服役多年的"新西兰"号，舰况看上去并不是太好

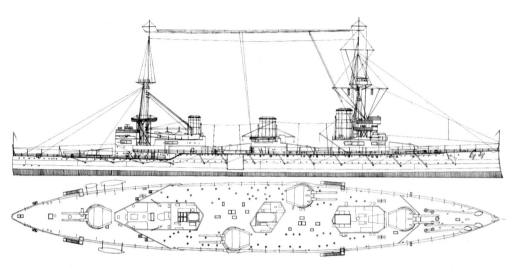

▲ "新西兰"号的线图

▲ 航行中的"新西兰"号

日,英国方面得到德国海军将会出击的情报,于是第2战列巡洋舰分舰队做好相应的出击准备。3月30日,本该对英国本土进行炮击的德国舰队突然撤退,失去目标的英国舰队也只得返回罗塞斯港。

1915年4月11日,英国得到情报称德国舰队将在黑岩湾(Swarte Bank)布设水雷。为了消灭附近德国的布雷舰队,"新西兰"号随第

2战列巡洋舰分舰队出击。到了4月17日,由于海上升起大雾及"澳大利亚"号需要补充燃料,舰队不得不提前返回港口。尽管舰队于第二天晚上再次出港,但是德国舰队早就已经完成了布雷任务并且安全撤退。

1915年11月,"新西兰"号的武器系统接受了改造,舰上的102毫米火炮安装了防盾并加强了密封性,这样可以增强火炮的防御力

和在恶劣天气中的战斗力。同时，位于舰艉的2门102毫米火炮被拆除。

1916年1月26日至28日，第2战列巡洋舰分舰队停泊在斯卡格拉克海峡，任务是为在海峡中搜索德国布雷舰艇的第1轻巡洋舰分舰队提供支援。4月21日，第2战列巡洋舰分舰队再次进入斯卡格拉克海峡，任务是支援轻型舰艇干扰瑞典向德国的矿石运输。根据计划，驱逐舰将寻找并攻击对方运输船，战列巡洋舰在霍恩礁西北海域巡逻。在一切按照计划进行的4月22日下午，海面上升起大雾。雾气使得能见度下降，舰队由于害怕遭到潜艇攻击而进行之字形航行，于是在短短的3分钟内，"新西兰"号和"澳大利亚"号发生了两次相撞。由于受创严重，"澳大利亚"号要修理几个月的时间，受伤较轻的"新西兰"号于5月30日返回舰队，正好赶上了第二天爆发的日德兰海战。

就在"新西兰"号回归大舰队当天，英国方面就截获了德国公海舰队即将出击的信息，杰利科于是命令大舰队全体出动。作为大舰队的一部分，由"新西兰"号和"不倦"号组成的第2战列巡洋舰分舰队一同出击。分舰队指挥官海军少将威廉·克里斯托弗·帕克南（William Christopher Pakenham）坐镇"新西兰"号进行指挥。

1916年5月31日下午，英国战列巡洋舰队与德国战列巡洋舰队相遇，双发互相开火。在激烈的战斗中，"新西兰"号瞄准了德国战列巡洋舰"毛奇"号进行攻击。

16时，"冯·德·坦因"号战列巡洋舰的几轮齐射命中了"不倦"号，炮弹击穿了炮塔并诱发弹药舱内的发射药爆炸。16时03分，"不倦"号在剧烈的爆炸中沉没。

此后，"新西兰"号开始向"冯·德·坦因"号射击，但是由于距离太远，没有命中目标。为了缩短与目标之间的距离，贝蒂于16时12分下令转向，此时作为后援的第5战列舰分舰队也赶了上来。由于"冯·德·坦因"号被海面上的雾气挡住，"新西兰"号转而开始向"毛奇"号开火射击。

16时26分，"冯·德·坦因"号发射的一枚280毫米穿甲弹击中了"新西兰"号的"X"炮塔。炮弹在命中瞬间发生爆炸，在装甲表面留下一个弹坑，与此同时炮塔被卡住了。4分钟之后，担任前锋的"南安普顿"号轻巡洋舰发现了逼近中的德国公海舰队主力，他立即发出警报！得到情报的贝蒂立即命令舰队转向撤退，由于在整个战列的末尾，"新西兰"号在进入射程之后立即遭到了德国战列舰"鲁伊特波特摄政王"号的攻击。

面对强敌，包括"新西兰"号在内的英国舰队全速撤退以拉开与对手的距离。在向北撤退中，英国舰队于17时40分向追击的德国战列巡洋舰开火，它们正在向大舰队主力靠近。当大舰队战列舰组成的战列出现在北方的海面上时，刚刚还在猛追的德国舰队立即开始向南撤退。而贝蒂则指挥战列巡洋舰队掉头追击。

20时05分，贝蒂再次发现德国舰队，"不屈"号于20时20分向7800米之外的目标开火。"新西兰"号在锁定了"塞德里茨"号之后也迅速开火，其发射的305毫米炮弹中有3枚命中了目标。就在这时，德国第2战列舰分舰队前来解围，但是该分舰队的6艘前无畏舰根本不是英国战列巡洋舰的对手，在遭到一顿暴揍之后很快也败下阵来。20时40分，德国舰队躲到了雾气之中，英国舰队因此停止了射击。在此之后，"新西兰"号就再也没有与敌人交火了。

在海战中，"新西兰"号一共发射了420枚305毫米炮弹，数量超过了参战双方的任何一艘战舰。尽管火力投送量大，但是只有4枚命中被确认，其中3枚击中了"塞德里茨"号，1枚击中了前无畏舰"石勒苏益格—荷尔斯泰因"号（SMS Schleswig–Holstein）。只有1枚炮弹击中了"新西兰"号，但是没有造成人员伤亡。在整个战斗中，新任舰长格林（J.F.E. Green）一直穿着卷亚麻编制成的裙子，许多人相信这条裙子给战舰带来了好运。

日德兰海战之后，由于损失了多艘战列巡洋舰，"新西兰"号于1916年6月9日被编入第1战列巡洋舰分舰队，其第2战列巡洋舰分舰队旗舰的位置由"澳大利亚"号接替。在吸取了日德兰海战的教训之后，"新西兰"号弹药舱和炮塔顶部的装甲都得到了加强。1915年和1916年中期，"新西兰"号的火控指挥系统得到了升级，其主炮塔内的炮组人员可以单凭枪炮官提供的参数和下达的命令对目标进行射击。新型火控系统大大提高了战舰主炮的射击精度，抵消了战舰横摆和炮弹分散对射击造成的不利影响，可以更准确地观测炮弹的弹着点。

1916年8月18日，英国方面破译德军电文，获悉公海舰队将于19日对桑德兰进行炮击。为了截击德国舰队，大舰队出动了29艘无畏舰和6艘战列巡洋舰。英德双方在出海之后收到了大量自相矛盾的情报，当大舰队抵达预定位置时并没有发现公海舰队的影子，最终双方在遭到轻微损失之后返回基地。

1916年11月，"新西兰"号进入罗塞斯港进行维修，之后返回第2战列巡洋舰分舰队，在1916年11月29日至1917年1月7日之间短暂代替"澳大利亚"号作为分舰队旗舰。1917年末，德国扫雷舰艇试图在轻巡洋舰的护航之下扫除英国布设在赫尔戈兰湾的水雷。为了消灭德国扫雷舰艇，英国海军计划派遣第1战列巡洋舰分舰队和两支轻巡洋舰分舰队进行攻击，在不远处还部署了第1战列舰分舰队进行远程支援，这便是第二次黑尔戈兰湾海战。"新西兰"号作为主力与第1战列巡洋舰分舰队一起行动，在战斗中向德国舰队猛烈开火。

到了1918年，"新西兰"号为英国前往挪威的船队进行护航，此时战舰的"P""Q"炮塔上安装了简易飞行跑道并搭载了一架索普威思幼犬战斗机（Sopwith Pup）和一架索普威思1½炫耀者战斗机（Sopwith 1½ Strutter），其中幼犬战斗机的任务是攻击德国飞艇，炫耀者战斗机的任务是观测炮弹的落点并进行校射。2月8至21日，第2战列巡洋舰分舰队掩护了一支由战列舰和驱逐舰组成的舰队。3月6日，第1战列巡洋舰分舰队掩护了一次布雷行动。6月25至26日，第2战列巡洋舰分舰队在北海海域又一次掩护了英国海军的布雷行动。9至10月，"新西兰"号掩护了在奥克尼群岛北部的布雷行动。当德国在1918年11月投降时，"新西兰"号隶属于第2战列巡洋舰分舰队。

第一次世界大战结束后，"新西兰"号

▲ 德皇海军前无畏舰"石勒苏益格—荷尔斯泰因"号

▲ 索普威思幼犬战斗机

▲ 索普威思1½炫耀者战斗机

执行了一些运输任务。1918年12月至1919年2月，"新西兰"号接受了短期改造，其中包括拆除飞行跑道和前部下方的102毫米火炮。完成改造的"新西兰"号开始了一系列的访问活动，其第一站便是印度。1919年3月14日，"新西兰"号抵达孟买，战舰在此停留了6个星期。5月15日，"新西兰"号抵达澳大利亚西部的奥尔巴尼，在这里舰上的一些人员收

到命令下船返回英国，之后战舰前往墨尔本、悉尼等地继续访问。1919年8月16日，"新西兰"号抵达新西兰，其先后访问了圣诞岛和范宁岛。在新西兰期间，"新西兰"号受到了当地民众的热烈欢迎，人们涌向港口一睹这艘巨舰的风采。

结束了对新西兰的访问，"新西兰"号继续访问了斐济、夏威夷、加拿大并最终返回英国。回到英国后的1920年3月15日，"新西兰"号退役并转为储备。在海军对"新西兰"号的评估中，其被认为是一艘过时的军舰，毕竟当时皇家海军主力舰都装备了381毫米主炮，而"新西兰"号还装备着305毫米主炮。随着《华盛顿海军条约》的签订，"新西兰"号最终在1922年12月19日被出售拆解，而新西兰政府为购买这艘战舰申请的贷款直到1944年才还清。

尽管被拆除，但是"新西兰"号上的许多武器装备都被运往新西兰陈列，其中包括

几门102毫米火炮、测距仪、洗衣设备等、这些武器装备最终被军队或者博物馆收藏。当第二次世界大战爆发时，那几门从"新西兰"号上拆下来的102毫米火炮竟然被安装在奥克兰、惠灵顿和利特尔顿的炮台上以防御日本可能发动的攻击。"新西兰"号上历任舰长穿着的那条亚麻编制成的裙子在2005年回到新西兰并陈列在鱼雷湾海军博物馆（Torpedo Bay Navy Museum）中，这条裙子象征了"新西兰"号的战功和好运。

"澳大利亚"号（HMAS Australia）

在英国海军中先后有三艘战舰以澳大利亚命名：第一艘以澳大利亚命名的战舰是一艘"奥兰多"级装甲巡洋舰，建于1885年，1905年退役拆解；第二艘"澳大利亚"号便是属于"不倦"级的战列巡洋舰；第三艘"澳大利亚"号属于"肯特"级（Kent class）重巡洋舰，建于1925年，属于澳大利亚皇家海军，战舰于1955年退役拆解。

20世纪初，为了集中力量对付德国，英国在1909年召开了帝国会议，会议上建议各自治领建立属于自己的舰队，舰队包括1艘战列巡洋舰、3艘轻巡洋舰、6艘驱逐舰和3艘潜艇。战舰由自治领出钱购买并运作维护，在战争中则统一由英国皇家海军指挥。在所有自治领中，只有澳大利亚接受了提案组成了属于本国的"小型海军"，新西兰则捐资为皇家海军建造了一艘战列巡洋舰。

1909年12月9日，澳大利亚总督威廉·亨布尔·沃德勋爵（William Humble Ward）给英国殖民地事务大臣克鲁伯爵（The Earl of Crewe）发电，询问什么时候可以开工建造1艘"不倦"级战列巡洋舰和3艘"城"级轻巡洋舰。在给战舰进行命名时，澳大利亚政府决定将战列巡洋舰命名为"澳大利亚"号，其舰徽与澳大利亚旗帜遥相呼应，座右铭为"奋进"，这很好地反映了澳大利亚的精神和态度。1909年5月6日，澳大利亚的英国高级专员乔治·里德（George Reid）给澳大利亚政府发去电报，建议将新建造的战舰命名为"英王

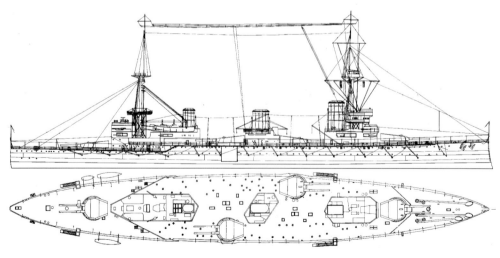

▲ "澳大利亚"号的线图

▲ 第一次世界大战结束之后的1919年，"澳大利亚"号在返回澳大利亚途中经过苏伊士运河

▲ 曾任澳大利亚总督的威廉·亨布尔·沃德勋爵

乔治五世"号，但被拒绝了。

　　1910年3月1日，里德将战舰的招标方案发给了澳大利亚政府，澳大利亚总理艾尔弗雷德·迪金（Alfred Deakin）批准了由约翰·布朗公司建造船体和机械，战舰上武器系统的建造合同则是与阿姆斯特朗公司和维克斯公司分别签署的，整个工程总造价超过200万英镑。澳大利亚政府分别与海军部和各制造商签订合同，这样可以避免远程监管不力所带来的问题，不过里德和澳大利亚驻伦敦海军代表弗兰西斯·霍沃斯–布斯（Francis Haworth–Booth）上校依然对战舰的建造进行了严格的监督。

　　1910年7月23日，"澳大利亚"号的第一根龙骨在约翰·布朗公司位于克莱德班克的

▲ 时任澳大利亚总理的艾尔弗雷德·迪金

▲ 时任英国驻澳大利亚高级专员的乔治·里德

造船厂铺下，码头编号为402。1911年10月25日，在"澳大利亚"号的下水仪式上，瑞德夫人将一瓶酒打碎在战舰的舰艏，下水仪式得到了媒体的广泛报道。在"澳大利亚"号的后续建造中，由于技术的改进，战舰的结构也进行了一些调整。比如最新研发的镍钢装甲板的广泛使用，使"澳大利亚"号上只有少数位置采用了老式装甲板，而新装甲板的订货和生产又将工期向后延迟了半年的时间。尽管如此，当约翰·布朗公司交船的时候，其总造价却比预算降低了29.5万英镑。

就在"澳大利亚"号仍然在建造时，当时的第一海军大臣温斯顿·丘吉尔就计划将其归入皇家海军的序列，这等于是让澳大利亚政府出资为英国建造了新战舰。后来由于皇家海军澳大利亚舰队指挥官乔治·金-霍尔（George King-Hall）上将的坚决反对，丘吉尔的计划没有实现。

1913年2月中旬，"澳大利亚"号在德文郡的德文波特开始进行验收航行，航行中还

▲ 澳大利亚舰队指挥官乔治·帕泰少将

检测了火炮、鱼雷和战舰上的其他机械，结果令人满意。由于主炮射击时战舰两侧的船壳发生损坏，"澳大利亚"号返回船厂进行维修。1913年6月21日，"澳大利亚"号在朴次茅斯正式加入澳大利亚皇家海军，舰队的指挥官乔治·帕泰（George Patey）少将在战舰上升起了自己的将旗。

▲ 停泊在海面上的"澳大利亚"号

▲ 刚刚建成的"澳大利亚"号,其舰艉旗杆上飘扬着澳大利亚国旗

▲ 在高危海况下航行的"澳大利亚"号，大浪已经冲上了舰艇甲板

▲ 位于朴次茅斯港内的"澳大利亚"号，可以看到不远处著名的风帆战列舰"胜利"号

▲ "澳大利亚"号在1913年抵达悉尼

▲ 停泊在朴次茅斯港附近的"澳大利亚"号，可以看到舰体上悬挂着的防鱼雷网支撑杆

正式服役时，"澳大利亚"号的标准人员配置是820人，其中一半以上是英国皇家海军的人员，另一半则来自澳大利亚皇家海军。"澳大利亚"号上的住舱非常拥挤，每个人的吊床只有36厘米的宽度，不过通风设施的改进可以让战舰更适应澳大利亚的干燥气候。"澳大利亚"号入役后，成了当时南半球最大的战舰。

在服役的第一年中，"澳大利亚"号先后访问了多个澳大利亚的港口城市，目的是激发民众对新海军的兴趣和对国家的热爱。海军史学家戴维·史蒂文斯（David Stevens）指出这样的访问凝聚了澳大利亚各州的力量，使其能够作为一个整体面对外部事务。

1913年末，电影《澳大利亚海狗》（Sea Dogs of Australia）在"澳大利亚"号上进行拍摄，这部片长28分钟的无声电影在1914年8月上映。由于担心电影中出现了过多"澳大利亚"号的细节和结构会对战舰带来危险，电影在上映当月就被强令停止继续放映。

1914年7月，"澳大利亚"号与友舰在昆士兰州附近海域进行训练。7月27日，澳大利亚联邦海军委员会收到了英国皇家海军部的电报，电报中称欧洲的战争已经迫在眉睫，海军已经进入临战状态。3天后，委员会收到了战争预警的电报，"澳大利亚"号因此被召回悉尼进行加煤作业并补充其他物资，战舰上的官兵已经做好了参战的准备。

1914年8月3日，澳大利亚皇家海军正式听令于英国皇家海军，各舰在接下来的几天中开始了准备工作。"澳大利亚"号奉命加入英国海军的中国舰队，其被授权在开战后可以追逐和摧毁任何敌方的战舰，特别是德国的远东分舰队。德国远东分舰队司令玛克西米利安·冯·斯佩中将曾经计划率军袭扰英国在太平洋上的航线和舰队，但是"澳大利亚"号的到来改变了双方的力量对比，斯佩不得不率军前往其他海域作战。

▲ 停泊在码头上的"澳大利亚"号，战舰正在为仪式进行准备，在码头上还有一个高高架起的照相机

1914年8月5日，英国正式对德宣战，澳大利亚皇家海军立即采取行动，"澳大利亚"号离开悉尼向北与友舰汇合后前往德占新几内亚地区。鉴于德占新几内亚首府拉包尔是德国远东分舰队的基地，澳大利亚皇家海军打算对这座港口城市进行扫荡。他们计划以轻型舰艇引诱拉包尔港内的德国军舰出战，然后以埋伏在外海的"澳大利亚"号将对手消灭。8月11日夜间，澳大利亚皇家海军开始行动，不过他们并没有在拉包尔港内发现德国战舰的踪影，原来狡猾的斯佩早就率领远东舰队主力离开了。在接下来的两天中，澳大利亚战舰对附近的海域进行了拉网式的搜索，没有发现任何可疑船只或是电台，之后舰队返回莫尔兹比港补充燃料给养。

到了1914年8月末，"澳大利亚"号和"墨尔本"号护送一支新西兰部队前往占领德国在萨摩耶群岛上的殖民地，此时澳大利

▲ 1913年10月1日，停泊在悉尼港内的"澳大利亚"号

亚人相信德国舰队已经前往太平洋东部。8月20日，"澳大利亚"号离开莫尔兹比港与运输船队汇合，船队包括运输船"莫"号、"莫诺怀"号及4艘巡洋舰。由于"莫诺怀"号出现故障，整支船队直到23号才出发。船队先后抵达苏瓦、斐济，最终在30日早晨到达阿皮亚。面对强大的船队，阿皮亚的德国殖民政府不战而降，澳大利亚兵不血刃地接管了这里。顺利完成了占领任务之后，"澳大利亚"号于31日起航前往拉包尔准备与友军汇合。

1914年9月9日，澳大利亚在路易群岛周围集结了一支强大的海上力量，包括战列巡洋舰"澳大利亚"号、2艘巡洋舰、3艘驱逐舰、2艘潜艇、1艘辅助巡洋舰、1艘货船及3艘运煤船。9月11日早晨6时，集结完毕的战舰出发，"澳大利亚"号派出2艘巡逻艇前往拉包尔附近的海湾侦察，以保证运输船安全通过。当天

晚些时候，"澳大利亚"号捕获了一艘德国轮船。9月12日，"澳大利亚"号下锚停泊在海湾内，他接到命令对一处德国无线电台进行炮击。随着远征军登陆并俘虏了所有的德国人，"澳大利亚"号于15日返回悉尼。

1914年8月12日，日本对德宣战，有情报显示斯佩指挥的德国远东分舰队于8月进入印度洋攻击英国商船，之后德国舰队计划向东绕过南美洲南端进入大西洋。9月，"澳大利亚"号和"悉尼"号被召回保护澳大利亚远征军。10月1日，"澳大利亚"号与其他战舰一起前往拉包尔搜寻残余的德国船只，当舰队于夜间返回时收到了海军部发来的塔希提遭到攻击的消息。之后澳大利亚海军在斐济周围巡逻以防止德国舰队返回。10月12日，"澳大利亚"号抵达斐济首府苏瓦，之后的四个星期在斐济、萨摩亚及心喀里多尼亚附近巡逻。

▲ 从一艘船上拍摄到的"澳大利亚"号，其甲板上搭起了遮阳的凉棚

到11月初，帕泰少将预测德国远东分舰队会继续向东航行。11月3日，斯佩指挥德国远东分舰队在科罗内尔角海战中大败英国海军，这是英国皇家海军在百年间的第一次失败。收到海战失利的消息后，"澳大利亚"号接到命令向东追击德国舰队。"澳大利亚"号于11月8日出发，14日战舰在预定地点加煤，29日抵达靠近墨西哥的查梅拉湾。"澳大利亚"号向北航行与皇家加拿大海军、日本海军的战舰汇合，其任务是防止德国舰队经过巴拿马运河进入大西洋。此时的联合舰队包括"澳大利亚"号、英国轻巡洋舰"纽卡斯尔"号（HMS Newcastle）、日本前无畏舰"肥前"号、巡洋舰"出云"号和"浅间"号。舰队停泊在加拉帕克斯群岛，时间是12月4日至6日。鉴于没有发现德国舰队的踪迹，舰队开始沿着南美洲西海岸向瓜亚基尔湾前进。12月8日，斯佩指挥的远东分舰队最终在福克兰群岛海战中被英国舰队歼灭。

远东分舰队的覆灭使得"澳大利亚"号终于脱身可以被部署到其他地方，其很快成为西印度分舰队的旗舰，舰队的任务是追击那些突破北海封锁线的德国舰船。"澳大利亚"号得到命令通过巴拿马运河前往牙买加，但是由于战舰运载了大量物资装备导致吃水过深而无法通过运河。最终，"澳大利亚"号不得不绕过南美洲最南端的麦哲伦海峡进入大西洋，时间是1914年12月31日至1915年1月1日，其成为澳大利亚皇家海军中第一艘绕过南美洲从太平洋进入大西洋的战舰。

在通过麦哲伦海峡的过程中，"澳大利亚"号的螺旋损坏，速度下降了一半，其不得不在福克兰群岛进行临时维修，1月5日才再度起航。6日下午，航行中的"澳大利亚"号发现了一艘行踪可疑的运输船，便紧紧跟在后面，但是由于螺旋桨故障而无法追上。

▲ 人们正在欢送率领舰队出港的"澳大利亚"号

◀ 挂着彩旗的
"澳大利亚"号,可
以看到舰艉高大的舰
桥和三角后主桅

▲ 停泊中的"澳大利亚"号

到日落时,"澳大利亚"号开始用"A"炮塔内的305毫米主炮进行警告性射击,那艘船只不得不停下来。经过检查,这艘船只原来是德国海军的辅助运输船"爱联·威尔曼"号(Eleonora Woermann)。由于没有足够的人手接管该船,"澳大利亚"号最终在将德国船员押上战舰后将"爱联·威尔曼"号击沉。

在经历了多格尔沙洲海战后,英国海军继续在英国海域部署战列巡洋舰分舰队,而

"澳大利亚"号将成为分舰队的一员。1月11日,在前往牙买加的途中,"澳大利亚"号接到命令前往直布罗陀。当战舰于1月20日到达直布罗陀时,又接到了新的命令前往英国的普利茅斯。"澳大利亚"号最终于1月28日进入普利茅斯港,其损坏的螺旋桨终于得到了全面的维修。

1915年2月12日,完成维修的"澳大利亚"号抵达罗塞斯港,正式加入第2战列巡洋

舰分舰队并担任分舰队的旗舰，分舰队隶属于英国大舰队。到了22日，帕泰成为分舰队的指挥官，他登上了自己的旗舰"澳大利亚"号。3月初，为了避免帕泰与贝蒂之间在战列巡洋舰分舰队指挥和资历上的冲突，帕泰最终被调往西印度群岛任职，而"澳大利亚"号上则升起了海军少将威廉·帕克南（William Pakenham）的旗帜。

在整个1915年，英国和盟国的战舰云集英国海域，目的是防止德国公海舰队对英国本土发起攻击，将对手死死地封锁在北海之中。在这期间，"澳大利亚"号的任务主要是进行各种训练、巡逻，偶尔也会进行短期护航。由于工作内容单调，"澳大利亚"号上的

一名水兵竟然出现了精神问题，最终不得不被送回澳大利亚。

1915年3月29日，在得到德国舰队起航的消息后，"澳大利亚"号跟随大舰队出击，不过由于对手在第二天夜里返航，"澳大利亚"号也只好跟随战列巡洋舰分舰队返回罗塞斯港。4月11日，英国海军截获情报称德国的一支舰队将前往黑岩湾执行布雷任务，包括"澳大利亚"号在内的战列巡洋舰再次出动。由于当天的大雾和补充燃料的需要，舰队不得不匆匆返回港口，当舰队于第二天再次起航时，德国舰队已经完成了布雷任务并顺利返航。

1916年1月26日至28日，第2战列巡洋舰分舰队被部署在斯卡洛拉克海峡，任务是掩

▲ 1913年10月4日，"澳大利亚"号第一次抵达悉尼，受到了当地人的热烈欢迎

▲ 澳大利亚皇家海军少将威廉·帕克南画像

护第1轻巡洋舰分舰队对海峡中可能存在的德国布雷舰进行搜寻。到4月，"澳大利亚"号和其他战列巡洋舰再次前往斯卡洛拉克海峡，任务是干扰德国从瑞典进口矿石。22日下午，当舰队进入雷恩礁西北方向海域时，大雾突然降临，由于各舰为了躲避潜艇攻击进行Z字航行，"澳大利亚"号与姐妹舰"新西兰"号在3分钟内连续两次相撞。由于受损严重，"澳大利亚"号从1916年4月到6月接受了长达6个星期的维修，首先是在泰恩河上的浮动船坞上接受了初步检查，检查报告指出战舰需要前往德文波特进行深入维修。"澳大利亚"号于6月9日重新加入第2战列巡洋舰分舰队，尽管提前完成了维修，但还是错过了日德兰海战。

1916年8月18日夜，大舰队得到情报称德国舰队将于当天晚上出发并在第二天炮击桑德兰，德国的潜艇和飞艇将对周围海域进行侦查。为了截击德国舰队，大舰队派出了29艘无畏舰和6艘战列巡洋舰，"澳大利亚"号随舰队出击。由于双方得到了相互矛盾的情报，英德两国的舰队最终没有相遇。

1917年，英国舰队的主要工作是在北海之上进行演习和巡逻，"澳大利亚"号则负责从罗塞斯至斯卡帕湾的巡逻。5月，在一次射击训练中，"澳大利亚"号上一枚305毫米主炮炮弹卡在了升降井中，如果炮弹爆炸后果将不堪设想。在疏散了弹药舱和炮塔中的官兵之后，炮塔副指挥官达利（F. C. Darley）只身爬进升降井解除了炮弹上的引信，他的勇敢得到了舰长的赞扬。到了6月26日，英王乔治五世登上"澳大利亚"号，他检阅了海军官兵并表示慰问。12月12日，"澳大利亚"号与战列巡洋舰"却敌"号发生了碰撞，使他不得不在1917年12月至1918年1月接受维修。在维修期间，"澳大利亚"号上开始进行搭载飞机的实验，其成为澳大利亚皇家海军中第一艘搭载飞机的战舰。12月30日，海试的"澳大利亚"号向一个疑似德国潜艇的目标进行射击，但是没有命中，这是它在第2战列巡洋舰分舰队服役期间第一次也是唯一一次向敌人开火。

1918年2月，一项特殊任务开始征召志愿者，内容是驾驶阻塞船封锁德国泽布吕赫港的出口。"澳大利亚"号上的许多船员报名成为志愿者，他们中的一些人并非要报效国家，只是想摆脱在北海上枯燥的服役生活。最终有10名水兵和1名中尉军官被选中，行动时间定在4月23日，中尉被派遣到被征用的渡轮"艾里斯II"号（HMS Iris II）上，其他10个人则在二级巡洋舰"忒提丝"号的机舱中工作。行动成功了，11人全部生还，中尉和另外3人获得了战时优异战功勋章，还有1名水兵被推荐获得维多利亚十字勋章。

1918年的大部分时间内，"澳大利亚"号都在与大舰队的其他战舰一起为来往于英国和挪威之间的商船进行护航。2月8日至21日，第2战列巡洋舰分舰队与战列舰和驱逐舰一起掩护了船队，3月6日舰队又与第1战列巡洋舰分舰队一起支援布雷行动。3月8日，"澳大利亚"号上的"P""Q"两座炮塔上安装了简易飞行跑道，用于测试起飞飞机。

3月23日，经过无线电追踪，英国发现德国公海舰队出动，但是等大舰队出海时，德国人已经开始返航了。4月25日，第2战列巡洋舰分舰队再次掩护了一次布雷行动，并在第二天掩护了一支前往斯堪的纳维亚半岛的船队。9至10月，"澳大利亚"号所在的第2战列巡洋舰分舰队掩护了在奥克尼郡附近的布雷行动。

1918年11月11日，随着停战条约的签订，第一次世界大战结束。根据协议，德国公海舰队穿过北海前往斯卡帕湾，英国大舰队前来押解，"澳大利亚"号就在其中。"澳大利亚"号的具体任务是护送德国战列巡洋舰"兴登堡"号（SMS Hindenburg），并为德国战舰进行引导。在1918年末至1919年初，"澳大利亚"号与其他英国战舰一起看管着斯卡帕湾中的德国舰队，单调的生活使得战舰上水兵的士气变得低落。

1919年4月22日，当告别了前来送行的威尔士亲王和第一海军大臣罗斯林·威姆斯（Rosslyn Wemyss）之后，"澳大利亚"号从朴次茅斯港出发返回澳大利亚，与他同行的还有轻巡洋舰"布里斯班"号。后来由于需要对发生故障的J5号潜艇进行拖拽，"布里斯班"号离开"澳大利亚"号前去执行新的任务。

1919年5月28日，"澳大利亚"号抵达澳大利亚的弗里曼特尔，在阔别祖国多年之后，这艘战舰终于回来了。尽管返回澳大利亚，但是"澳大利亚"号在编制上依然属于英国皇家海军。在第一次世界大战中，"澳大利亚"号在太平洋、大西洋和北海上服役，在战后看押德国公海舰队，但没有得到官方授予的任何战斗荣誉，毕竟他几乎没有向敌人开过火。最终在2010年3月1日，澳大利亚皇家海军追授"澳大利亚"号嘉奖：拉包尔1914、北海1915~1918。

自从正式开始服役，"澳大利亚"号上水兵的士气就一直很低落，舰上水兵触犯军规的比例也是非常高的。澳大利亚水兵认为皇家

▲ 1918年，"澳大利亚"号的水兵正在福斯湾使用战舰上的探照灯进行搜索，可以看到"Q"炮塔顶部的"骆驼"式战斗机

▲ "骆驼"式战斗机正在准备从"澳大利亚"号的炮塔上起飞，其主炮管成为飞机跑道的支撑

▲ 德皇海军"兴登堡"号战列巡洋舰

▲ 曾任英国第一海军大臣的罗斯林·威姆斯

▲ 第一次世界大战结束之后的"澳大利亚"号,水兵们聚集在甲板上休息聊天

因包括:错过了日德兰海战;被调离的机会渺茫;薪饷支付延误及食物质量差。士气低落的水兵们发现,尽管战争已经结束了,但是他们依然要继续遵守战时的条例并按部就班地生活。除了水手,军官们也有不满的情绪,因为他们发现同样在"澳大利亚"号上服役,英国军官升迁的速度比自己要快多了。

在弗里曼特尔停泊期间,港口官员建议"澳大利亚"号舰长克劳德·坎伯利奇(Claude Cumberlege)推迟一天再出发,这样水兵们可以得到一个完整的周末假期,他们的

海军的军纪过于严苛,只因为一点点的违纪就会受到非常严厉的处罚。举一个例子:一名水兵就因为在停战日那天在外面待得太晚被指控擅离职守,最终被关了三个月的禁闭。研究发现,造成"澳大利亚"号水兵士气低落的原

家人也有机会来码头探望。坎伯利奇并没有听从建议，他回答说：战舰要访问澳大利亚的许多港口，根本就没有时间拿来耽误。于是在第二天早晨10时30分，"P"炮塔前方的甲板上聚集了80~100名水兵。舰长派主管参谋前往了解水兵们聚集的原因，水兵们告知他要求推迟一天起航。坎伯利奇坚持称战舰是不可能推迟离开的，他要求水兵们立即散开并各自回到自己的岗位上去。得到答复的水兵们非常不满，但是战舰还是在预定时间准备出港。

就在水兵们解开系泊缆绳时，坎伯利奇发现锅炉舱的司炉们开始罢工，甲板下许多水兵头戴黑色的手帕，他们恐吓和说服那些还在坚守岗位的司炉们离开。"澳大利亚"号最终停在了海港中的浮标旁，来到码头上送别战舰的官员和平民都看到了这奇怪的一幕。许多士官带领他们手下的水兵赶到锅炉舱内，经过他们的努力，战舰在一小时之后重新起航。

中午之后，坎伯利奇命令所有水兵在甲板上集合，他宣布了军事条例并指出司炉们擅离职守的行为是非常严重的，他命令司炉们回到自己的岗位上去，司炉们也照办了。此后坎伯利奇派军官展开调查，最终有5人被指控煽动兵变而被军事法庭逮捕。当"澳大利亚"号在6月20日抵达悉尼后，军事法庭在战舰"遭遇"号（HMAS Encounter）上开审。经过审判，5人的罪名是"煽动兵变，但是没有使用暴力"，他们被判有期徒刑并被关押在戈登监狱中：2人被关押一年；1人被关押一年

▲ "澳大利亚"号上的部分官兵在1918年的合影

半；还有2人是两年劳役。除了被判刑的，还有许多水手在战舰上接受了处罚。

军事法庭上进行了公开辩论，媒体也参与报道了整个过程。人们一致认为兵变的发生是事实，但是判刑太重，公众们同情水兵并要求海军当局赦免他们。海军部认为判决是公正的，但是在9月10日宣布考虑到水兵年纪很轻，可以减半处罚。对于量刑的争论一直持续到11月12日，澳大利亚政府致电英国海军部，要求在12月20日之前释放参加兵变的水兵。澳大利亚政府的行为引起了海军部的不满，几位高级将领以辞职相威胁，认为赦免将导致海军军纪涣散，如果政府只与海军部商讨而绕过海军委员会，会大大削弱海军委员会的权威。后来英国海军部承诺在澳大利亚海军问题上与海军委员会进行协调，之后和平时期的处罚也变得温和起来。

1920年5月，"澳大利亚"号参加了庆典活动并迎来了威尔士亲王的到访。7月至11月，澳大利亚空军的一架阿弗罗504型水上飞机开始在"澳大利亚"号上进行起飞和回收实验，这是澳大利亚为海军航空兵的使用积累经验。水上飞机被安放在"Q"炮塔后面的甲板上，使用专门的起重机进行回收和投放。

随着德国海军在太平洋上消失，"澳大利亚"号的存在已经没有了意义。加上第一次世界大战之后政府预算的收紧，巨大的战列巡洋舰不得不退役。经过海军委员会的讨论，"澳大利亚"号进入弗林德斯海军仓库作为一艘火炮和鱼雷训练舰使用，在突发事件中还可以作为海岸炮台使用。

1921年11月，"澳大利亚"号返回悉尼，并于12月被转入储备。由于在日德兰海战后，战列巡洋舰被认为已经过时了，因此澳大利亚政府也不准备购买新的战列巡洋舰了。第一次世界大战结束后，305毫米主炮已经被淘汰，其炮弹也停止生产。当"澳大利亚"号上的主炮炮弹过期后，澳大利亚本国也没有生

▲ 索普威思1½炫耀者战斗机正从"澳大利亚"号炮塔顶部的跑道上起飞

▲ 为了迎接威尔士亲王的到访，"澳大利亚"号上挂起了彩旗

产这种口径弹药的能力。最终，就算是澳大利亚自身也没有继续保有战列巡洋舰的兴趣，"澳大利亚"号的命运已成定局。

1922年，限制五大强国海军军备的《华盛顿海军条约》签订，作为英联邦的一部分，澳大利亚也受到了条约的限制。"澳大利亚"号被认为属于英国应该退役的战列巡洋舰，按照条约应该退役拆解。当"澳大利亚"号退役时，战舰上的许多器材被拆卸下来用在其他战舰上。1923年11月，澳大利亚内阁决定将战舰凿沉，其余战舰的部分拆除工作被承包给一些私人公司。1923年11月至1924年1月，有超过68000英镑的器材被回收，其中一半的收入被捐给了澳大利亚的高等教育中心用于公民教育。

澳大利亚政府曾经考虑将"澳大利亚"号上的305毫米主炮拆卸下来用于建造海岸炮台，不过考虑到炮台的建设成本过高，而且305毫米弹药已经停产，因此这个计划没有实施。关于如何处理战舰上的主炮，海军方面最终决定让其随战舰一起沉入海底。虽然主炮没有被保留，但是"澳大利亚"号上的许多物品被保留在各个博物馆和官方机构中，其中就包括澳大利亚战争纪念馆、澳大利亚国家海事博物馆、澳大利亚皇家海军遗产中心等。

"澳大利亚"号原定于1924年4月25日被凿沉，但是鉴于有来访的英国舰队帮助（帝国巡游的英国舰队），日期提前到4月12日。当天，"澳大利亚"号被拖至距离悉尼滩东北部25海里的海面上。按照《华盛顿海军条约》的规定，战舰必须完全沉入海底以保证其在未来无法被打捞修复。14时30分，在最后清理了战舰之后，海军人员打开了位于舰底的通海闸门，同时炸药在舷侧炸开了一个大洞。大约

H.M.A.S. AUSTRALIA SUNK.

With Naval Honours.

PUBLIC TRIBUTES TO OLD FLAGSHIP.

DEEPLY IMPRESSIVE SCENE.

H.M.A.S. Australia, the former flagship of the Royal Australian Navy, was sunk 24 miles outside Sydney Heads, due east, on Saturday afternoon.

With the Australian flag flying at her bow and the white ensign at the stern she sank in a little more than 21 minutes.

A thunderous Royal salute was given by H.M.A.S. Brisbane as the Australia rolled right over and then plunged stern first into the deep.

The sinking provided one of the most deeply impressive scenes in Australian history.

▲《悉尼先驱晨报》在1924年4月14日头版刊登了"澳大利亚"号将被凿沉的消息

▲ 在众多拖轮的拖拽下，"澳大利亚"号正被送往沉没海域

过了20分钟，"澳大利亚"号才因为灌入海水下沉至水线的大洞附近。14时51分，"澳大利亚"号在海面上消失，澳大利亚皇家空军的一架飞机低空飞过并投下一个花环，一旁的"布里斯班"号则鸣响21声礼炮。在公告中，"澳大利亚"号的沉没地点位于33°53′25″S 151°46′5″E，位于海平面以下270米处。

"澳大利亚"号的沉没引起了巨大的反响，并产生了反对和支持两派：反对者认为这艘战舰的沉没是对澳大利亚国防力量的重大打击，澳大利亚皇家海军中最强的战舰变成了4艘老式的轻巡洋舰，"澳大利亚"号的存在曾

经在第一次世界大战时对德国在太平洋的海上力量起到了威慑作用，在当时澳大利亚与美日的外交博弈中也有相当的影响力；支持者认为尽管战舰的沉没是国家象征的损失，但是"澳大利亚"号已经过时，它的存在只会消耗国家的资源，使用和维护这样一艘大型战舰的费用显然已经超出了第一次世界大战后澳大利亚皇家海军的预算，况且其主炮弹药已经停产。如果对"澳大利亚"号进行现代化改造，其花费超过建造新型的"城"级巡洋舰。

被凿沉之后，"澳大利亚"号一直静静地躺在海底。1990年，在太平洋西部海底通信电缆线图的探测中，测量船发现了海底有一艘巨大的未知的沉船残骸，其位置为33° 51′ 54.21″ S，151° 44′ 25.11″ E，距离海平面390米。一位健在的"澳大利亚"号水兵认为那就是"澳大利亚"号，不过探测数据直到2002年的一次会议上才被公开。在确认

▲ 在"澳大利亚"号的甲板上，一名摄影师正在记录战舰被凿沉的过程，几艘小艇靠近接走舰上人员

▲ 被凿沉前水兵离开"澳大利亚"号

消息后，新南威尔士州政府要求公司提供数据副本，数据显示这艘沉船极有可能是"澳大利亚"号，但是要证明就需要使用遥控潜艇进行实地探测。2007年，澳大利亚皇家海军表示愿意资助对"澳大利亚"号的探测，但是却缺乏遥控潜艇。最终，美国海军向澳大利亚政府提供了编号为CURV-21的遥控潜艇，它探测了沉船并拍摄了大量的照片。新南威尔士州文化遗产办公室的工作人员通过对比沉船和历史照片中的上层建筑和桅杆等部分确认了"澳大利亚"号的身份。从"澳大利亚"号在海底的状态看，当年尽管舰艉首先

▲ "澳大利亚"号最后倾覆的瞬间

▲ 站在甲板上的澳大利亚皇家海军官兵正在目送"澳大利亚"号的离去

下沉，但是在沉没中舰体变为平行下沉，整体沉没后又在海底移动了大约400米。今天，"澳大利亚"号的残骸受到了《历史沉船法》（Historic Shipwrecks Act 1976.）的保护，作为澳洲曾经的守护神，现在的他已经变成了鱼类及其他海洋生物的天堂。

▲ 澳大利亚发行的以"澳大利亚"号为主题的纪念邮票

第二章
超无畏舰时代

"狮"级
（Lion class）

　　1907至1908年，德国在海军建设上投入了更多的人力、物力和财力。1908年末，在"冯·德·坦恩"号战列巡洋舰基础上设计的"毛奇"级战列巡洋舰开工建造，该级战舰长186.6米，宽29.4米，排水量达22979吨，装备有10门280毫米口径主炮。与英国当时已经服役的"无敌"级相比，"毛奇"级的体积更大、装甲更厚，火力和速度也不落下风，这对英国皇家海军来说是一个极大的挑战。

　　就在德国海军大发展的1909年，英国经历了1909年"海军恐慌"，海军部和执政的自由党围绕着应不应该建造更多的无畏舰展开了激烈的争论。最终在整个社会的压力下，英国政府接受了建造8艘无畏舰的海军预算案。面对德国的海军崛起，英国海军部提出了"一强标准"，要求英国海军在主力舰数量上应该超过德国60%。在1909至1910年度的海军预算中，英国海军即将建造的8艘无畏舰中包括了6艘战列舰和2艘战列巡洋舰。作为回应，德国在当年7月宣布追加建造战舰的数量。面对海军竞赛的压力，英国海军部认为必须以提高战舰的体积和火力等来保持皇家海军在无畏舰质量和数量上对德国海军的优势，因此新型战列巡洋舰必须比"无敌"级和"不倦"级更强大。

　　新型战列巡洋舰在设计上以全面压倒"毛奇"级为目标。相比较已经服役的"不倦"级，其在装甲和火力上要高出70%。为了

▲ "狮"号正在建造的343毫米双联装主炮塔

增强战舰的火力，新型战列巡洋舰将安装由维克斯公司研制的343毫米大口径主炮，其因此成为世界上第一批安装如此大口径主炮的战舰。1910年，设计部门拿出了战舰的设计图，其采用了四座主炮塔置于中线的布局。海军造舰总监菲利普·沃茨（Philip Watts）在看过设计方案后认为可以再增加一座主炮塔，这样战舰的长度将延长4米，造价增加17.5万英镑，但是火力将提升25%。沃茨的建议最终没有被采纳，战舰仍然按照原设计建造，这便是"狮"级战列巡洋舰。

"狮"级的外形有别于之前的"无敌"级和"不倦"级，他采用了长舰楼船外形，高大的舰艏微微前倾。与"不倦"级相比，"狮"级的舰体更长更宽，采用了上下两层甲板，舰体中部有三根高大的烟囱。"狮"级前面有高大的舰桥，舰桥后面有三角主桅。"狮"级舰长213.4米，舰宽27米，吃水9.9米，标准排水量达到26690吨，满载排水量31310吨，是当时英国建成时排水量最高的主力舰。

"狮"级采用了与"不倦"级截然不同的武器布局，在继承了革命性的"全装重型火炮"设计的基础上将全部四座主炮炮塔都安装在舰体的中轴线上，他也因此成为第一级将所有主炮中置的战列巡洋舰。"狮"级上共有8门343毫米45倍口径的Mark V火炮（BL 13.5-inch Mk V guns），这些火炮分别安装在四座Mk2双联装炮塔中。舰艏的前两座炮塔在舰艏舰桥之前，以背负式安装，炮塔编号为"A""B"，第三座"Q"炮塔位于第二根和第三根烟囱之间，最后的"X"炮塔在舰艉。343毫米主炮的俯仰角在-3°~20°之间，炮口初速为787米/秒，其在14.75°时发射穿甲弹的最大射程为18288米，在20°时发射

▲ "狮"号上的水兵正在对343毫米主炮炮弹进行搬运

穿甲弹的最大射程为21781米。343毫米主炮发射重566千克的穿甲弹，射速为2发/分钟，不过在实际使用中每发射2枚炮弹只需要1分20秒。每门343毫米主炮备弹80枚，采用290磅MD45发射药，成分是直径为12毫米的杆状无烟火药。

要想弄清"狮"级主炮塔是如何工作的就得先弄清楚它的结构，"狮"级主炮炮塔内部是战斗室，其中安装了两门主炮，周围有圆形的装甲进行保护。炮塔下面的炮座有200毫米厚的装甲保护，其中包括炮塔的旋转机构和上下运输炮弹的扬弹机通道，通道在双层船底内部，所有这些结构都会随着炮塔的旋转而跟着一起旋转。弹药舱位于炮塔底部，周围有水密门保护，舱内为每门主炮装备了120个药筒和80枚弹丸。当需要为主炮供弹时，每次2枚弹丸经过弹药舱舱门进入扬弹机的三层液压升降机底部，再通过升降机上的两个吊篮提升至炮塔内并安放在主炮旁的弹药支架上。在弹丸室的下方、扬弹机的底部周围有4个相互独立的发射药室，每个发射药室都是一个独立的密闭空间，舱室由水密门进出，通道狭窄。为了安全起见，每一个舱室的水密门在任何时间都要保证能够打开。

"狮"级主炮的每个药筒都由四等分的四份重73磅的发射药组成，每份无烟火药装在被称为"沙隆"（Shallon）的袋子里，在燃烧之后不会留下火药残留。为了保证发射药的安全，这些袋子储存在管状的保护箱中。每座主炮塔下的发射药舱中有400袋发射药，四座主炮塔底部共计有1600袋总重104吨的发射药！在日常工作中，弹药舱内不能留下任何吸烟材料，在这里工作的水兵必须穿着棉质衣物和特质的鞋子。每次演习和战斗之后，水兵们都要认真打扫弹药舱以做到不留下一点粉尘，如果产生火星或者静电，弹药舱就有爆炸的危险。

当主炮进行射击时，先是弹丸由二层升入战斗室并被装入炮膛中，然后底部的四袋发射药由升降机送入战斗室，装入药筒之后被推入炮膛中。当炮弹进入发射状态后，炮塔会被锁上，扬弹机的吊篮会回到通道底部。得到来自主炮指挥室的命令之后，主炮调整方向和仰角刻度，等待发射命令。白天进行射击的"狮"级一般会以4门主炮进行齐射，然后观察炮弹的落点并进行弹道修正，之后

▲ 位于"狮"号舰艉的主炮塔，可以看到安装在上层建筑中的102毫米火炮

剩下的4门主炮再次进行齐射。夜晚进行射击时，"狮"级会以全部8门主炮进行齐射，但是由于难以观察远距离上的炮弹落点，主炮射击的仰角被限制在15°以内，射程也缩短至13700米。

"狮"级的辅助武器为16门102毫米45倍口径Mk VII速射炮。与"不倦"级不同，"狮"级的102毫米炮中有8门安装在前部的上层建筑中，剩下的8门安装在舰艉的上层建筑后。位于前部的8门102毫米炮中有6门在甲板之上的建筑两侧，在上层建筑前甲板上还有2门副炮；后面的8门102毫米炮与前面的6门在同一平面上，每侧各4门。除了火炮，"狮"级上有2具533毫米鱼雷发射管，位于"A"炮塔之下舰体两侧的水线以下，战舰上共装载了14枚鱼雷，每枚装有234千克TNT炸药，其以45节前进时射程达到4115米，以31节前进时射程达到9830米。

"狮"级开始建造时，战舰的火控系统还处于萌芽阶段，其安装了2.7米的FQ-2测距仪、德雷尔Mk4火控平台（Mk4 Dreyer table）和德雷尔 埃尔芬斯通射击钟（Dreyer-Elphinstone clock）。德雷尔Mk4火控平台安装在主甲板之下，被称为"射击室"的房间内。该火控平台实际上是一种机械计算机，通过输入大量的关于目标和自身航向及速度的数据，参考风向等因素，估算出炮弹的落点。通过观察炮弹的实际落点，炮术军官可以手动输入最新的数据进行解算。德雷尔Mk4火控平台上有四个刻度表，每个刻度表上都显示了其所对应的主炮塔的方向和火炮仰角。通过这些刻度盘炮术军官能够指挥和协调全部主炮对目标进行瞄准和射击；德雷尔—埃尔芬斯通射击钟也是一种机械计算机，可以测算己方与目标之间航向的变化，然后将数据输

入德雷尔火控平台中。在火控系统的引导之下，"狮"级能够以主炮向目标进行齐射，其命中率也大大提高。

"狮"级的装甲采用了克虏伯渗碳硬化装甲钢板，其侧舷主装甲带中部装甲厚229毫米，明显高于"不倦"级的152毫米，装甲带两侧的厚度降低至102毫米，但是装甲带没有覆盖至整个舰艏和舰艉。在"A"和"X"炮塔两侧有102毫米厚的横向装甲隔壁与舰体两侧的主装甲带相连，形成一个完整的装甲盒子；"狮"级的甲板装甲厚度在25.4至64毫米之间，其中下层甲板厚度为25.4毫米；"狮"

▲ 组队航行的两艘"狮"级战列巡洋舰

▲ 喷着浓烟的"狮"号，可以看到其舰桥下面的102毫米火炮

级的炮塔装甲较厚，炮塔正面装甲厚229毫米，两侧的装甲厚83毫米，经过钢筋加强的顶部装甲厚64毫米，基座装甲厚229毫米，基座之下装甲厚度由203毫米降至76毫米；位于舰桥下方的指挥塔是全舰装甲防护最强的地方，最大装甲厚度达到了254毫米，顶部和底部装甲厚76毫米；安装在弹药舱周围的防鱼雷隔壁装甲厚64毫米；舰体内部划分出多个装甲防护区，加强了水密结构，提高了抗沉能力。在日德兰海战之后，"狮"级的装甲防护得到了全面加强，重点区域是弹药舱和炮塔顶部，其装甲增加的重量达到132吨。

"狮"级战列巡洋舰具有强大的动力，其采用四轴四桨推进，共装有四台帕森斯直驱蒸汽轮机，两侧直径为3.56米的三叶螺旋桨与两侧的两台低压轮机连接，中间直径为3.73米的三叶螺旋桨与中间的两台高压轮机相连。"狮"级上共安装有42座亚罗水管燃煤蒸汽锅炉，每座锅炉上安装有喷油助燃设备，所有的锅炉分布在七个锅炉舱中。大量锅炉为战舰提供了澎湃的动力，其蒸汽轮机设计功率达到70000马力，航速27节。"长公主"号在海试中功率达到了96000马力，航速超过28节。尽管达到了前所未有的高航速，但是超功率会损坏轮机机组，因此这种行为是被禁止的。"狮"级能够装载3500吨煤和1150吨重油，在10节的经济航速下其续航能力达到5600海里，在22节航速下续航能力达到2500海里。"狮"级上共有三根高高的烟囱，可以给数量众多的锅炉排烟，前两根烟囱紧靠在一起位于舰桥之后，第三根烟囱与前两根烟囱中间隔着"Q"炮塔。

1909年9月29日，"狮"级的"狮"号战列巡洋舰在德文波特造船厂开工建造，"长公主"号在维克斯公司建造。2艘战列巡洋舰

都在1912年建成服役，并加入了第1巡洋舰分舰队，该分舰队后来改名为第1战列巡洋舰分舰队。跟随分舰队，两舰先后访问了法国的布雷斯特和俄罗斯的喀琅施塔得，而"狮"号一直作为分舰队的旗舰。回国之后，由于欧洲局势变得愈加严峻，第1战列巡洋舰分舰队被编入大舰队中。

第一次世界大战爆发后，"狮"级战列巡洋舰驻扎在北海海域，它们在8月28日参加了赫尔戈兰湾海战。在海战中，"狮"号发挥了其主炮的强大威力，成为击沉德国"科隆"号轻巡洋舰的主要力量。赫尔戈兰湾海战结束之后，由于担心施佩率领的德国远东分舰队北上袭击英国在北大西洋上的航运，"长公主"号被抽调前往加拿大海域参加护航。

1915年1月23日，2艘"狮"级战列巡洋舰参加了多格尔沙洲之战，"狮"号成为海军名将贝蒂的坐舰。在战斗中，身为旗舰的"狮"号遭到了德国舰队的集中攻击，战舰多处受损。跟在"狮"号之后的"长公主"号就要幸运很多，其同德国舰队发射了大量炮弹，其中一枚炮弹击中了装甲巡洋舰"布吕歇尔"号的锅炉舱，导致其速度降低，这成为对"布吕歇

▲ 在海面上高速航行的"狮"号

尔"号的致命一击。尽管多格尔沙洲之战最终以英国皇家海军的胜利告终，但是英国人并没有吸取海战中的经验，特别是对弹药舱的防御加以重视。

1916年5月末，日德兰海战爆发，"狮"级战列巡洋舰与其他战列巡洋舰一起从罗塞斯出发，成为整个大舰队的前锋。31日下午，英德两国的战列巡洋舰遭遇并立即爆发战斗。在激烈的战斗中，2艘战列巡洋舰发射了大量的炮弹重创了对手，但是自己也遭受了严重的损伤。与在海战中沉没的其他战列巡洋舰相比，"狮"级算是幸运的，它们最后带伤返航。

日德兰海战之后，由于英德双方再没有爆发过大规模的海战，"狮"级的主要任务是进行训练、巡逻和护航。当战争在1918年11月结束后，"狮"级执行了押送和看管德国公海舰队的任务，之后2艘战舰加入第1战列巡洋舰分舰队被并入新组建的大西洋舰队中。

▲ "玛丽女王"号上拍摄的"狮"号的照片

1922年，《华盛顿海军条约》签署，英国的战列巡洋舰总吨位受到了压缩，因此"狮"级战列巡洋舰不得不退役拆解。1924年至1926年，"狮"号和"长公主"号先后被出售拆解。

"狮"级是英德海军竞赛的产物，战舰

"狮"级战列巡洋舰一览表

舰名	译名	建造船厂	开工日期	下水日期	服役日期	命运
HMS lion	狮	德文波特造船厂	1909.9.29	1910.8.6	1912.5	1924年1月出售拆解
HMS Princess Royal	长公主	维克斯公司	1910.5.2	1911.4.24	1912.11	1922年12月出售拆解

基本技术性能	
基本尺寸	舰长213.4米，舰宽27米，吃水9.9米
排水量	标准26690吨 / 满载31310吨
最大航速	28节
动力配置	42座燃煤锅炉，4台蒸汽轮机，70000马力
武器配置	8×343毫米火炮，16×102毫米火炮，2×533毫米鱼雷发射管
人员编制	1100名官兵

在设计上就被要求压制德国新型战列巡洋
舰，因此其在火力、装甲和速度等方面都得
到了明显提升。在火力上，"狮"级是英国皇
家海军中第一级安装343毫米主炮的主力舰，
口径更大的主炮具有更强的穿透力和杀伤效
果，首舰"狮"号甚至比安装同型火炮的"俄
里翁"号战列舰还要早开工3个月，；在装甲
防护上，"狮"级的装甲明显要厚过之前的
"无敌"级和"不倦"级，加厚的装甲使其拥
有了更顽强的生命力；在速度上，安装了更
多锅炉和更大功率蒸汽轮机的"狮"级最高
航速达到了28节，无论是追击还是撤退都游
刃有余。"狮"级舰体长度超过200米，满载
排水量突破了30000吨，这在当时是空前的。
"狮"级继承了"无敌"级和"不倦"级的总
体结构布局，但是又存在着明显的不同，比如
采用了舰艏背负式炮塔、主炮沿中轴线布局
等全新设计，这些不同增强了战舰的战斗力。
从性能上看，"狮"级是英国战列巡洋舰发展
历史上的第一次跃进，他也因此成为大战爆
发时皇家海军中的新锐力量。在第一次世界
大战中，"狮"级几乎参加了所有重要的海上
较量，其优异的性能在实战中得到了检验。尽
管多次受创，但他都能够安全返航。正是得
益于自身优异的性能，"狮"号曾经长期作为
贝蒂的旗舰带领战列巡洋舰分舰队在海上与
敌人厮杀！

"狮"号
（HMS Lion）

  "狮"号由位于普利茅斯的德文波特船坞
建造，该舰于1909年9月29日动工，1910年8月6
日下水，1912年6月4日建成，战舰造价达208.6
万英镑。1912年5月，"狮"号还在调试的阶
段，就已经成为第1巡洋舰分舰队的旗舰。

▶ "狮"号的线图

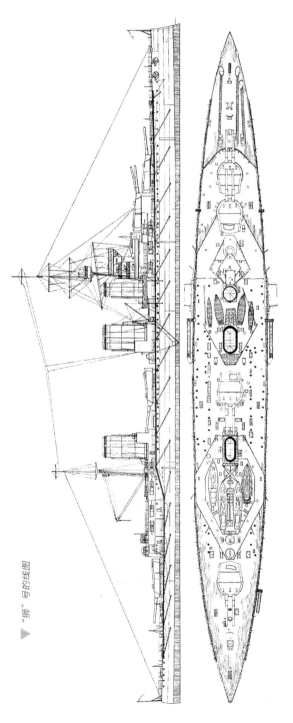

雄狮在西方象征着权利和威严，因此皇家海军早在16世纪就用其作为战舰的舰名：第一艘"狮"号是1511年缴获苏格兰的一艘120吨的风帆战舰，战舰上有36门火炮；第二艘"狮"号建于1536年，排水量150吨，安装有50门火炮；第三艘"狮"号同样缴获自苏格兰，时间是1549；第四艘"狮"号起初被命名为"金狮"，建于1557年，排水量达500吨，安装有61门火炮；第五艘"狮"号1665年俘虏自荷兰，其排水量仅有44吨；第六艘"狮"号1683年俘虏自阿尔及利亚，其排水量300吨；第七艘"狮"号是一艘小型的单桅纵帆船，长15米，安装有4门火炮，购自1702年；第八艘"狮"号建于1709年，属于三等风帆战列舰，排水量900吨，装有60门火炮；第九艘"狮"号排水量150吨，建于1753年；第十艘"狮"号只有61吨，购于1763年；第十一艘"狮"号是一艘探险船，1777至1785年在皇家海军中服役；第十二艘"狮"号建于1777

年，属于三等风帆战列舰，排水量1378吨，装有63门火炮；第十三艘"狮"号是一艘小帆船，1781至1785年在皇家海军中服役；第十四艘"狮"号是一艘小炮舰，于1794年服役；第十五艘"狮"号是一艘排水量88吨的小帆船，服役于1823至1826年；第十六艘"狮"号建于1847年，属于二等风帆战列舰，排水量2580吨，装有80门火炮；第十七艘"狮"号便是本文介绍的"狮"级战列巡洋舰的首舰"狮"号；第十八艘"狮"号是"狮"级战列舰的首舰"狮"号，其最终没有完成建造（详见《英国战列舰全史1914–1960》）；第十九艘"狮"号建于1944年，是一艘排水量达到10000吨的巡洋舰；1975年，随着最后一艘名为"狮"号的战舰退役，这个名字至今没有再在英国皇家海军中使用过。

服役之后，"狮"号便在第1巡洋舰分舰队中担任旗舰。1913年1月，第1巡洋舰分舰队改名为第1战列巡洋舰分舰队。3月，海军少将

▲ 停泊中的"狮"号

戴维·贝蒂成为分舰队指挥官，他的将旗在"狮"号上升起。1914年2月，"狮"号访问了法国港口布雷斯特。6月，整个第1战列巡洋舰分舰队访问了俄罗斯帝国，在喀琅斯塔得期间，沙皇尼古拉斯二世一家登上"狮"号进行了参观。8月初，"狮"号加入了大舰队。1914年8月4日，英国对德宣战。

第一次世界大战爆发之后不久，皇家海军便计划对德国在赫尔戈兰湾内巡逻的舰队进行攻击，这便是赫尔戈兰湾海战。包括"狮"号、"长公主"号及"玛丽王后"号在内的3艘战列巡洋舰在贝蒂的指挥下为参战的英国驱逐舰和巡洋舰提供远程支援。

1914年8月28日清晨，英国皇家海军先头部队的轻巡洋舰和驱逐舰发现了德国舰队并开始与对方展开炮战。此时，第1战列巡洋舰分舰队与"无敌"号及"新西兰"号战列巡洋舰汇合，舰队向交战海域高速驶去。当全速前进时，"狮"号和"长公主"号、"玛丽王后"号的速度达到了28节，他们将最高航速只有25节的"无敌"号和"新西兰"号甩在了后面。

12时37分，英国战列巡洋舰抵达战场，它们从雾气中辨别出了忽隐忽现的德国舰队。"狮"号在接到命令之后首先开火，其向德国轻巡洋舰"科隆"号进行了多轮齐射并将这艘战舰击沉。之后英国战列巡洋舰又向5.5千米外的德国轻巡洋舰"阿里阿德涅"号（SMS Ariadne）进行射击并将其击沉。中午13时10分，为了避免与德国战列舰遭遇，贝蒂命令英国舰队向西北方向撤退。赫尔戈兰湾海战以英国的胜利告终，德国海军有3艘轻巡洋舰和1艘驱逐舰被击沉，"狮"号在海战中展示了343毫米主炮的强大威力。

赫尔戈兰湾海战之后，德国海军计划对北海沿岸的英国城镇进行炮击。11月3日，德国海军成功炮击了雅茅斯，之后海军少将希佩尔率领速度较快的战列巡洋舰炮击英国城镇并引诱英国舰队出战，然后由隐蔽在多格尔沙洲的公海舰队主力进行歼灭。德国舰队的计划被英国截获，他们打算派出贝蒂的第1战列巡洋舰分舰队和由海军中将乔治·沃尔德指挥的第2战列舰分舰队在多格尔沙洲附近截击德国舰队。

1914年12月15日，希佩尔指挥的德国战列巡洋舰队起航，成功炮击了多个英国城镇。皇家海军为第1战列巡洋舰分舰队提供护航的驱逐舰在清晨5时15分与公海舰队的驱逐舰遭遇。5时40分，沃尔德接到了前方驱逐舰发来的电报，称发现了德国驱逐舰，但是贝蒂却没有接到电报。7时，驱逐舰"鲨鱼"号发现了德国装甲巡洋舰。7时25分，"鲨鱼"号发出了预警电报，这次沃尔德收到了电报，"新西兰"号收到了电报，但是坐镇"狮"号的贝蒂仍然没有收到电报。沃尔德和"新西兰"号都试图将信息传递给贝蒂，后者直到7时55分才收到电报，他立即命令"新西兰"号去搜寻德国装甲巡洋舰。

9时，贝蒂收到电报称斯卡伯勒遭到德国舰队的炮击，他立即收拢舰队向斯卡伯勒方向前进。英国与德国舰队此时相距15海里。12

▲ 高速航行中的"狮"号，其主炮全部指向右侧

时25分，德国第2侦察分队的轻巡洋舰从英国人旁边经过，轻巡洋舰"南安普顿"号发现了德国的"斯特拉尔松"号。5分钟后，得到情报的贝蒂命令舰队转向向德国舰队可能存在的方向前进，但是德国舰队最终成功返航。

1915年1月23日，希佩尔指挥第1侦察中队的4艘战列巡洋舰和其他舰只前往多格尔沙洲，其计划围歼在此地的英国轻型舰艇。由于截获了德国方面的电报，英国派出了贝蒂指挥的第1、第2战列巡洋舰分舰队及3艘轻巡洋舰和30艘驱逐舰。24日上午7时20分，双方担任前锋的轻巡洋舰相遇。在确认德国战列巡洋舰进入战场之后，贝蒂命令舰队全速前进，战列巡洋舰队"狮"号、"长公主"号和"虎"号的速度达到了27节。

8时52分，确认目标的"狮"号向18000米外的敌舰开火，但是由于能见度不高，前几轮齐射都没有命中目标。9时12分，"狮"号发射的一枚炮弹命中了装甲巡洋舰"布吕歇尔"号。就在同时，德国舰队在16000米距离上对打头的"狮"号进行了集中攻击。一枚炮弹于9时40分命中了战舰的水线，造成了一个煤舱进水被淹没。不久之后，"布吕歇尔"号发射的一枚210毫米炮弹击中了"狮"号的"A"炮塔，使得左侧的主炮失灵两个小时。

9时40分，"狮"号发射的一枚343毫米炮弹击穿了"塞德里茨"号战列巡洋舰的尾炮塔，产生的大火蔓延到其他的炮塔共造成159人死亡。被击中的"塞德里茨"号立即还以颜色，其发射的一枚283毫米炮弹在海面上反弹之后撕开了"狮"号后部的装甲。尽管炮弹没有爆炸，但是留下的一个0.6×0.46米的洞导致海水淹没了配电室，三台发电机停止工作。10时18分，"德弗林格尔"号发射的2枚305毫米炮弹击中了"狮"号左舷水线以下的

▲ 停泊在海面上的"狮"号，从照片中可以看到其舰体采用了两种颜色进行涂装

▲ 停泊中的"狮"号，其舰艏和船舷看上去非常高大

部分，其中一枚炮弹撕开前部127毫米厚的装甲并留下了一个0.76×0.61米的洞。海水从洞中灌入，淹没了鱼雷舱。炮弹爆炸的碎片打坏了绞盘机。另一枚炮弹击中舰艉，爆炸威力撕开了装甲，海水淹没了煤舱。当"狮"号的水线下同时被击中后，舰长厄恩利·查特菲尔德（Ernle Chatfield）以为有鱼雷击中了战舰。10时41分，一枚283毫米炮弹击中了"狮"号的"A"炮塔，爆炸引起了炮塔内的火灾，但是立即就被扑灭了。之后又有多枚炮弹击中

"狮"号，只有一枚炮弹对战舰造成了杀伤。到10时52分，"狮"号已经被14枚不同口径的炮弹击中，战舰进水达3000吨，舰体出现了10°的倾斜。过了一会儿，一台发动机停车，"狮"号的航速下降至15节。

就在"狮"号遭到集中攻击之时，德国的"布吕歇尔"号装甲巡洋舰被英军击中。"狮"号上的瞭望员在右舷发现了疑似潜艇的潜望镜，战舰立即90°紧急转弯，由于信号旗绳索在之前的战斗中被打断，因此没法挂出"潜艇警告"的信号旗。

由于"狮"号严重受损，贝蒂向坐镇"新西兰"号的海军少将戈登·穆尔发出了"攻击敌人后方"的信号。贝蒂的本意是对撤退的德国舰队进行追击，但是穆尔却错误地领会成对位于德国舰队末尾的"布吕歇尔"号进行最后的攻击。贝蒂试图更正这一错误，但是当新的旗帜升起后，航速下降的"狮"号已经被其他战舰甩在后面，烟雾中其他战舰根本看不清信号旗。

因为大量进水，"狮"号右舷的发动机被关闭，其航速勉强达到10节。12时45分，折返的其他战列巡洋舰赶上了"狮"号。14时30分，"狮"号的航速进一步下降至8节，"不倦"号得到命令将其拖至罗塞斯港。在港内的船坞中，"狮"号接受了简单维修，之后其前往泰恩河畔的纽卡斯尔进行全面维修。由于担心战舰严重损坏的情况被公众知道，"狮"号的维修处于保密状态。从1915年2月9日到3月28日，"狮"号在干船坞中接受了彻底维修，其中包括更换装甲板和维修内部结构。结束维修的"狮"号于4月7日返回大舰队，其再次成为贝蒂的旗舰。

在多格尔沙洲之战中，"狮"号一共发射了243枚炮弹，其中只有4枚击中了目标，

▲ 航行中的"狮"号

▲ 从一艘战列巡洋舰的舰桥上拍摄的正在前进的"狮"号，注意其全部主炮塔都转向了右舷

其中1枚击中了"布吕歇尔"号、1枚击中了"德弗林格尔"号、2枚击中了"塞德利茨"号。作为回敬，德国战舰发射的炮弹16次击中了"狮"号，虽然造成严重的破坏，但是没有造成太大的人员伤亡，全舰有1人死亡、20人受伤。

多格尔沙洲之战后，第1战列巡洋舰分舰队的主要任务是进行海上巡逻，舰队没有再

参加大的军事行动，直到1916年5月末。5月30日，英国截获了德国公海舰队即将出击的电报，大舰队主力从斯卡帕湾出发，战列巡洋舰和最新服役的"伊丽莎白女王"级战列舰从罗塞斯出发。作为贝蒂的旗舰，"狮"号位于战列的第一位，此时舰长还是查特菲尔德。

1916年5月31日下午，英国战列巡洋舰队与德国战列巡洋舰队相遇。贝蒂命令舰队的航向由正东转为东南，全员做好战斗准备。由于战列巡洋舰的速度较快，它们将强大的"伊丽莎白女王"级战列舰甩在了后面，这是一个不太明智的决定。看到英国舰队转向，希佩尔也率领舰队转向，航速提高至23节。前进中的英国战列巡洋舰以"狮"号为旗舰，其他5艘紧随其后。

两支舰队越来越近，虽然能见度在提高，但是德国战舰灰色的船身具有更好的隐蔽效果。同时英国战列巡洋舰烟囱中喷出的烟雾正在飘向德国舰队，对观测造成了影响，英国战舰主炮在射程上的优势完全发挥不出来。15点48分，占据有利位置的德国舰队首先开火。观测到德舰开火，"狮"号在30秒后进行还击，其他英国战舰纷纷开火。15时51分，一枚从"吕佐夫"号射来的炮弹击中了"狮"号，第二枚炮弹在1分钟后命中。15时57分，一枚炮弹击中了"狮"号的"Q"炮塔，炮弹从顶部贯穿并在炮塔内部爆炸，烈焰向下方的弹药舱蔓延。就在这千钧一发之际，"Q"炮塔指挥官佛朗西斯·哈维（Francis Harvey）少校命令关闭弹药舱门并向其中注水才避免了可能发生的危及战舰生死的大爆炸。

就在被连续击中时，"狮"号发射的2枚炮弹在15时55分击中了"吕佐夫"号。随着距离的拉近，战舰上的副炮也参加到战斗中，此时贝蒂考虑调整航向以拉开与对手之间的距

离。16时02分，"不倦"号被命中，在之后的一阵爆炸后，这艘战舰沉入海底，其沉没的原因恰恰是弹药舱被引燃。

16时08分，英国第5战列舰分舰队终于赶了上来，4艘"伊丽莎白女王"级战列舰立即以381毫米主炮向德国战舰轰击。16时21分，"玛丽王后"号的"Q"炮塔被击穿，之后战舰发生了大爆炸并沉没。

16时30分，贝蒂命令舰队转向130°后向南航行。8分钟后，担任警戒的轻巡洋舰

▲ 日德兰海战中，"狮"号（照片左侧）正在水柱间前进，他身后的浓烟是"玛丽王后"号爆炸产生的

▲ 海军军官正在透过"狮"号舰桥顶部向外观察

"南安普顿"号发现了公海舰队主力。收到电报后，贝蒂命令舰队转弯180度向北撤退，"狮"号率领其他战舰紧急转弯。见英国人要撤退，希佩尔指挥德国战列巡洋舰掉头对英国战舰进行追击。在浓烟和雾气中，德国战列巡洋舰开始对向北航行的英国战舰开火，其中有8枚305毫米炮弹击中"狮"号。接连的命中给"狮"号造成了巨大的伤害，爆炸不但损坏了大量的设备，还造成19人阵亡、35人受伤。

16时57分，贝蒂命令舰队向右调整航向以缩短与德国舰队的距离，就在此时，1枚由"吕佐夫"号发射的305毫米炮弹又一次击中"狮"号。看到近距离上并不安全，贝蒂再一次命名舰队转向拉开与对手的距离。17时45分，"狮"号重新向"吕佐夫"号开火。由于烟雾影响了观测，"狮"号向9100米外的目标进行射击时炮弹全部射失，当与目标距离达到13700米时，炮弹的落点距离目标竟有4000米！与英国人相比，德国人打得就要准多了，共有4枚305毫米炮弹击中了"狮"号：第一枚炮弹击中了上层建筑，爆炸产生的碎片破坏了厨房和烟囱，由于有装甲的保护，下面的锅炉舱没有被破坏；第二枚炮弹在舰艇医务室上方爆炸，碎片破坏了医务室和其他结构；第三枚炮弹贯穿了主桅杆，但是没有爆炸，桅杆差一点折断坠入海中；第四枚炮弹击中了"A"炮塔右侧，除了在炮塔表面留下一道弹

▲ 海军中将贝蒂与"狮"号上的官兵们一起合影

痕再没有造成其他伤害。

18时之后，射击变得零星最后完全停止。就在此时，由海军中将胡德指挥的第3战列巡洋舰分舰队的"无敌"号、"不屈"号和"不挠"号从"狮"号旁经过，它们成为贝蒂的前锋部队。就在战列巡洋舰队进行调整时，杰利科指挥的大舰队主力正从北方进入战场，而德国人并不知道对手主力的到来。

18时17分，当"吕佐夫"号的身影再次从烟雾中现身时，"狮"号立即对其展开炮击。在"吕佐夫"号再度消失之前，"狮"号一共发射了20枚炮弹，其中2枚炮弹命中了目标并引起了火灾。由于火灾和之前遭到的持续不断的攻击，"吕佐夫"号不得不退出战场。在收拾了"吕佐夫"号之后，"狮"号又向出现在雾气中的一艘德国战列舰开火。由于能见度很差，"狮"号的瞭望员无法确认是否命中了目标。

19时之前，"狮"号的领航员室发生了火灾，舰长查特菲尔德亲自到下面的舱室中检查并将报告交给了贝蒂的参谋长——海军上校本蒂克。由于德国舰队开始撤退，"狮"号接到命令向南转向进行追击，但是战舰的陀螺罗盘发生故障，战舰在转了一圈之后恢复了航向。19时14分，"狮"号向14000米外的"德弗林格尔"号进行了4轮齐射，但是没有命中目标。

20时20分，英国战列巡洋舰追上了德国舰队，"狮"号在6分钟内进行了14轮齐射，其中的1枚炮弹命中了10000米外的"德弗林格尔"号，打坏了舰艉的主炮塔。在战斗中，1枚150毫米炮弹击中了"狮"号，其造成的破坏仅仅使得舰上的一艘小艇损坏。

当夜幕降临，双方脱离了接触，最终德国舰队成功返航，日德兰海战结束。在整场战斗中，"狮"号一共发射了326枚343毫米穿甲弹和7枚鱼雷，其102毫米火炮没有进行射击。因为是旗舰，"狮"号遭到了德军的集中攻击，战舰先后被13枚305毫米炮弹和1枚150毫米炮弹命中，其造成了99人丧生、51人受伤，人员伤亡已经算相当严重了。

受伤的"狮"号回到罗塞斯港，6月5日至27日期间，他在这里接受了简单维修。之后"狮"号前往泰恩河，在那里阿姆斯特朗公

▲ "狮"号与战列巡洋舰"声望"号相向而行，两艘巨大的战舰擦肩而过

▲ 正在航行的"狮"号，其主炮纷纷指向前方

司拆除了战舰上近乎报废的"Q"炮塔，撕裂的装甲也得到了维修，时间是6月27日至7月8日。结束了在泰恩河的维修，"狮"号返回罗塞斯港对舰体进行进一步维修，当他于7月末返回大舰队时，战舰上只有3座主炮塔，"Q"炮塔还在接受维修。阿姆斯特朗公司最终在9月23日修好了"狮"号的"Q"炮塔并将其重新安装在战舰上。

伤愈归队的"狮"号仍然作为贝蒂的旗舰，其于8月18日夜跟随大舰队出海，因为有情报显示德国公海舰队将对桑德兰进行炮击。但是由于英德双方在情报上的混乱，双方主力并没有碰面。

1916年12月，由于贝蒂晋升为大舰队的总司令，"狮"号成为海军中将帕克纳姆（W.C.Pakenham）的旗舰。在战争剩下的岁月中，"狮"号一直执行海上巡逻和训练任务。1917年11月的第二次赫尔戈兰湾海战中，"狮"号为英国轻型舰艇提供支援，但是没有直接参战。12月12日，包括"狮"号在内的第1战列巡洋舰分舰队起航前去拦截攻击船队的德国驱逐舰，但是很快舰队便返航了。1918年3月23日，"狮"号跟随大舰队出海，有情报显示德国公海舰队出航企图攻击英国的运输船队，不过德国人动作很快，双方没有发生交战。

第一次世界大战结束后，德国公海舰队前往斯卡帕湾投降，"狮"号作为看守舰一直停泊在德国战舰旁。1919年4月，"狮"号加入新组建的大西洋舰队，之后在1920年3月转入储备。随着《华盛顿海军条约》的签订，英国的战列巡洋舰在总吨位上受到了限制，"狮"号不得不被出售拆解。尽管民众抗议将其拆解，但是"狮"号还是在1924年1月31日以7.7万英镑的价格出售，然后被解体。

"长公主"号
（HMS Princess Royal）

"长公主"号由位于巴罗因弗因斯的维克斯公司的船厂建造，该舰于1910年5月2日动工，1911年4月29日下水，下水时英国王室的路易丝公主参加了下水仪式。1912年11月14日，"长公主"号建成服役，其工程造价达到195.5万英镑，武器系统造价12万英镑，总造价达到207.6万英镑。

在英国皇家海军的舰船中，一共有5艘战舰使用过"长公主"这个名字：第一艘"长公主"号建于1682年，属于一艘二等全帆武装船（2nd rate full rigged ship），排水量1307吨，安装有90门火炮。该船起初被称为"公主"号，后来才改名为"长公主"号；第二艘"长公主"号是一艘运输船，建于1739年；第三艘"长公主"号建于1773年，是一艘二等风帆战列舰，装有98门火炮；第四艘"长公主"号建于1842年，是一艘二等风帆战列舰，装有91门火炮；第五艘"长公主"号便是本文介绍的"狮"级的"长公主"号战列巡洋舰。

1912年11月，完成测试的"长公主"号进入第1巡洋舰分舰队中服役，到了1913年1月，分舰队改名为第1战列巡洋舰分舰队。1914年2月，"长公主"号随第1战列巡洋舰分舰队访问了法国的布雷斯特，之后又访问了俄罗斯的喀琅施塔得。1914年8月，第1战列巡洋舰分舰队加入新组建的大舰队。

第一次世界大战爆发后，"长公主"号参加的第一场战斗便是赫尔戈兰湾海战。1914年8月28日，"长公主"号跟随贝蒂指挥的战列巡洋舰队前往赫尔戈兰湾。清晨时分，英德两国的轻型舰艇开始交火。11时35分，收到报告的战列巡洋舰开始全速前进，就在英国轻巡洋舰和驱逐舰与对手决战的12时37

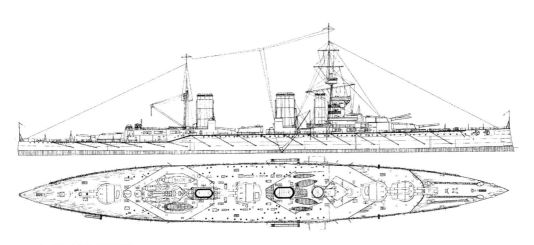

▲ "长公主"号的线图

▲ 停泊在海面上的"长公主"号,可以看到其位于舰艏的两座主炮塔

分,英国战列巡洋舰抵达战场。德国的"斯特拉斯堡"号躲入雾气中避免遭到炮击,但是"科隆"号就没有那么幸运了,他遭到英国战列巡洋舰的猛轰,最终沉没。13时10分,英国舰队转向撤离,海战以皇家海军的胜利告终。

经历了赫尔戈兰湾海战之后,"长公主"号被从第1战列巡洋舰分舰队调离,他的新任务是为来往于大西洋上的船队提供护航。作为一艘拥有强大火力和高航速的主力舰,"长公主"号非常适合执行护航任务。那些德国装甲巡洋舰和由商船改装而成的辅助巡洋舰安装的最大口径的火炮不超过150毫米,根本无法与"长公主"号上的343毫米主炮对抗。10月,结束护航任务的"长公主"号重新回到第1战列巡洋舰分舰队。

11月1日，德国海军中将马克西米利安·冯·斯佩率领的德国远东分舰队在智利沿海的科罗内尔海战中击败了英国皇家海军。为了防止斯佩指挥的德国舰队北上袭击北大西洋上的船队，"长公主"号于当月中旬前往加拿大的哈利法克斯。与英国人担心的不同，施佩想要率领舰队返回德国。12月8日，德国远东分舰队在福克兰群岛附近海域被从英国本土赶来的"无敌"号、"不屈"号等围歼。德国远东分舰队被消灭后，"长公主"号便返回英国，他正好赶上了之后爆发的多格尔浅滩之战。

1915年1月23日，希佩尔指挥第1侦察中队的4艘战列巡洋舰和其他舰只前往多格尔沙洲，其计划围歼在此地的英国轻型舰艇和渔船。由于截获了德国方面的电报，英国派出了第1、第2战列巡洋舰分舰队及3艘轻巡洋舰和30艘驱逐舰，"长公主"号就属于第1战列巡洋舰分舰队。

1月24日早晨7时，贝蒂指挥的舰队已经抵达距离多格尔沙洲以北40千米处。为了避免被德国人发现，整个舰队保持着无线电静默。7

时20分，担任先锋的轻巡洋舰与敌人交火，而德国舰队主力就在不远处。接到前方轻巡洋舰的报告，贝蒂命令战列巡洋舰以最高速前进。与英国人相比，希佩尔就要谨慎许多，他看到天边升起的浓烟时判断遇到了英国大舰队，于是他命令舰队180°向东南方向撤退。

尽管开足马力，但是英国舰队在速度上占有绝对优势，双方的距离越来越近。8时52

▲ 修长美观的"长公主"号，注意其舰艉艏楼上的102毫米炮位

▲ 休整中的"长公主"号，其舰艏的"A"炮塔指向右舷

▲ 第一次世界大战时期的"长公主"号，其舷侧挂着防鱼雷网支撑架

分，确认目标的"狮"号首先向18000米外的目标开火，"长公主"号紧跟其后开始炮击。10时30分，"长公主"号发射的炮弹击中了德国装甲巡洋舰"布吕歇尔"号的锅炉舱，其航速因此降至20节。在战斗中，作为旗舰的"狮"号遭到了德国舰队的集中攻击，其被多枚炮弹击中，舰体出现损坏。

在与德国舰队的战斗中，"长公主"号主要攻击"德弗林格尔"号战列巡洋舰。由于旗舰严重受损，贝蒂向坐镇"新西兰"号的海军少将戈登·穆尔发出了"攻击敌人后方"的信号并让穆尔作为舰队的临时指挥官。贝蒂的本意是对撤退的德国舰队进行追击，但是穆尔却错误地领会成对位于德国舰队末尾的"布吕歇尔"号进行最后的攻击。击沉了"布吕歇尔"号之后，英国舰队返航。在整场战斗中，"长公主"号发射的炮弹中有1枚击中了"德弗林格尔"号，引发了严重的火灾。

多格尔沙洲之战后，"长公主"号主要与第1战列巡洋舰分舰队的其他战舰一起停泊在福斯湾中。为了防御德国舰队对英国沿海城镇的炮击，战列巡洋舰分舰队移防至斯卡帕湾以南的海军基地。

1916年5月30日，英国截获德国公海舰队即将全部出动的情报，大舰队全体出动。停泊在罗塞斯港的"长公主"号跟随第1战列舰分舰队出击，其舰长是海军上校沃尔特·考恩（Walter .H. Cowan），此外舰上还有海军少将德布洛克（O.de Brock）。

1916年5月31日下午，英国战列巡洋舰队劈开波浪极速前进，"长公主"号跟在旗舰"狮"号之后。15时23分，"长公主"号收到贝蒂从"狮"号发来的信号，要求战舰转向66°。在烟雾中，英国舰队发现了德国战列巡洋舰队，但是英国战舰的位置不利于观测。15

点48分，德国舰队首先开火，"狮"号紧接着进行还击。看到旗舰开火，"长公主"号立即向敌人开炮。

在对射中，德国战舰展现了更高的精确度，2枚305毫米炮弹在15时58分击中了"长公主"号。第一枚炮弹击中了"B"炮塔之下的主装甲带，炮弹在装甲带上留下一个直径0.3米的弹孔。穿透主装甲带的炮弹在煤舱中爆炸，威力毁坏了下面的水密舱隔壁；第二枚炮弹也击中了主装甲带附近，爆炸使得火控系统出现了故障，"B"炮塔只能以炮塔内的观瞄设备引导两门343毫米主炮瞄准射击。

16时，第三枚305毫米炮弹击中"长公主"号"B"炮塔后方主装甲带上的舰体。炮弹击穿了外壳之后在煤舱中爆炸，在上层甲板上留下了一个直径1.5米的洞，巨大的威力还损坏了周围的舱室结构并引起火灾，火灾最终造成8人死亡、38人受伤。16时30分，一枚炮弹击中了"Q"炮塔左侧的火炮，撞击使炮管上产生了裂缝。就在此时，另一枚炮弹穿透了"长公主"号的第二根烟囱，它没有爆炸而是落到了海中。经历了这次炮击，"长公主"号的"Q"炮塔出现了严重的问题，其左侧主炮受损，右侧主炮也产生了弯曲，暂时无法使用。

16时15分，"长公主"号发射的2枚343毫米炮弹击中了"吕佐夫"号：第一枚炮弹穿透了前主炮塔前面的甲板，摧毁了甲板下的维修室；第二枚炮弹击中了后主桅下面的主装甲带，不过炮弹并没能击穿装甲。

16时36分和16时41分，希佩尔两次命令舰队向南转向，试图引诱英国战列巡洋舰进入公海舰队设下的包围圈。当发现公海舰队后，贝蒂命令舰队向北撤退。16时49分，"长公主"号发现了德国的"雷根斯堡"号（SMS

Regensburg）轻巡洋舰，他立即对目标进行了4轮齐射，之后又向德国战列巡洋舰进行了短暂的射击。此时由于旗舰受损严重，贝蒂命令"长公主"号接替旗舰的位置，战舰的无线电用于与杰利科的大舰队主力联系。

17时05分，向北航行的"长公主"号发现了"吕佐夫"号，他进行了短暂的射击，但是都没有取得命中。17时41分，"长公主"号和"狮"号同时发现了"吕佐夫"号，两舰同时向目标开火。由于能见度较低，所以命中率也很低。直到17时47分，"长公主"号发射的一枚343毫米炮弹才击中了15000米之外的"吕佐夫"号，炮弹击中了战舰的上层建筑并打坏了一门150毫米火炮。随着海上烟雾越来越浓，整个德国舰队完全消失了，只有被击伤的"威斯巴登"号轻巡洋舰漂浮在海面上，"长公主"号对其进行了一轮齐射。

18时22分，又有2枚炮弹击中"长公主"号，发射炮弹的是11800米之外的"边境总督"号（SMS Markgraf）战列舰。第一枚炮弹击中了"X"炮塔正面的229毫米装甲，炮弹命中角度发生偏转，其钻入甲板之下然后爆炸。爆炸不但在甲板上炸出一个大洞，而且还损坏了主炮塔及下面的结构，主炮塔内左侧主炮的炮组成员全部阵亡。尽管两门主炮还能够发射，但是炮塔因为旋转机构损坏因而无法旋转；第二枚炮弹击中了"X"炮塔之下右舷的装甲带，炮弹击穿了装甲进入舰体之内并且爆炸，爆炸破坏了内部结构和风机室，横飞的弹片杀伤了102毫米炮组成员。爆炸产生的火星引燃了102毫米炮的弹药并产生了浓重的黑烟。"边界总督"的2枚炮弹给"长公主"号造成了严重的破坏和杀伤，在爆炸中共有11人丧生、31人受伤。

▲ 德皇海军"边境总督"号战列舰

尽管多次被击中，但是顽强的"长公主"号还是在18时30分再次开火。10分钟后，瞭望员报告有鱼雷从不远处经过，那是德国第6和第9雷击大队的驱逐舰发射的鱼雷，其目的是掩护救援己方的"威斯巴登"号轻巡洋舰。19时14分，"长公主"号向从烟雾中现身的"德弗林格尔"号开火，此时双方的距离大约为16400米。尽管炮击持续了3分钟，但是没有一枚炮弹命中目标，而"德弗林格尔"号很快便消失在烟雾中。

20时19分，"德弗林格尔"号出现在11000米之外，"长公主"号立即开火，很快对方再次消失在烟雾中。失去目标的"长公主"号锁定了8600米外的"赛德利茨"号，尽管观测受到了来自前方"狮"号喷出的浓烟的影响，"长公主"号发射的炮弹还是两次

取得命中：第一枚炮弹命中了"赛德利茨"号第4门150毫米炮郭，炮郭外侧的装甲被击穿，炮弹在内部爆炸并在外面留下一个1米见方的洞。炮弹和装甲碎片四处横飞，打坏了长6米的纵隔壁，150毫米炮报废，旁边的工程师维修室也被破坏，炮组成员伤亡惨重，连接2号锅炉舱的烟囱和管道也出现损坏；第二枚炮弹击中了海图室，爆炸的碎片从指挥塔的缝隙中钻了进去，杀死了航海长和另外两人。爆炸对指挥塔之外的冲击很大，碎片打坏了海军上将舰桥和一半的探照灯，前主桅和射击控制室遭遇了严重的震荡，主炮射击仪表盘上的指针出现了误差。

20时30分，"拿骚"级的"波森"号（SMS Posen）战列舰发现了英国战列巡洋舰并向"长公主"号射击，一枚280毫米炮弹击

▲ 德皇海军"波森"号战列舰

中了"长公主"号，炮弹击中了前主桅的右侧支架并且几乎切断了支架，然后穿过了第1根烟囱。当"长公主"号上的炮术军官开始下达命令时，他们惊奇地发现所有的传音筒都被切断了。两分钟之后，"长公主"号以最远射程发射了一枚鱼雷，目标是一艘不明身份的具有三根烟囱的德国战列舰。尽管鱼雷的轨迹是正确的，但是它却在20时35分时从"不屈"号旁经过，惊出大家一身冷汗。

随着天色渐渐暗了下来，英德双方的舰队脱离了接触，德国舰队在第二天返回了本土海域。6月2日，"长公主"号返回罗塞斯港，他在港内一直待到10日。6月13日，"长公主"号抵达朴次茅斯港，于15日进入第14号干船坞进行维修，直到7月10日完成。"长公主"号从15日开始进行各种测试，23号完成测试后返回基地。在日德兰海战中，"长公主"号先后被8枚305毫米炮弹和1枚280毫米炮弹击中，战舰上共有22人死亡、81人受伤，其一共发射了230枚343毫米炮弹。

日德兰海战之后，大舰队继续对德国海军进行封锁，"长公主"号则跟随舰队进行巡逻和射击训练。1917年11月，"长公主"号参加了第二次赫尔戈兰湾海战，其与"狮"号等一起为轻型舰艇提供火力支援，但是并没有直接参战。

1917年末，德国海军的舰艇袭击了英国前往斯堪的纳维亚半岛的船队，这让英国重视起来。为了护航需要，英国海军组建了一支护航队，其中便有"长公主"号，其参加了几次保卫航线的任务。1918年7月，可怕的西班牙流感波及英国皇家海军，很多船员病倒，甚至于"长公主"号都没有足够的船员保证其正常出航。

第一次世界大战结束后的1918年11月23

日，德国公海舰队进入福斯湾，"长公主"号作为押送舰队的一员再次见到了他的老对手们。战争结束后，"长公主"号与"狮"号、"虎"号同属于第1战列巡洋舰分舰队。随着1922年《华盛顿条约》的签订，英国的海军力量受到了极大的限制，"长公主"号因为超出了限制吨位而必须被拆除。当时南美洲的智利曾经有购买"长公主"号的意向，但是后来因为种种原因交易没有达成。

1922年，"长公主"号被卖给了帕维斯公司（AJ Purves），该公司还买下了"新西兰"号等战舰。在经过简单拆卸后，"长公主"号最终在1926年被拖往罗塞斯港进行最终的解体拆除工作。

"玛丽王后"级（Queen Mary class）

"1909年海军恐慌"让英国皇家海军获得了大量造舰拨款，英德两国于第一次世界大战前的海军军备竞赛让英国海军获得了坚实的物质后盾。在1910至1911年的海军造舰计划中，英国计划建造4艘战列舰和1艘战列巡洋舰。在战列巡洋舰的设计上，其继承了"狮"级战列巡洋舰的风格，将四座双联装的343毫米主炮塔安装在战舰的中轴线上，但两者也有区别，自从"无敌"号开始，英国主力舰将传统的位于舰艉的军官住舱移到了靠近战斗位置的地方，而新战列巡洋舰在布局上回归传统，其军官住舱不但在舰艉，而且还恢复了舰艉阳台。这个拥有舰艉阳台的战列巡洋舰设计单舰成级，就是"玛丽王后"级。

"玛丽王后"级的外形与"狮"级几乎一模一样，其采用了长艏楼船外形，高大的舰艏微微前倾。"玛丽王后"级的舰体细长，采用了上下两层甲板。战舰前面有高大的舰桥，舰桥后面有三角主桅，主桅之后有三根高大的烟囱，其中前两根烟囱与第三根烟囱被一座炮塔隔开。"玛丽王后"级舰长214.4米，舰宽27.1米，吃水9.9米，标准排水量达到27200吨，满载排水量32160吨，其尺寸和排水量都略大于"狮"级。

在武器系统上，"玛丽王后"级与"狮"级既有相同之处也有差别。"玛丽王后"级的主炮与"狮"级相同，采用了"全装重型火炮"设计，为8门343毫米45倍口径的Mark V 火炮，这些主炮安装在四座双联装炮塔中，所有炮塔都布置在战舰的中轴线上。"A""B"两座炮塔以背负式安装在舰桥前面，"Q"炮塔在第二根和第三根烟囱之间，"X"炮塔在舰艉。343毫米主炮的俯仰角在-3°~+20°之间，在平日的训练中其主炮最大仰角被限制在15°21′以内。当以20°进行射击时，343毫米主炮发射穿甲弹的最大射程为21781米，穿甲弹重566千克，炮口初速为780米/秒，射速为1.5至2发/分钟。"玛丽王后"级的每门343毫米主炮备弹110枚，全舰共运载有880枚炮弹及发射药（主炮结构及工作原理参见"狮"级）；"玛丽王后"级的辅助武器也与"狮"级相同，为16门102毫米45倍口径Mk VII速射炮。不过与"狮"级相比，"玛丽王后"级的102毫米炮安装位置有所差别，其中8门安装在前部的上层建筑中，另外8门安装在舰艉的上层建筑后，这些火炮在同一平面上。102毫米45倍口径Mk VII速射炮的俯仰角在-7°~+15°之间，当以15°进行射击时，最大射程为10400米，其发射的炮弹重14千克，炮口初速为860米/秒，每门火炮备弹150枚。在建造之初，"玛丽王后"级并没有安装防空炮，但是在第一次世界大战爆发之后的1914年10月，战舰安装了一门57毫米防空

炮和一门76毫米防空炮，这两门火炮都安装在高脚架上。除了火炮，"玛丽王后"级上有两具533毫米鱼雷发射管，位于"A"炮塔之下舰体两侧的水线以下，战舰上共装载了14枚鱼雷，每枚鱼雷中装181千克TNT炸药，战舰以45节前进时射程达到4115米，以29节前进时射程达到9144米。

1913年，皇家海军从亚瑟·坡伦（Arthur Pollen）那里订购了五套火控系统与当时主力舰普遍安装的德雷尔火控系统进行对比试验。其中的一套坡伦火控系统被安装在"玛丽王后"号上，与之配套的还有装在指挥塔上面的2.7米阿尔戈测距仪和装在指挥塔下面的阿尔戈Mk IV射击钟（一种机械火控计算机），以及德雷尔Mk2火控平台（Mk2 Dreyer Table）。坡伦系统主要由测距仪、方向仪、自动绘图仪及射击指挥仪等组成。自动绘图仪根据本舰的航向与航速，结合目标距离和方位，在图板上自动绘出本舰与目标轨迹，使指挥官能直观判断敌我双方相对位置和运动态势，帮助制定下一步的战术。"玛丽王后"号火控系统的工作流程是：首先由测距仪获得目标的距离和方位；然后由陀螺罗盘得到己方战舰的方向和速度；向阿尔戈Mk IV射击钟内输入测得的数据就能够修正主炮所需要的偏转数据，关于目标的数据会被标注在标绘板上，以协助炮术军官预测目标的运动轨迹并指挥各炮塔进行瞄准和开火。战舰后方的鱼雷射击控制室可以辅助火控系统的工作，"B"和"X"炮塔上的光学观瞄设备也能够对火控系统起到辅助作用。坡伦火控系统的改进型号使用了先进的电动陀螺，射击指挥仪能全自动接收数据，自动解算出目标未来的精确位置，还能在解算中加入炮弹飞行的时间参数，并自动向炮手传输火炮的射击诸元。

与皇家海军大量装备的德雷尔火控系统相比，坡伦火控系统的自动化程度更高，德雷尔火控系统的许多数据需要人工输入，这在实战中会在很大程度上影响主炮的发射效率。试验表明在坡伦火控系统的引导下，即便与目标之间的距离很远而且双方的运动轨迹变化非常大，火炮射击的命中率依然非常高。正是得益于坡伦火控系统的优秀性能，"玛丽王后"号被称为当时皇家海军中射击最为准确的主力舰。

"玛丽王后"级的装甲采用了克虏伯渗碳硬化装甲钢板，其侧舷从"B"炮塔至"X"炮塔的主装甲带装甲厚229毫米，主装甲带向前和向后的装甲厚度为102毫米，但是没有达到舰艏和舰艉。在主装甲带之上是厚度达到152毫米的装甲带，其上与甲板相连。在主装甲带前后，有一层厚度达102毫米的横向装甲隔壁，它与舰体两侧的装甲带相连，形成一个完整的装甲盒子；"玛丽王后"级的甲板装甲采用了比镍钢更便宜的高强度钢板，厚度在25.4至64毫米之间，其中舰艏甲板装甲厚度为25.4至38.1毫米，上层建筑周围甲板装甲厚64毫米，舰艉的下层甲板装甲厚度为25毫米；"玛丽王后"级的炮塔装甲较厚，炮塔正面装甲厚229毫米，两侧的装甲厚83毫米，经过钢筋加强的顶部装甲厚64毫米，炮塔基座装甲厚229毫米，基座之下装甲厚度由203毫米降至76毫米；"玛丽王后"级位于舰桥下方的指挥塔是全舰装甲防护最强的地方，最大装甲厚度达到了254毫米，顶部和底部装甲厚为76毫米；"玛丽王后"级的防鱼雷隔壁装甲厚64毫米，安装在弹药舱周围。战舰内部划分出多个装甲防护区，以加强水密结构，提高抗沉能力。

"玛丽王后"级具有强大的动力，其采用四轴四桨推进，共装有四台帕森斯直驱蒸汽轮机，其中两侧为两台低压轮机，中间为两台高压轮机，轮机通过螺旋桨轴与螺旋桨相连。"玛丽王后"级上共安装有42座亚罗水管燃煤蒸汽锅炉，每座锅炉上安装有喷油助燃设备，所有的锅炉分布在七个锅炉舱中。大量锅炉为战舰提供了澎湃的动力，其蒸汽轮机设计功率达到75000马力，航速28节。在1913年5至6月的海试中，"玛丽王后"号的功率一度达到了83000马力，航速超过28节。"玛丽王后"级能够装载3660吨煤炭和1190吨重油，在10节的经济航速下其续航能力达到5610海里。

1911年3月6日，"玛丽王后"级的"玛丽王后"号战列巡洋舰在帕尔默造船厂建造，这艘战舰在1913年建成服役。建成后的"玛丽王后"号进入第1战列巡洋舰分舰队服役，其在1914年跟随舰队访问了法国的布雷斯特和俄罗斯的喀琅施塔得。

第一次世界大战爆发后，"玛丽王后"号所在的第1战列巡洋舰分舰队已经成为大舰队的成员，在1914年8月，"玛丽王后"号参加了赫尔戈兰湾海战，11月又在贝蒂的指挥下追击德国舰队。1915年初，"玛丽王后"号开始接受维修，他也因此错过了多格尔沙洲之战。

1916年5月30日，"玛丽王后"号终于迎来一场大战，其跟随舰队从罗塞斯出发，直奔日德兰半岛以西的海域。在接下来的一天中，英德两国舰队将爆发著名的日德兰海战。5月31日午后，英德两国的巡逻舰艇同时发现了对方，战列巡洋舰很快相遇并爆发战斗。在战斗中，拥有坡伦系统的"玛丽王后"号表现出了精准的火力，但是却遭到了2艘德国战列巡洋舰的联合攻击。16时25分，"玛丽王后"号因为被击中而引发了弹药舱大爆炸，最终消失

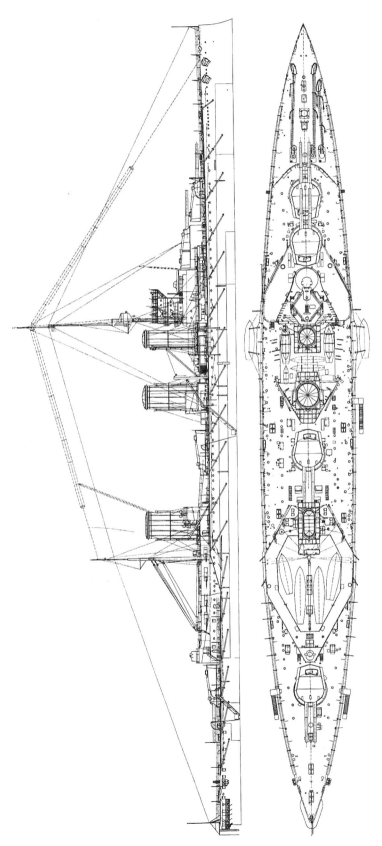

▲"玛丽王后"号的线图

在北海的汹涌波涛之中。

"玛丽王后"号是在"狮"级战列巡洋舰的基础上继承和发展而来，其最大的进步就是安装了坡伦火控系统，该系统赋予了战舰在实战中高于同行的出色战斗力。"玛丽王后"号是英国在第一次世界大战爆发前建成服役的最后一艘战列巡洋舰，他代表了当时世界上战列巡洋舰设计和建造的最高水平。在日德兰海战的激烈对抗中，"玛丽王后"号一直保持着最高的命中率，甚至能够以一敌二，其发射的炮弹在德国战舰周围不断激起高大的水柱。由于英国战列巡洋舰在防御设计上的缺陷，"玛丽王后"号最终被击沉，对一艘为战而生的巨舰也是一种光荣的归宿。

"玛丽王后"级战列巡洋舰一览表

舰名	译名	建造船厂	开工日期	下水日期	服役日期	命运
HMS Queen Mary	玛丽王后	帕尔默造船厂	1911.3.6	1912.3.20	1913.9	1916年5月31日被击沉

基本技术性能	
基本尺寸	舰长214.4米，舰宽27.1米，吃水9.9米
排水量	标准27200吨 / 满载32160吨
最大航速	28节
动力配置	42座燃煤锅炉，4台蒸汽轮机，75000马力
武器配置	8×343毫米火炮，16×102毫米火炮，2×533毫米鱼雷发射管
人员编制	997名官兵（和平时期），1275名官兵（战争时期）

"玛丽王后"号
（HMS Queen Mary）

"玛丽王后"号由位于泰恩河南岸贾罗的帕尔默造船厂建造，该舰于1911年3月6日动工，1912年3月20日下水，1913年8月建成服役，战舰造价达207.84万英镑。"玛丽王后"号这个名字来自英王乔治五世的王后——玛丽王后陛下，当战舰在日德兰海战中沉没后，皇家海军就再也没有使用过这个名字。

1913年7月1日，海军上校雷金纳德·霍尔（Reginald Hall）登上"玛丽王后"号，成为这艘战舰的首任舰长，而"玛丽王后"号也成为英国在第一次世界大战爆发前建成服役的最后一艘战列巡洋舰。在完成一系列海试和调试后，"玛丽王后"号在9月4日加入由贝蒂指挥的第1战列巡洋舰分舰队。1914年，"玛丽

▲ 后来晋升至海军上将的威廉·雷金纳德·霍尔

▲ 航行中的"玛丽王后"号，从这个角度看其与"狮"级相似

驱逐舰，己方只受到了轻微的损伤。

1914年11月起，德国海军派出速度较快的战列巡洋舰炮击英国城镇，之后其计划以此引诱英国舰队进行追击，然后隐蔽在多格尔沙洲的公海舰队主力就能够以逸待劳地消灭追过来的英国舰队。掌握了德国无线电密码的英国方面截获了对手即将炮击本国城镇的计划，但却并不知道公海舰队在多格尔沙洲。为了在多格尔沙洲截击德国舰队，英国派出了由贝蒂指挥的第1战列巡洋舰分舰队和由海军中将乔治·沃尔德指挥的第2战列舰分舰队。此时的第1战列巡洋舰分舰队有包括"玛丽王后"号在内的4艘战舰，"玛丽王后"号的舰长是海军上校普洛斯（C. I. Prowse）。

就在德国战列巡洋舰成功炮击了英国城镇时，为英国战列巡洋舰护航的驱逐舰在多格尔沙洲发现了公海舰队的驱逐舰，时间是5时15分。英国驱逐舰两次发报，但是贝蒂直到7时55分才终于接到了电报，他立即命令"新西兰"号去搜索德国战舰。当9时收到本土遭到德国舰队炮击的电报后，贝蒂集合舰队在多格尔沙洲附近。到12时25分，英德两国的轻巡洋舰再次发现对方，贝蒂立即下令进行追击，他相信这些战舰是负责掩护任务的，其实

王后"号跟随第1战列巡洋舰分舰队一起访问了法国的布雷斯特和俄罗斯的喀琅施塔得。

第一次世界大战爆发后，"玛丽王后"号参加的第一战就是赫尔戈兰湾海战。1914年8月28日清晨，英国皇家海军的轻型舰艇在赫尔戈兰湾发现了德国舰队，双方立即爆发了战斗。11时35分，贝蒂率领第1战列巡洋舰分舰队和"无敌"号、"新西兰"号向南朝己方轻型舰艇靠近。在英国战列巡洋舰排成的战列中，"玛丽王后"号位列第三，紧跟在"长公主"号后面。就在2艘德国轻巡洋舰围攻英国的"阿瑞图萨"号时，贝蒂率领的战列巡洋舰队于12时37分抵达战场，并立即朝目标进行射击，大口径炮弹在德国军舰周围溅起高高的水花。英国舰队在截至13时10分向北转向前共击沉了德国海军的3艘轻巡洋舰和1艘

▲ 停泊在码头上的"玛丽王后"号，从其状态上判断已经服役了一段时间了

▲ 出航的"玛丽王后"号，他并不知道日德兰海战将成为他最终的归宿

德国战列巡洋舰在它们身后50千米的地方。由于估计错误，德国舰队最终安全返回港口。

1915年1月，返回本土的"玛丽王后"号进入船厂进行维修，维修一直持续到2月份，他也因此错过了多格尔沙洲之战。1915年12月，"玛丽王后"号上安装了新型的主炮射击控制系统。

1916年5月30日，英国截获了德国公海舰队即将出击的电报，随后大舰队主力从斯卡帕湾出发，战列巡洋舰和最新服役的"伊丽莎白女王"级战列舰从罗塞斯出发。"玛丽王后"号于晚上21时30分跟随舰队出港，当时船上共有官兵1286人，舰长仍然是普洛斯上校。

根据命令，"玛丽王后"号跟随舰队向日德兰半岛以西的海域前进，他位于战列的第三位，紧跟在"长公主"号之后。5月31日上午和中午，海面上一片平静，高大的战舰激起白色的海浪快速前进。下午14时之后，英国舰队发现了海平面上的一缕烟迹，于是轻巡洋舰"弗约尔"号奉命前去侦察。"弗约尔"号驶近后发现了更远处同样在靠近的德国轻巡

▲ 停泊在港湾内的"玛丽王后"号，其中间一根烟囱正在升起浓烟

洋舰"埃尔宾"号，双方很快交火。

接到交火报告后，贝蒂立即命令舰队转向东南以切断对手的退路，战列巡洋舰立即以28节的最高航速前进，而第5战列舰分舰队的"伊丽莎白女王"级因为航速只有25节被甩在了后面。此时的"玛丽王后"号全舰响起战斗警报，水兵们忙碌着为即将到来的大战进

停泊中的"玛丽王后"号，从侧面看战舰的干舷很高

HEROES OF THE BATTLE OF JUTLAND

关于缅怀"玛丽王后"号阵亡人员的宣传页，其中列举了几名有突出贡献的水兵，他们被称为"日德兰海战的英雄"

行准备。15时25分，瞭望台上的水兵发现了东边的烟迹，各舰立即发出准备战斗的命令。

两支舰队越靠越近，对手已经进入了"玛丽王后"号343毫米主炮的射程之内，但是由于能见度不佳，他并没有匆匆开火。很快旗舰"狮"号上挂起了火力分配的信号旗，根据命令"玛丽王后"号的目标是位于对方战列第二位的"德弗林格尔"号战列巡洋舰。但由于对指令的错误解读，"玛丽王后"号将"德弗林格尔"号后面的"塞德里茨"号作为自己的目标，在火控系统的指引下，战舰上的8门343毫米主炮已经指向目标。

15时48分，随着德国舰队旗舰"吕佐夫"号首先开火，英国舰队立即进行还击。此时双方的距离是15400米。15时53分，"玛丽王后"号向"塞德林茨"号开火。由于能见度不良，再加上测距仪上的差距，在起初的交火中，德国人展现出了更高的射击准确度，先后有多发炮弹命中了"狮"号和"虎"号战列巡洋舰。

15时55分，"玛丽王后"号开始展现出其火控系统的先进性和准确性，其发射的343毫米炮弹先后两次命中"塞德里茨"号，其中第二枚击中了对手的"Y"炮塔并使炮塔丧失了战斗力。2分钟后，英德两国的舰队调整了航向，双方拉开距离。就在此时，"玛丽王后"号上的瞭望员看到"德弗林格尔"号竟然一直没有遭到攻击，意识到了目标分配上的错误，于是立即重新对目标进行观测和解算，并对其射击，"德弗林格尔"号周围立即溅起了高高的水柱。16时，德国"冯·德·坦恩"号发射的多枚炮弹击中了"不倦"号，后者突然发生大爆炸并带着1017名官兵消失在海面上。就在此时，第5战列舰分舰队的4艘"伊丽莎白女王"级战列舰赶了上来，它们的381毫米主炮立即向对手发出怒吼。

在激烈的战斗中，贝蒂的旗舰"狮"号不断被命中，战舰伤痕累累被迫退出战列。看到对方旗舰离开，德国的"德弗林格尔"号开始将火力转移到"玛丽王后"号身上，而此时"玛丽王后"号正与"塞德里茨"号对射。就这样，"玛丽王后"号开始与德国的2艘战列巡洋舰交火，处于不利的地位。

16时20分，一枚炮弹击中了"玛丽王后"号，虽然炮弹没有爆炸，但是剧烈的撞击破坏了许多设备。很快又一枚炮弹击中了"玛丽王后"号的"Q"炮塔，这次命中使得炮塔内右侧的343毫米火炮无法射击。当"玛丽王后"号被击中时，其发射的炮弹也击中了"塞德里茨"号，但是对方凭借着优良的防护继续与"玛丽王后"号交战。来自2艘德国战列巡洋舰的炮弹打得越来越准，不断有炮弹对"玛丽王后"号形成跨射，高大的水柱将战舰包围。2枚炮弹命中了舰艉102毫米炮位，无防护的火炮立即被击毁，爆炸还引起了大火。

16时25分，"德弗林格尔"号一轮准确的齐射命中了"玛丽王后"号的舰体。1分钟后，又有2枚炮弹击中了"玛丽王后"号：第一枚炮弹击中了"B"炮塔附近的舰体，炮弹在内部爆炸引发了大火并破坏了内部结构；第二枚炮弹击中了舰体中部并引发了致命的大爆炸，这场爆炸致使战舰沉没。至沉没时，"玛丽王后"号在日德兰海战中　共发射了150枚炮弹，其中多枚炮弹击中了"德弗林格

尔"号和"塞德里茨"号并对这2艘战舰造成了一定的破坏。

"玛丽王后"号的沉没是如此突然，绝大部分船员根本没有时间逃生，最终1266名船员中只有21人生还，其中18人被驱逐舰"月桂"号（HMS Laurel）救起，1人被驱逐舰"攻城雷"号（HMS Petard）救起，2人被德国驱逐舰G8救起并成了俘虏。

当"玛丽王后"号在大爆炸中沉没时，周围的许多战舰都目睹了这一幕。当时跟在"玛丽王后"号之后的"虎"号战列巡洋舰被

▲ "玛丽王后"号发生大爆炸时产生的滚滚浓烟

▲ 皇家海军"月桂"号驱逐舰

其爆炸产生的浓烟遮住，雨点般的碎片溅落在他的甲板之上。由于与"玛丽王后"号之间的距离只有500米，"虎"号立即左满舵进行避让，后面的"新西兰"号进行了同样的规避。从"玛丽王后"号的残骸边经过时，"新西兰"号上的水兵纷纷跑到甲板上目送战友的离去。目睹了"玛丽王后"号爆炸沉没的贝蒂嘀咕道："我们这些该死的船今天看来有点毛病（There seems to be something wrong with our bloody ships today）。"

沉没的"玛丽王后"号静静地躺在北海的海底，直到1991年5月31日，海洋测量船"电缆保护者"号搭载着一支联合考察队来到"玛丽王后"号沉没地点，对这艘战舰进行了水下勘察。潜入海底的潜水员发现位于海底的"玛丽王后"号底部朝上，战舰的上层建筑都埋在松软的泥沙之中。从舰体情况看，可以印证战舰的沉没归咎于"Q"炮塔下弹药库的大爆炸。今天，"玛丽王后"号依然躺在北海海底，与其同在的还有上千名皇家海军官兵的英灵。

英德海军战列巡洋舰竞赛（1906-1914）

1900年，人类文明进入了又一个崭新的世纪，没有人能预测到在将要来临的新的一百年中我们的世界将经历多少战火与磨难，又将迎来多少变化与希望。1900年，世界的领导权仍然在有"日不落帝国"之称的大英帝国手中，其权力的基石不仅仅是强大的工业制造能力、发达的经济体系、繁荣的科学文化及广阔的海外殖民地，还有让英国人引以为豪的皇家海军。以海权立国的英国十分重视自身海上力量的建设与发展，其在《1889

年海军防卫法案》中就规定主力舰的数量不得少于世界第二和第三海军强国主力舰数量之和，这也就是著名的"两强标准"。

当英国仍然坐在世界头把交椅上时，欧洲一个刚刚完成统一的民族国家正在世界舞台上冉冉升起，它就是德意志。在俾斯麦这位铁血首相的率领下，德国不仅在短时间内完成了统一，而且还击败了欧洲强邻法国成为欧陆最强大的国家之一。抓住了第二次工业革命带来的大好契机，德国的经济飞速发展并且赶超英国，其国力也在不断上升。

1888年6月，年仅29岁的威廉二世成为德意志帝国的新皇帝，这位性格乖张、野心勃勃的皇帝在治国思想和外交理念上与首相俾斯麦产生了严重的矛盾。1890年，俾斯麦被迫辞去了首相职务，其一直以来保持的称雄欧洲

▲ 德国海军的灵魂人物提尔皮茨海军元帅

但是与英国和平相处的国策就此终结。威廉二世的野心可不是小小欧洲能够装得下的，他要建立世界第一的强国，要与其他国家分享"阳光之下的土地"。

想要获得海外市场和原料产地，必须拥有一支能够维护海外权益、保护海上贸易的海军，而作为英国维多利亚女王的外孙，威廉二世一直以来就向往能够建立一支像皇家海军这样强大的海上力量。1897年，著名的阿尔弗雷德·冯·提尔比茨（Alfred von Tirpitz）成为德国帝国海军发展部大臣，他在第二年向皇帝提出了一份宏伟的海军扩军计划，包括建造38艘战列舰和20艘大型巡洋舰（德国的战舰规格中没有装甲巡洋舰，其被大型巡洋舰替代），这份计划很快就在德国国会中获得通过。

德国的造舰计划深深刺激了英国人，如果这样一支舰队成形，那将极大地挑战皇家海军在大洋上的权威。与战列舰相比，英国人更关注德国的大型巡洋舰，在19世纪末，火力强、装甲厚、速度快的装甲巡洋舰已经成为英国部署在全球各地分舰队中的核心力量。德国大规模的造舰将削弱英国在装甲巡洋舰数量上的优势，同时也威胁到其海外航线的安全。1900年之后，德国建造了"阿达尔伯特亲王"级和"科隆"级大型巡洋舰，其排水量在10000吨左右，安装有4门210毫米主炮和10门150毫米副炮。

作为回应，英国建造了更大更重的"爱丁堡公爵"级（Duke Of Edinburgh Class）和"武士"级（Warrior Class）装甲巡洋舰，其安装有6门228毫米主炮和4门190毫米副炮，之后德国建造了更优秀的"沙恩霍斯特"级（Scharnhorst Class）。1905年，英国开工了"米诺陶"级（Minotaur Class）装甲巡洋舰，其安装有4门228毫米主炮和10门190毫米副炮，排水量达到了14500吨。眼看英国的

▲ 皇家海军"爱丁堡公爵"号装甲巡洋舰

▲ 皇家海军"武士"号装甲巡洋舰

装甲巡洋舰在性能上再次超过了自己，德国人又得到情报称英国正在设计一种"超级巡洋舰"，于是他们开始建造更大型的"布吕歇尔"级（Blücher Class），其排水量达到15842吨，安装了12门210毫米主炮和8门150毫米副炮。

正当德国人不懈地建造更大更强的巡洋舰以追赶英国人时，英国人却修改了游戏规则。1906年，英国建造了革命性的"无畏"号战列舰，采用了"全装重型火炮"、大功率蒸汽轮机等设计。"无畏"号的出现标志着无畏舰时代的到来，其他战列舰一夜之间都过时了，英国再次成为世界海军技术的领跑者。其实就在"无畏"号开始建造之前的1903年，费舍尔就提出了在装甲巡洋舰上安装与战列舰口径相同的主炮，其最终设计方案在1905年通过，费舍尔称其为未来英国海军的"理想型巡洋舰"，并宣称"可以追捕并摧毁敌人任何类型的巡洋舰，在遭遇主力舰时可凭借25节高速摆脱……成为真正的巡洋舰杀手"。

1905年，英国国会一次批准了3艘"无敌"级装甲巡洋舰（英国直到1912年才使用"战列巡洋舰"这个称呼）的建造计划，这些装甲巡洋舰将在1906年夏天开工建造。1906年4月2日上午，"无敌"号在阿姆斯特朗公司位于泰恩河畔艾尔西克的造船厂安放了第一根龙骨并打下头一颗铆钉，一个全新的时代开始了。"无敌"级全长172.8米，标准排水量17530吨，航速25节，安装有8门305毫米主炮和16门102毫米副炮，其任务就是在大洋之上猎杀对方执行破交任务的各种巡洋舰。与战列舰相比，"无敌"级拥有与之同等的火力和

▲ 德皇海军"毛奇"号战列巡洋舰

更快的速度，唯一的不足就是装甲防御上的劣势。

当"无敌"号建成服役时，德国寄予厚望的"布吕歇尔"号还在船台上，而他已经过时了。"无敌"级的诞生对于德国海军的冲击是无法想象的，在德国人的设想中，大型巡洋舰将为在外围进行巡逻的轻型战舰提供支援，但是现在具有战列舰火力的英国装甲巡洋舰将对德国海军除战列舰以外的所有战舰形成压制。如果英国人的装甲巡洋舰从北面杀来，它们将席卷德国海军的轻型舰艇和赶来增援的大型巡洋舰，并在德国战列舰赶来时溜之大吉。

为了不被英国远远地甩在身后，德国人决定跟随英国人建造无畏舰和新型装甲巡洋舰。其实此时德国面临两难抉择：如果不迎头赶上就等于是在列强竞争中认输；如果开始建造无畏舰，那就等于开始与英国公开对

抗。最终，德国选择了参加无畏舰时代的游戏，其正式与英国展开对抗，无畏舰时代的英德海军军备竞赛也由此拉开了大幕。

1908年，德国开工建造了第一艘理想型巡洋舰"冯·德·坦恩"号（SMS Von Der Tann），该舰像"无敌"号一样，安装了统一口径的主炮和大功率蒸汽轮机等。"冯·德·坦恩"号安装了4座双联装炮塔，共有8门280毫米主炮，10门150毫米副炮，标准排水量19370吨，航速24.8节。"冯·德·坦恩"号的诞生对于德国主力舰制造有着重要的意义，其首次使用了大功率蒸汽轮机，在德国海军技术史上是一次飞跃。与"无敌"级相比，"冯·德·坦恩"号具有相当的火力和航速，但是在防护能力上却要大大高于前者。

继"冯·德·坦恩"号之后，德国在1908年开工建造了更强大的"毛奇"级（Moltke

▲ 造成"1909年海军恐慌"的阿斯奎斯首相

▲ 时任德国宰相的霍尔维格

▲ 德皇海军"戈本"号战列巡洋舰

Class）首舰"毛奇"号（SMS Moltke）战列巡洋舰，共装有10门280毫米主炮，12门150毫米副炮，标准排水量22979吨，航速25.5节。除了2艘战列巡洋舰，德国在同一年还开工建造

了3艘"赫尔戈兰"级战列舰。

1909年，英国各大船厂的船台上全是正在施工的主力舰，其中包括4艘战列舰和2艘战列巡洋舰，2艘战列巡洋舰分别是"不

倦"级的"不倦"号和"狮"级的"狮"号,"狮"号安装了比"不倦"级305毫米主炮口径更大的343毫米主炮。随着特奥巴尔德·冯·贝特曼·霍尔维格(Theobald von Bethmann-Hollweg)在1909年成为德国宰相,其理智地提出与英国进行限制海军军备的谈判从而停止两国间愈演愈烈的海军军备竞赛,但是在威廉二世的大海军梦前没有成功,于是在1909年德国建造了3艘战列舰和"毛奇"级的"戈本"号(SMS Goeben)战列巡洋舰。

1910年,英国有3艘战列舰和3艘战列巡洋舰开工建造,战列舰巡洋舰中有2艘是"不倦"级的"新西兰"号和"澳大利亚"号,1艘是"狮"级的"长公主"号。在同一年,德国新建了2艘战列舰,没有战列巡洋舰开建。

1911年,英德两国掀起了主力舰建造的小高潮,英国建造了4艘战列舰和1艘"玛丽王后"级战列巡洋舰,德国建造了4艘战列舰和1艘"塞德利茨"号(SMS Seydlitz)战列巡洋舰,该舰是在"毛奇"级的基础上改进而来。

1911年,德国挑起的阿加迪尔危机(第二次摩洛哥危机)终于将英国推向法国一面,英法两国达成协议,当两国面对共同的敌人时,皇家海军将帮助法国保卫其北部和西部的海岸。面对英法结盟,已经是海军元帅的阿尔弗雷德·冯·提尔比茨于1912年提出了海军补充法案并在国会得到通过,这就是著名的《1912年舰队法》。根据计划,在1914年结束前,德国海军将组建一支拥有13艘无畏舰和超无畏舰、5艘战列巡洋舰、22艘前无畏舰、32艘巡洋舰、114艘驱逐舰和30艘潜艇的庞大海上力量。提尔比茨的建议得到了皇帝威廉二世的支持,德国加快了建造大型战舰的规模和速度。针对德国人的海军补充法案,英国海军大臣丘吉尔针锋相对地提出:德国每开工建造1艘主力舰,英国就要建造2艘。就这样,在1912至1913年度的海军预算,英国达到了4408万英镑,德国达到了2201万英镑,分别比1904

▲ 德皇海军"德弗林格尔"号战列巡洋舰

至1905年度本国的海军预算增长了722万英镑和1144万英镑。

1912年，英国一口气开工建造了6艘战列舰和1艘"虎"号战列巡洋舰。德国开工建造了1艘战列舰和2艘"德弗林格尔"级（Derfflinger Class）战列巡洋舰，2艘战列巡洋舰分别是"德弗林格尔"号和"吕佐夫"号。"德弗林格尔"级战列巡洋舰共有8门305毫米主炮，12门150毫米副炮，标准排水量26600吨，航速26.5节。与前辈相比，"德弗林格尔"级战列巡洋舰的火力更强、航速更高，其加厚了装甲并改进和增强了水密舱结构，使得整体防护水平达到了战列舰的水平。

1913年，英国继续保持着大规模主力舰建造，有6艘战列舰开建，而德国只有1艘战列舰和1艘"德弗林格尔"级的"兴登堡"号开建。尽管都是在设计建造火力和速度相结合的战列巡洋舰，但是德国人更重视战舰的防护能力，这使得德国战列巡洋舰在未来的海战中表现出了优秀的生存能力。

1914年，当第一次世界大战爆发时，英国计划建造2艘战列舰（后改为"声望"级战列巡洋舰），德国开工建造2艘战列舰。此时，英国皇家海军共有20艘无畏舰和9艘巡洋舰，德国海军共有14艘无畏舰和4艘巡洋舰。从主力舰总数上看，英国占3:2的优势，战列巡洋舰数量上更是占有2:1的优势，可见德国海军的整体实力明显落于下风。

纵观第一次世界大战爆发前英德两国的海军军备竞赛，英国在保持着总体规模优势的前提下多次达成了武器质量上的飞跃。反观德国，其缺乏长远的海军发展战略，只是一味地跟随英国大量制造战舰。作为一个大陆国家，全力发展海军力量激化了与英国的矛盾，而其庞大的海军不但没有在之后爆发的第一次世界大战中发挥重要作用，反而吞噬了大量的国内资源，并最终成为压垮帝国的最后一根稻草。

英德战列巡洋舰一览表（1914.9）

级别	数量	舰长	排水量	主炮	主装甲带	航速
无敌（英）	3	172.8米	17530吨	8×305毫米火炮	152毫米	25节
不倦（英）	3	179.8米	18800吨	8×305毫米火炮	152毫米	25节
狮（英）	2	213.4米	26690吨	8×343毫米火炮	229毫米	28节
玛丽王后（英）	1	214.4米	27200吨	8×343毫米火炮	229毫米	28节
冯·德·坦恩（德）	1	171.6米	19370吨	8×283毫米火炮	250毫米	24.8节
毛奇（德）	2	186.6米	22616吨	10×280毫米火炮	300毫米	25.5节
塞德利茨（德）	1	200.6米	24988吨	10×280毫米火炮	300毫米	26.5节
德弗林格尔（德）	1（建成）	210.4米	26600吨	8×305毫米火炮	305毫米	26.5节

福克兰之战

当第一次世界大战爆发时，德国海军远东分舰队是德国唯一一支驻扎在本土之外的海军舰队，舰队司令是海军中将玛克西米利安·冯·斯佩（Maximilian von Spee）。战争爆发时，所有隶属于该舰队的军舰都散布在南太平洋各殖民地中，舰队的核心力量是装甲巡洋舰"沙恩霍斯特"号和"格奈森瑙"号，2艘战舰停泊在波纳佩岛附近。

考虑到日本海军和澳大利亚皇家海军力量强于自己，斯佩决定向西绕过南美洲南端的合恩角进入大西洋并伺机返回德国。1914年10月5日，英国截获了远东分舰队的电文，了解到其将前往南美洲的重要情报，海军部立即要求在附近的第4巡洋舰分舰队做好迎击准备。10月18日，赶来增援的战列舰"卡诺珀斯"号随舰队进入位于福克兰群岛的斯坦利港，由于其蒸汽机发生故障，航速只能达到12节。

英国第4巡洋舰分舰队的指挥官是以勇猛著称的海军少将克里斯托弗·克拉多克（Christopher Cradock），他准确地判断出德国远东分舰队会前往智利近海威胁附近的海

▲ 德国海军军官在军官室内共进晚餐

上运输线，于是决定率领速度较快的4艘巡洋舰先行前往东南太平洋搜索敌舰，速度较慢的"卡诺珀斯"号则留在后面提供掩护。10月29日，已经抵达智利瓦尔帕莱索港的英国舰队截获了德国舰队的通讯，这表明远东分舰队距离自己已经很近了，舰队立即出港向北搜索前进。

1914年11月1日16时17分，正在向南航行的德国装甲巡洋舰"沙恩霍斯特"号的瞭望员首先发现了海平面上升起的烟雾并确认那是英国舰队。与德国新锐的2艘装甲巡洋舰和2艘轻巡洋舰相比，英国只有2艘较老的装甲巡洋舰、1艘轻巡洋舰和1艘辅助巡洋舰。在人员上，德国战舰上的水兵都是最优秀的，而英国水兵都是些参战不久、缺乏训练的新兵。尽管处于劣势，但是不明敌情的克拉多克决定主动发起攻击，英国舰队转向南方并向对手靠近。

当太阳最终消失在海平面上，英国战舰的影子在夕阳余晖的映照下非常明显，不过越来越高的海浪影响了战舰上火炮的瞄准与射击。18时34分，德国的"沙恩霍斯特"号在10000米的距离上向英国旗舰"好望角"号开火，他后面的"格奈森瑙"号也跟着开始射击。几乎就在同时，英国舰队开始还击，由于炮手训练不足，再加上观测不良和海浪的影响，英国战舰火炮射击速度很慢而且精度很差。

在有利的情况下，训练有素的德国水兵将自身的战斗力发挥到极致。开战仅5分钟，"沙恩霍斯特"号便击毁了"好望角"号前甲板上的主炮，"格奈森瑙"号的炮弹则在英国装甲巡洋舰"蒙莫斯"号上引起了火灾。跟在装甲巡洋舰之后的轻巡洋舰"格拉斯哥"号目睹了前面的战舰被连续击中，但是其由于火炮口径较小而无法向德国战舰射击。不断被

▲ 德皇海军装甲巡洋舰"沙恩霍斯特"号

▲ 皇家海军"格拉斯哥"号轻巡洋舰

击中的"好望角"号上出现了多处火灾，并在19时23分发生了大爆炸，战舰受损严重在20分钟后停止了前进。19时50分，双方的交战距离缩短至4000米，"沙恩霍斯特"号的炮弹再次引起了"好望角"号的大爆炸，这艘战舰最终在火光中断成两截后消失在海面上。

失去了旗舰和指挥官的英国舰队发生了混乱，而德国舰队向装甲巡洋舰"蒙默斯"号展开围攻。"蒙默斯"号在围攻之下完全失去了抵抗能力，其舰体出现了严重的左倾，即

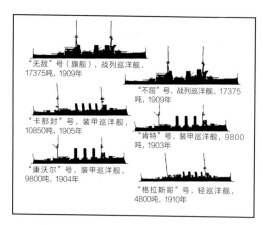

▲ 福克兰之战中皇家海军主力舰艇（海军中将弗雷德里克·多夫顿·斯特迪）

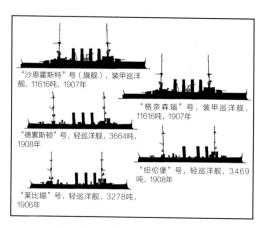

▲ 福克兰之战中德皇海军主力舰艇（海军中将玛克西米利安·冯·斯佩）

便如此这艘战舰也没有投降，其最终在21时18分倾覆。"好望角"号和"蒙默斯"号沉没之后，轻巡洋舰"格拉斯哥"号与辅助巡洋舰"奥特朗托"号成功撤退，这场被称为"科罗内尔角海战"的战斗结束。

在科罗内尔角海战中，英国2艘装甲巡洋舰被击沉，包括克拉多克少将在内的1654人丧生。德国舰队只有3人受伤，战舰轻微受损，取得了一边倒的胜利。

科罗内尔角海战失败的消息传回英国后引起了巨大的震动，皇家海军在百年以来从来没有遭受过这样的失败。与海军的尊严相比，更现实的问题是英国目前在南美洲的海军力量无法与德国远东分舰队相抗衡。就在此时，再次接任第一海军大臣的费舍尔做出决定，与其将分散在大西洋两岸的装甲巡洋舰拼凑起来，不如直接派遣战力强大的战列巡洋舰前去进行围剿。作为提出战列巡洋舰设想的人，费舍尔最为了解这种战舰的性能和用途，其生来就是为了猎杀装甲巡洋舰的。

11月4日，海军部做出决定，派遣大舰队第2战列巡洋舰分舰队的"无敌"号和"不屈"号2艘战列巡洋舰前往南大西洋。对于2艘大型战舰被调走，大舰队指挥官杰利科和战列巡洋舰队指挥官贝蒂当然很不情愿，但是在费舍尔的权威和威望面前，两人都表示服从。被调离大舰队的2艘战列巡洋舰前往位于普利茅斯的德文波特造船厂进行维修，一切准备就绪后的11月11日傍晚出港驶向南大西洋，指挥官是海军中将弗雷德里克·多夫顿·斯特迪（Frederick Doveton Sturdee）。

就在援兵赶来之际，战列舰"卡诺珀斯"号与在科罗内尔角海战中幸存的"奥特朗托"号、"格拉斯哥"号一起撤入福克兰群岛的斯坦利港内。为了加强防御，"卡诺珀斯"号派出70名海军陆战队士兵在多个制高点建立观察哨，战舰本身则拆掉巨大的桅杆隐蔽身份，整个斯坦利港都在期盼着援军的到来。

另一边，在科罗内尔角海战中获胜的德国远东分舰队与几艘友舰汇合之后一路向南杀来，舰队击沉了不少协约国船只。指挥官斯佩决定趁英国海军还没有凝聚力量之前对斯坦利港发动攻击，毕竟这里有大型无线电台和大量的燃料补给储备。远东分舰队于12月

▲ 1914年11月底，德国远东分舰队正在智利附近海域航行，照片是从"德累斯顿"号上拍摄的

1日抵达合恩角，它们并不知道皇家海军的援军正在南下，而日本海军的几艘战舰也从背后合围过来。

凭借着高航速，"无敌"号和"不屈"号在11月26日就抵达巴西并与第5巡洋舰分舰队汇合，战舰在补充煤炭之后继续向南。12月7日早晨，位于斯坦利港内的观察哨突然报告在北方海面上出现了黑烟，难道是德国远东分舰队已经杀来？随着黑烟越来越近，巨大的战舰轮廓已经清晰可见，那是英国战舰，斯坦利港内爆发出一阵阵欢呼声，援军终于到了。进入斯坦利港的舰队开始了紧张的工作，第二天早晨，"无敌"号和"不屈"号开始加煤，"康沃尔"号和"布里斯托尔"号正在检修，"肯特"号正准备出港巡逻。

12月8日上午7时30分，位于东福克兰岛东部灯塔上的瞭望哨发现了海面上的烟雾并确认是德国舰队，民兵立即向斯坦利港内的舰队发出报警。对于英国人来说，德国人来得真不是时候，此时战舰都在加煤维修，并没有做好战斗准备。在斯坦利港外，战列舰"卡诺珀斯"号借助地面瞭望哨提供的数据对越来越近的敌人进行瞄准。9时20分，"卡诺珀斯"号向目标开火，305毫米炮弹飞跃小山之后在距离德国装甲巡洋舰"格奈森瑙"号900米的海面上炸起了两个巨大的水柱。就在此时，"格奈森瑙"号上的枪炮官透过望远镜看到在斯坦利港中有高大的三角桅，这是英国无畏舰和战列巡洋舰特有的标志。"格奈森瑙"号的舰长立即将这一发现报告坐镇后方的斯佩，斯佩认为局势对自己不利，于是命令舰队立即撤退。

看到德国舰队转向撤退，在港外巡逻的巡洋舰"肯特"号追了上去并一直保持着接触距离。经过紧张的准备，斯坦利港内的英国舰队已经做好了出击前的准备工作，首先是"格拉斯哥"号，接着是"无敌"号、"不屈"号等。

上午10时，作为旗舰的"无敌"号桅杆上挂起了"全体追击"的信号旗，两艘高速前进的战列巡洋舰劈开波浪，向前方驶去。面对拥有25节高速的英国战列巡洋舰，德国远东分舰队只能跑出15节的速度向东南方向航行。由于速度过快，2艘战列巡洋舰已经将己方的巡洋舰远远甩在了后面，于是巨大的战舰减速至20节，不过这个速度还是比德国舰队快。眼见跟在身后磨磨蹭蹭的巡洋舰迟迟赶不上来，斯特迪命令再次提速至25节，他准备以2艘巨舰先与敌人交战。

12时55分，处于最前方位置上的"不屈"号向16000米外的德国轻巡洋舰"莱比锡"号（SMS Leipzig）开火，"无敌"号在1分钟后也开火射击。当炮声响起之后，巨大的水柱立即在德国战舰周围炸开，形势对德国人非常不利。考虑到自身凶多吉少，为了减少损失、保存实力，斯佩命令装甲巡洋舰尽量拖住对手，速度较快的轻巡洋舰则找机会逃离。

两艘德国装甲巡洋舰转向东北，3艘轻巡洋舰则向南转向。面对对手阵型的变化，斯特迪命令战列巡洋舰对德国装甲巡洋舰进行追击。第5巡洋舰分舰队的2艘装甲巡洋舰和1艘轻巡洋舰对逃跑的3艘轻巡洋舰进行追击。德国装甲巡洋舰在调整航向之后于13时30分开火，14分钟之后，"无敌"号被击中。考虑到德国人的射击精度较高，斯特迪指挥舰队与对手拉开距离，当距离达到15000米之后，双方暂时停止了交火。

利用距离拉开的机会，斯佩指挥装甲巡洋舰向南逃跑，不过后面的英国战列巡洋舰紧追不舍。14时50分，与目标距离接近至15000米以内的英国战列巡洋舰开始对目标开火。随着双方距离的拉近，德国战舰开始还击，于是斯特迪再次拉开了同德国人的距离。在持续的战斗中，英国战列巡洋舰上具有射程和威力优势的305毫米主炮不断击中目标，2艘德国装甲巡洋舰早已经是伤痕累累、遍体鳞伤。

15时27分，德国舰队突然掉头，原来斯佩想利用仍然完好的右舷火炮与敌人交战。由于这次掉头，双方的距离在短时间内拉近至11000米，英国战舰发射的炮弹越来越多地打在德国装甲巡洋舰上，战舰开始燃起大火。面对绝境，斯佩要求跟在他后面的"格奈森瑙"号伺机逃脱，而他指挥"沙恩霍斯特"号向英国舰队冲去。在对手炮火的持续打击之下，"沙恩霍斯特"号最终在16时17分沉没，伯爵与全舰860名官兵一起沉入海底。

"沙恩霍斯特"号沉没之后，见逃跑无望的"格奈森瑙"号也选择冲向对手，他现在面对的是2艘战列巡洋舰和姗姗来迟的装甲巡洋舰"卡那封"号。尽管对对手造成了命中，但是在铺天盖地的火力打击之下，"格奈森瑙"号不久就失去了抵抗能力，其舰长最终不得不下令弃舰自沉。15时45分，"格奈森

▲ 1914年的斯坦利港，位于福克兰群岛

"格拉斯哥"号巡洋舰上的官兵和一头被叫作"提尔比茨"的猪

▲ 德皇海军"莱比锡"号轻巡洋舰

瑙"号倾覆，落水的人员中只有200人获救。

就在2艘英国战列巡洋舰与2艘德国装甲巡洋舰交战时，在南方的海面上，英德双方展开了一场巡洋舰之间的追击战。英国轻巡洋舰"格拉斯哥"号紧跟在德国轻巡洋舰之后，其于14时45分开始朝"莱比锡"号开火，很快对手还击的炮弹就击中了自己。

看到对手越来越近，"莱比锡"号前面的2艘德舰决定分头逃跑，其中"德累斯顿"号转向西南，"纽伦堡"号转向东南。面对分头逃跑的德舰，赶上来的2艘英国装甲巡洋舰也开始分头追击。正在与"莱比锡"号交战的"格拉斯哥"号得到了装甲巡洋舰"康沃尔"号的支援，2艘战舰最终将"莱比锡"号击沉。另一边，德国"纽伦堡"号轻巡洋舰遭到英国装甲巡洋舰"肯特"号的攻击。由于锅炉状态不佳，本来具有速度优势的"纽伦堡"号渐渐被"肯特"号追上，尽管其发射的炮弹不

▲ "肯特"号在战斗中受损的烟囱

▲ 出港追击德国远东分舰队的英国舰队，不远处是一艘"无敌"级战列舰巡洋舰和一艘装甲巡洋舰

断命中"肯特"号，但这对于装甲厚重的"肯特"号来说算不了什么。经过激烈的交火，"纽伦堡"号在19时27分沉没，全舰仅有12人生还。

除了被击沉的战舰，远东分舰队还有2艘加煤船被击沉，不过"德累斯顿"号幸运逃脱。整场福克兰之战最终以皇家海军的全面胜利而结束，英国以10死19伤的代价击沉了德国2艘装甲巡洋舰、2艘轻巡洋舰及2艘加煤船，德国方面共有1871人阵亡，215人被俘，阵亡者中就包括了斯佩伯爵。

在整场战斗中，"无敌"号一共发射了513枚305毫米炮弹，"不屈"号则发射了661枚305毫米炮弹。"无敌"号被12枚210毫米炮弹、6枚150毫米炮弹及一些小口径炮弹击中，只有1人轻伤；"不屈"号被3枚炮弹击中，造成了1人阵亡，3人轻伤。

福克兰之战是对战列巡洋舰这种将火力与速度结合起来的大型战舰最好的检验，凭借强大的火力，其能够击穿装甲巡洋舰的装

▲ 德皇海军"格奈森瑙"号大型巡洋舰

甲，速度优势则能够任意决定什么时候进入战斗，什么时候结束战斗。福克兰之战仿佛是专门为战列巡洋舰安排的表演，2艘战列巡洋舰跨越万里寻衅强敌，在战斗中发挥了决定性的作用，性能上的优势更是展现得淋漓尽致。福克兰之战证明了战列巡洋舰的价值所在，这种高速驰骋在大洋上的巨舰真正成为装甲巡洋舰的克星。

▲ 皇家海军"肯特"号装甲巡洋舰

▲ 反映"沙恩霍斯特"号被击沉的画作,旁边是"格奈森瑙"号

▲ 德皇海军"德累斯顿"号轻巡洋舰

▲ 福克兰之战后，返回基地的皇家海军官兵受到战友的欢迎

赫尔戈兰湾海战

赫尔戈兰岛位于北海南部，距离德国本土约70千米，它由两部分组成，其中上岛下半部有50米的峭壁，北面则是地势平缓的沙滩。赫尔戈兰岛曾长期被英国占领，后来德国在1870年以其在非洲的领地交换了该岛。获得赫尔戈兰岛的德国认识到其具有的重要战略价值，于是在岛上建立了海军基地，可以供轻巡洋舰停泊。

第一次世界大战爆发之后，德国海军的轻型舰艇开始在赫尔戈兰岛周围的赫尔戈兰湾进行不间断的巡逻，偶尔还会与英国舰艇遭遇。为了在开战伊始打击德国人并振奋国民的士气，英国皇家海军计划在1914年8月28日派遣3艘潜艇引诱在赫尔戈兰湾巡逻的德国舰艇，哈里奇舰队的2艘巡洋舰和31艘驱逐舰则埋伏在后方准备给对手致命一击。为了掩护执行任务的友军，海军部还计划派出2艘战列巡洋舰及4艘驱逐舰组成K舰队在赫尔戈兰岛西北方担任远程掩护。

大舰队指挥官杰利科上将在询问了海军部之后派出了由贝蒂少将指挥的第1战列舰巡洋分舰队，分舰队中有"狮"号、"长公主"号和"玛丽王后"号3艘战列巡洋舰。舰队于27日早晨5时出港，一同前往的还有由古迪纳夫准将率领的第1轻巡洋舰分舰队。由于通讯上的失误，担任突击的轻型舰艇与担任掩护的战列巡洋舰和轻巡洋舰并不知道对方的存在，直到双方相遇。

28日早晨5时，经过24小时的航行，第1战列巡洋舰分舰队与K舰队汇合，除了贝蒂手中的3艘战列巡洋舰，"无敌"号和"新西兰"号也加入进来。此时作为前锋的哈里奇舰队已经接近赫尔戈兰岛，充当诱饵的潜艇部队也已经就位。

6时，开始展开巡逻的德国G-194号驱逐舰与英国潜艇遭遇，驱逐舰立即将情况报告上级。7时10分，德国第5雷击大队前往事发海域搜索英国潜艇。就在援军出发之前，G-194号驱逐舰在赫尔戈兰湾西部与4艘英国驱逐舰遭遇，G-194号立即撤退，但是遭到对手的追击。接到发现英国舰队的情报，多艘德国轻巡洋舰立即出发展开救援，而在G-194号附近的G-196号和V-187号更早到达并与英国驱逐舰交火。

除了出发救援的轻巡洋舰，德国第5雷击大队也出发搜寻潜艇，它们很快便与英国驱逐舰相遇，双方随即展开了混战，战斗中德国的V-187号被击沉。正当轻型舰队乱斗之时，德国轻巡洋舰"斯德丁"号和"弗劳恩洛布"

▲ 1914年8月28日，在赫尔戈兰湾高速航行的"云雀"号驱逐舰

▲ "美因茨"号沉没的场景

号赶到，英国驱逐舰见状立即撤退。应战德国轻巡洋舰的是英国轻巡洋舰"林仙"号和侦查巡洋舰"无恐"号，经过15分钟的激烈战斗，德国战舰被打得遍体鳞伤只好撤退。

德国人在最初的较量中落败后，做好战斗准备的巡洋舰们开始向战场靠拢，位于威廉港内的希佩尔也接到了出击命令。10时55分，德国轻巡洋舰"斯特拉斯堡"号发现英国舰队，其很快被英国驱逐舰击退。11时30分，"美因茨"号轻巡洋舰出现在英国舰队西面，其立即与多艘英国驱逐舰交战，尽管击伤了多艘敌舰，但是"美因茨"号最终被鱼雷击中沉没。"美因茨"号沉没之时，陆续抵达的德国巡洋舰给向西撤退中的英国舰队制造了很多麻烦。

正当英国舰队遭到来自德国巡洋舰的袭扰时，12时15分，西面的雾气中出现了一排巨大的身影，它们是由贝蒂指挥的战列巡洋舰，这些战舰依次为"狮"号、"玛丽王后"号、"长公主"号、"无敌"号及"新西兰"号，此外还有为这些战舰提供掩护的小型战舰。为了尽快进入战场，贝蒂命令舰队全速前进，航速较快的"狮"号和"玛丽王后"号、"长公主"号达到了28节的高速，航速只有25节的"无敌"号和"新西兰"号很快被甩到了后面。

12时37分，"狮"号首先向目标开火，其他战舰也纷纷进行射击，343毫米和305毫米主炮发出震天的巨响。发现英国战列巡洋舰逼近，"斯特拉斯堡"号和"斯德丁"号立即躲入雾气，反应慢了半拍的"科隆"号就没有这样的好运气了，由于最高航速只有26.8节，它被对手死死咬住。英国战列巡洋舰接近到距离其只有5500米处一顿猛轰，将其打成了一堆废铁。

▲ 德皇海军"斯德丁"号轻巡洋舰

就在英国战舰全力攻击"科隆"号时，排水量3000吨的巡洋舰"阿里阿德涅"号出现在"狮"号前方，他的出现吸引了英国人的注意力。英国舰队调转炮口对"阿里阿德涅"号进行攻击，后者立即陷入一片火海之中。13时10分，持续遭遇炮击的"阿里阿德涅"号突然发现英国舰队开始掉头，原来是贝蒂担心德国主力舰队赶来增援，于是命令所有英国战舰返航。

在返航途中，英国舰队又一次遇到了漂浮在海面上的"科隆"号，此时这艘战舰还能够还击。面对顽强的敌人，"狮"号用几轮齐射将其彻底摧毁。"科隆"号在中午13时55分沉入海底，"阿里阿德涅"号最终于15时25分沉没。14时10分，德国战列巡洋舰"毛奇"号和"冯·德·坦恩"号终于出港，不过它们在匆匆搜索一圈之后便返回了。

赫尔戈兰湾海战以英国皇家海军的完胜告终，在海战中英国虽然有多艘舰艇受创，35人阵亡，55人受伤，但是却击沉了3艘巡洋舰和1艘驱逐舰，德国方面包括1名海军少将在内共712人阵亡，149人受伤，还有336人成了俘虏。在战争爆发仅仅20多天时，皇家海军以一场漂亮的胜利振奋了英国和法国的士气，使人们在陆战持续失利时仍然能够看到希望。对于德国来讲，海战打破了其原来的部署，为了减少轻型舰艇的损失，德国海军只好扩大赫尔戈兰湾水雷区面积以减少轻型舰艇巡逻的机会。作为第一次世界大战爆发之后英德双方的第一场大规模海战，皇家海军以一记强有力的重拳表明了其对海洋的绝对控制力。

多格尔沙洲之战

1914年底，面对英国大舰队的封锁，德国海军试图引诱对方的部分兵力出击并加以歼灭，以此来削弱皇家海军数量上的优势。为了达到这一目的，德国派出希佩尔指挥的侦察舰队的战列巡洋舰对英国东南沿海城市进行炮击。在多次成功的袭击之后，德国于1915年初将目光投向了位于多格尔沙洲内的英国渔船。

多格尔沙洲位于英国与丹麦之间，是一片由沙堆形成的浅滩，因为盛产鲽鱼、鳕鱼而闻名于世。作为重要的经济海域，多格尔沙洲聚集了大量的英国渔船并有轻型舰艇提供保护，这些舰船成了绝佳的袭击目标。根据空中侦察的报告，德国方面决定派出希佩尔指挥的第1、第2侦察舰队，包括3艘战列巡洋舰、1艘装甲巡洋舰、4艘轻巡洋舰及19艘驱逐舰。德国舰队打算依仗速度上的优势，采取打了就跑的战术，消灭遇到的英国船只和战舰。

德国人不知道的是，他们的密码早已被破译，英国方面对其一举一动都了如指掌。得到希佩尔舰队即将出击的消息，英国海军部在商议之后决定对敌人进行围歼。为了吃掉这条大鱼，英国方面调动了停泊在罗塞斯港内由贝蒂指挥的第1、第2战列巡洋舰分舰队和由古迪纳夫准将指挥的第一巡洋舰分舰队，停泊在哈里奇的哈里奇舰队，整个舰队有5艘战列巡洋舰、7艘巡洋舰、34艘驱逐舰，此外还有大舰队作为后援。

1月24日上午7时，来自罗塞斯和哈里奇的两支英国舰队在多格尔沙洲汇合。15分钟后，哈里奇舰队麾下的第1驱逐舰队发现了德国巡洋舰"科尔堡"号。英国巡洋舰"曙光女神"号在5000米的距离上向"科尔堡"号开火，"科尔堡"号立即还击，双方都击中了目标。此时位于后面的贝蒂看到了远处海面上炮火的闪光，他立即下令战列巡洋舰加速至23节。不久后，英国战舰又发现了更多的目标，表明德国舰队主力就在前方。

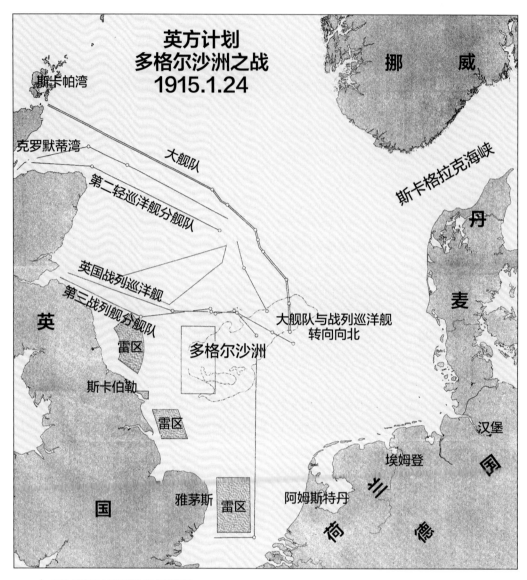

▲ 多格尔沙洲之战的英方计划线路图

就在英国人摸清德国舰队位置的同时，位于前锋位置的德国轻巡洋舰"科尔堡"号根据天际线上的烟迹判读出了英国舰队的实力，他向希佩尔报告发现了8艘大型战舰。得到情报的希佩尔紧张了起来，他明白目前形势对自己非常不利，英国人拥有明显的数量优势。为了不至于被英国人歼灭，希佩尔命令舰队转向东南加速撤退。

看到德国舰队开始撤退，希佩尔命令舰队速度提高至25节，其他轻型舰艇也参与到追击之中。面对此情况，位于德国舰队末尾的大型巡洋舰"布吕歇尔"号开始以210毫米主炮进行射击，企图打乱英国驱逐舰的追击。

8时23分，英国舰队的速度达到了26节，这已经超过了"新西兰"号和"不挠"号2艘战舰的设计航速，不过它们还是奋力跟随。

▲ 皇家海军"曙光女神"号轻巡洋舰

随着航速进一步提高至28节，"新西兰"号和"不挠"号终于慢了下来，2艘战舰与旗舰"狮"号之间的距离越来越大。面对越追越近的目标，贝蒂下令航速增加至29节，不过这个速度任何一艘战列巡洋舰都是无法达到的，他这么做是为了鼓舞士气！

8时52分，双方的距离拉近至18000米，贝蒂命令打头的"狮"号向位于德国舰队末尾的"布吕歇尔"号射击。作为一艘大型巡洋舰，安装有往复式蒸汽机的"布吕歇尔"号最高航速只有24.8节，他明显拖了德国舰队的后腿。"狮"号的"Q"炮塔主炮开始高高扬起，其在最大射程上向"布吕歇尔"号开火，

尽管这个距离超过了英国海军主力舰训练时的最大射击距离。"狮"号的343毫米主炮以缓慢的速度一边测算距离一边向目标射击，巨大的水柱就像是死神的脚步一样一步步向"布吕歇尔"号靠近。

看着弹着点距离目标越来越近，贝蒂在9时5分向各舰发出了"接敌开火"的信号，他身后的其他战舰展开了梯形编队，所有战舰主炮都高高扬起，准备进行威力空前的主炮齐射。按照火力分配，"狮"号瞄准"德弗林格尔"号，"虎"号和"长公主"号瞄准"布吕歇尔"号。

遭到对手攻击的德国舰队于9时9分开始还击，战列巡洋舰"德弗林格尔"号首先开

▲ 1915年1月24日，当旗舰"狮"号被重创之后，贝蒂换乘驱逐舰"进攻"号，照片中他正站在驱逐舰的舰桥上

▲ 1915年1月24日，多格尔沙洲之战结束后，"狮"号的军官在战舰上一起合影

火，其他德舰也纷纷开火。9时12分，"狮"号发射的一枚343毫米炮弹击中了"布吕歇尔"号，之后"塞德利茨"号和"德弗林格尔"号也被击中。由于遭到对方的集中攻击，"狮"号先后被2枚炮弹命中：一枚命中水线位置造成一个煤舱被淹，一枚击中其"A"炮塔。

由于受到战舰产生煤烟的影响，进行追击的英国战列巡洋舰无法一直对同一个目标进行瞄准，战舰经常更换目标。为了保证火力的平均，贝蒂发出了"与相对位置敌舰交战"的信号。尽管收到了信号，但是"虎"号的舰长佩里上校以为己方的"不挠"号跟在后面，于是其与"狮"号一起瞄准了对方的旗舰"塞德利茨"号，而他本来应该瞄准"毛奇"号的。

9时40分，"狮"号发射的一枚343毫米炮弹击穿了"塞德利茨"号战列巡洋舰的尾炮塔，产生的大火蔓延到其他的炮塔共造成159人死亡。来自"狮"号的沉重一击使得"塞德利茨"号舰艉的两座炮塔丧失战斗力，舰体进水达600吨，不过战舰的航速并没有降低。坐在旗舰上的希佩尔立即下令所有战舰向英国舰队旗舰"狮"号射击。

航行中的"狮"号周围不断有水柱升起，10时01分，"塞德利茨"号发射的一枚283毫米炮弹在海面上反弹之后撕开了"狮"号后部的装甲，好在炮弹并没有爆炸。尽管如此，炮弹还是留下一个0.6×0.46米的洞导致海水淹没了配电室，三台发电机停止工作。10时18分，"德弗林格尔"号发射的2枚305毫米炮弹击中了"狮"号左舷水线以下的部分，其中一枚炮弹撕开前部127毫米厚的装甲并留下了一个0.76×0.61米的洞。海水从洞中灌入，淹没了鱼雷舱，炮弹爆炸的碎片打坏了绞盘机。另一枚炮弹击中舰艉，爆炸威力撕开了装甲，海水淹没了煤舱。当"狮"号的水线下同时被击中

后，由于爆炸力量过大，舰长厄恩利·查特菲尔德以为有鱼雷击中了战舰。为了减少被击中的次数，"狮"号开始进行曲线航行。

10时30分，"长公主"号发射的2枚炮弹终于重创了"布吕歇尔"号。一枚炮弹击中了两舷炮塔之间的弹药舱运输通道并且点燃了堆积在此的大约40枚210毫米炮弹，它们发生了连环爆炸，整个战舰立即被包裹在一片火海之中。另一枚炮弹击中了"布吕歇尔"号的机舱，锅炉也出现损坏，战舰的速度顿时慢了下来。看到战舰的情况不妙，"布吕歇尔"号的舰长艾德曼中校命令挂起"全部主机无法操作"的信号旗，他做出了牺牲自己保全整个舰队的决定。

就在"布吕歇尔"号被重创不久的10时41分，一枚283毫米炮弹击中了"狮"号的"A"炮塔，爆炸引起了炮塔内的火灾，但是立即就被扑灭了。之后又有多枚炮弹击中"狮"号，只有一枚对战舰造成了杀伤。到10时52分，"狮"号已经被14枚不同口径的炮弹击中，战舰进水达3000吨，舰体出现了10°的倾斜。过了一会儿，一台发动机停车，"狮"号的航速下降至15节。

面对此时的战场形势，贝蒂发出"保持所有火炮向敌舰接近"的信号，他本意是让落后的"不挠"号解决"布吕歇尔"号，自己带领其他4艘战舰继续追击德国舰队。由于烟雾造成能见度不佳，"新西兰"号上的穆尔误读为"向敌舰靠近"，而且"虎"号也是这么理解的。

速度渐渐慢下来的"狮"号很快被后面的战舰超越，希佩尔希望这些巨舰能够完成消灭敌人的使命。追击中的"虎"号很快被6枚炮弹击中，大部分都是280毫米炮弹。其中一枚炮弹击穿了"Q"炮塔，爆炸和横飞的弹

片击毁了炮闩和旋转机械，炮塔内共有10人死亡、11人受伤，整座炮塔失去战斗力。其他的炮弹对"虎"号造成的破坏就要小得多，不过这些炮弹一度引发火灾并迫使战舰离开战列直到火被扑灭为止。此时"狮"号上升起了"攻击敌人后侧"的信号旗，"虎"号、"不饶"号和"不挠"号舰长都认为这个命令是要攻击位于德国舰队最后一位的"布吕歇尔"号，于是战舰开始转向朝目标驶去。看到舰队没有明白自己的命令，"狮"号上的贝蒂挂出了"更紧地咬住敌人"的信号旗，但是其他战舰已经看不到了。

看着英国舰队开始转向，希佩尔如同获得了新生，他只能忍痛放弃"布吕歇尔"号带领其他战舰高速撤退。可怜的"布吕歇尔"号

看到友军撤退，只能孤零零地独自承受来自对手的围攻。英国的战列巡洋舰、巡洋舰及驱逐舰向"布吕歇尔"号发出怒吼，不断有炮弹和鱼雷击中这艘伤痕累累的战舰，但是顽强的他一直在还击，一枚主炮炮弹还重创了英国驱逐舰"流星"号。

中午12时10分，无力回天的"布吕歇尔"号开始倾覆，很快舰底露出了水面。3分钟后这艘战舰消失在海面上，周围的英国战舰立即放下小艇对落水的德国水兵展开营救。就在此时，几架德国飞机出现在天空中并对英国舰队发起攻击，营救工作不得不暂停。

就在英国舰队围攻"布吕歇尔"号的时候，贝蒂搭乘"进攻"号驱逐舰来到"长公主"号，他重新升起了自己的将旗并立即下令

▲ 正在倾覆的"布吕歇尔"号大型巡洋舰，船员们正在准备跳入海中

对撤退中的德国舰队继续追击。由于围攻"布吕歇尔"号耽误了20分钟，此时德国舰队已经逃得很远了，就算英国舰队全速追击也要两个小时才能追上。考虑到德国公海舰队的战列舰可能已经北上增援，贝蒂于12时45分在愤懑中下令返航。舰队很快与受损的"狮"号汇合，但是后者在14时30分时航速下降至8节，"不倦"号得到命令将其拖至罗塞斯港。

整个多格尔沙洲之战中英国有多艘战舰受损，德国的"布吕歇尔"号装甲巡洋舰被击沉，英国方面只有不足百人伤亡，德国方面的伤亡人数却多达1034人。尽管英国再次取得了海战的胜利，但是由于没有及时对逃敌进行追击，海军方面对有关责任人进行追责，"新西兰"号的舰长穆尔首当其冲。贝蒂、费舍尔、丘吉尔均认为穆尔负有责任，不久之后他就被调往加纳利群岛担任第9巡洋分舰队的指挥官。

德国方面由于损失了一艘大型巡洋舰，公海舰队司令冯·英格诺尔被德皇撤职，希佩尔本人由于在战斗中处置得当而没有受到责罚。战斗之后，德国根据战舰在海战中遭受的损伤对主力舰的弹药保管和传送系统进行了改造，包括在扬弹机通道中设立防火门，发射药装入专用的容器中等等。反观英国，战斗的胜利掩盖了战舰设计上的问题，弹药舱存在的问题并没有得到应有的重视。在之后发生的日德兰海战中，英国人将为自己的疏忽付出3艘战列巡洋舰的沉重代价，而德国人的认真严谨最终收获了回报。

"虎"级（Tiger Class）

1906至1911年，英国相继开工建造了9艘战列巡洋舰，其中的3艘"无敌"级和3艘"不倦"级安装了305毫米主炮，2艘"狮"级和"玛丽王后"号安装了更大口径的343毫米主炮。当"玛丽王后"号开工建造之后，英国开始将第10艘战列巡洋舰的建造提上日程。

英国战列巡洋舰的设计一直都会借鉴同时期战列舰的设计，于是新战列巡洋舰在继承"玛丽王后"号整体结构的同时又吸取了"铁公爵"级战列舰的设计。4艘"铁公爵"级战列舰在1911年设计完成，其最大的特点便是将之前主力舰上的102毫米副炮提升至152毫米，这是为了对付越来越具威胁的驱逐舰和鱼雷艇。

在新型战列巡洋舰的设计上，设计部门拿出了多套方案，其中的A和A1设计方案将四座主炮塔前后两两紧贴布局，舰体宽度增加，侧舷装甲高度和厚度增加，但是152毫米炮的射界受到限制，特别是舰艏和舰艉；相比较A和A1方案，C方案将位于舰艉的两座主炮塔之间的距离拉开，这样一来敌人对其进行射击时不得不分散瞄准，而且炮塔之间的距离较远避免了被一枚炮弹击中之后两座炮塔同时失去战斗力的窘境。

在认真研究了不同的设计方案之后，海军大臣提出以A1方案设计为基础，采用C方案的主炮布局，扩大最前方152毫米炮的射界同时在甲板以上再增加一对152毫米炮炮郭。1911年8月14日，海军部造舰局总监菲利普·沃茨爵士将修改之后代号为A2的方案递交海军部。4天后，A2方案得到了海军部委员会的批准，但是本该完成设计的方案却因为丘吉尔入主海军部而被再次修改。

1911年10月25日，温斯顿·丘吉尔就任英国海军大臣，他在看过新战列巡洋舰的设计方案之后拜访了前任海军大臣费舍尔。在与费舍尔的交谈中，丘吉尔深受启发，他们两人都将战舰的速度放在重要的位置上，而动力强劲的燃油锅炉可以很好地满足这一要求。结束了对费舍尔的拜访，丘吉尔立即给新战列巡洋舰的审计官发了一份备忘录，询问是否能够在设计中采用燃油锅炉和"铁公爵"级计划安装的大功率蒸汽轮机。拿到海军大臣的备忘录后，设计人员根据要求在3天时间内拿出了A2a和A2b两套方案：A2a方案中战舰的总功率达到了100000马力，设计航速达到29.5节。由于新的蒸汽轮机总重量增加了100吨，其吃水达到了8.63米，排水量达到了28300吨；A2b方案将战舰的总功率进一步提高至108000马力，航速达到30节，其吃水达到8.68米，排水量达28490吨。

海军部拿到最新的设计方案之后，计划将战舰的燃油装载量增加到3800吨、燃煤装载量增加到3340吨。在设计方案确定之前，设计师对战舰又进行了两处修改：第一是将烟囱高度加高了1.52米，这样可以避免煤烟对观测射击产生的干扰；第二是在舰底横向排列的舱室中增加自由液面水，这些液面水可以减少舰体的横摆幅度，保持舰体的稳定性。在经过不间断的讨论和修改之后，新战列巡洋舰的招标书终于在1911年12月19日下发至10家造船厂，"虎"级战列巡洋舰就这样诞生了。

"虎"级尽管是在"玛丽王后"级基础上设计的，但是两者的布局还是有明显的不同。"虎"级采用了长艏楼船外形，高大的舰艏微微前倾，舰体细长，采用了上下两层甲板布局。前两座主炮塔之后是高大的舰桥，舰桥与后面耸立的三角主桅结合在一起，主桅之后有三根高大的烟囱，再后面是两座炮塔。"虎"级舰长214.6米，舰宽27.6米，吃水9.9米，标准排水量达到29000吨，满载排水量33790吨。从舰体的尺寸和排水量上看，"虎"级都要略大于"玛丽王后"级。

在武器系统上，"虎"级安装了与"玛丽王后"级相同的主炮，但副炮的口径扩大了。"虎"级安装有8门343毫米45倍口径的Mark V火炮，这些主炮安装在四座双联装炮塔中，所有炮塔都布置在战舰的中轴线上。"A""B"两座炮塔以背负式安装在舰桥前面，"Q"炮塔则安装在三根烟囱之后，而不是像"玛丽王后"级那样安装在前两根烟囱和第三根烟囱之间。"Q"炮塔安装位置的变化赋予了火炮更大的射界，其与"A"炮塔位于同一水平面上。"Y"炮塔位于舰艉二层甲板之上，距离"Q"炮塔较远。"虎"级上的343毫米主炮的俯仰角在-5° ~+20°之间，在平日的训练中其主炮最大仰角被限制在15° 21′以内。当以20°进行射击时，343毫米主炮发射穿甲弹的最大射程为21780米，其发射的穿甲弹重566千克，炮口初速为760米/秒，射速为2发/分钟。"玛丽王后"级的每门343毫米主炮备弹130枚，全舰共运载有1040枚炮弹及发射药。"虎"级的副炮为12门152毫米Mk VII速射炮。与英国之前建造的9艘战列巡洋舰相比，"虎"级第一次安装了更大口径、更强威力的152毫米炮，主要用于对付威胁越来越大的驱逐舰和鱼雷艇。152毫米炮中有10门以5对的形式安装在艏楼两侧，其中向前的4对在舰桥至第3根烟囱两侧，向后的1对在"Q"炮塔之后。此外，在第1根烟囱所在的上层建筑两侧还有一对向前的152毫米炮，其前下方便是位于艏楼内的第1对152毫米炮。152毫米炮的俯仰角在-7° ~+14°之间，当以14°进行射击时，最大射程为11200米，其发射的炮弹重45千克，炮口初速为840米/秒，每门火炮备弹120枚。在防空武器方面，"虎"级安装了2门76毫米防空炮，位于高脚架上。76毫米防空炮发射5.7千克炮弹，其炮口初速为794米/秒，最大射高7000米。除了火炮，

"虎"级上有4具533毫米鱼雷发射管，其中2具位于"A"炮塔之下舰体两侧的水线以下，另外2具位于"Y"炮塔之下舰体两侧的水线以下，战舰上共装载了20枚鱼雷，每枚鱼雷中装有181千克TNT炸药，以45节前进时射程达到4100米，以29节前进时射程达到9830米。

在"虎"级开始建造时，其前桅、鱼雷指挥塔、"B"和"Q"炮塔上都安装了2.7米的FQ-2测距仪，测距仪获得的数据会传给德雷尔Mk4火控平台和德雷尔—埃尔芬斯通射击钟。德雷尔Mk4火控平台位于舰体内水线之下，其通过输入大量关于目标和自身的航向、速度等数据，参考风向等因素，估算出炮弹的落点。根据火控平台得到的数据，炮术军官会指挥各炮塔对目标进行射击。除了引导主炮进行射击的火控系统，"虎"级上还有一套用于引导副炮进行射击的杜梅里克火控系统。随着第一次世界大战的临近，战舰火控系统取得了突破性的进步，电力的引入使得信息传递和转换更快，炮塔可以依靠电力进行转动，主炮也可以根据指示对目标进行瞄准。第一次世界大战爆发之后的1915年，"虎"号上的火控系统开始接受升级改造，包括在"A""Q"炮塔内安装7.6米测距仪，在"X"炮塔、指挥塔顶部及鱼雷指挥塔上安装4.6米测距仪，在主桅顶上安装3.7米测距仪，同时主桅上还安装了引导高射炮射击的2米测距仪。

"虎"级的装甲采用了克虏伯渗碳硬化装甲钢板，其侧舷主装甲带装甲厚229毫米，主装甲带向前和向后的装甲厚度为102毫米，但是没有达到舰艏和舰艉。"虎"级的主装甲带向下延伸至水线以下0.9至0.7米。在主装甲带之下"A"至"B"炮塔部分安装有高1.14米、厚76毫米的装甲带，这是为了保护两座炮塔集中布局的弹药舱，此设计来源于英国为日本设计的"金刚"级战列巡洋舰。与"玛丽王后"级相同，"虎"级的主装甲带之上有厚达152毫米的装甲带与装甲甲板相连，不过这部分装甲带前部厚度为127毫米。与之前的战列巡洋舰不同，"虎"级的甲板之上、舰楼中部两侧安装有152毫米装甲带，这部分装甲的作用是保护位于舰楼中的10门152毫米副炮。主装甲带前后有厚102毫米的横向装甲隔壁连接，这形成了一个装甲盒子。"虎"级的甲板由高强度的装甲钢构成，其厚度在25至38毫米之间。"虎"级的炮塔装甲较厚，其正面装甲厚229毫米，两侧的装甲厚83毫米，经过钢筋加强的顶部装甲厚64毫米，基座装甲厚229毫米，基座之下装甲厚度由203毫米降至76毫米。位于舰桥下方的指挥塔是全舰装甲防护最强的地方，最大装甲厚度达到了254毫米，顶部和底部装甲厚76毫米，其与战舰下方相连的通信筒装甲厚度为102至76毫米。位于后方的鱼雷指挥塔周围装甲厚152毫米，顶部厚76毫米；防鱼雷隔壁装甲厚38至64毫米。日德兰海战后，鉴于战斗中皇家海军战列巡洋舰暴露出来的问题，"虎"级增加了300吨的装甲，主要是增加了弹药舱和轮机舱顶部的装甲甲板厚度并将舰楼中的152毫米副炮隔开。

"虎"级具有强大的动力，其采用四轴四桨推进，共装有4台布朗—柯蒂斯直驱蒸汽轮机，4台蒸汽轮机被一道中纵隔壁分为2个轮机舱，每个轮机舱后面有一个冷凝器舱。4台蒸汽轮机中两侧为2台高压轮机，中间为2台低压轮机，轮机通过螺旋桨轴与直径为4.11米的三叶螺旋桨相连。"虎"级上共安装有39座亚罗水管燃油蒸汽锅炉，这些锅炉分布在5个锅炉舱中，其中前面的锅炉舱中有7座锅炉，后面的4个锅炉舱中各有8座锅炉。新型燃油锅炉相比较老式燃煤锅炉拥有更强大的动力，其蒸汽轮机设计功率达到85000马力，航速28节。在海试中，"虎"号的功率一度达到了104635马力，航速超过28节。"虎"级能够装载3900吨燃油和3390吨煤炭，燃料总装载量达7250吨。以24节航行时，"虎"号一天将消耗1265吨燃料，在经济航速下航程达到3300海里。

1912年6月20日，"虎"级的"虎"号战列巡洋舰在约翰·布朗公司位于克莱德班克的造船厂开工建造，于1914年建成服役。"虎"号建成服役时，第一次世界大战已经爆发，他的第一个任务便是在夜间穿过英吉利海峡。服役后的"虎"号加入第1战列巡洋舰分舰队，其与友舰停泊在福斯湾，对德国舰队进行监视。

1915年1月24日，"虎"号参加了多格尔沙洲之战，其在战斗中的表现并不让人满意，只有1枚炮弹击中了敌舰。5月，"虎"号参加了对德国飞艇仓库的炮击行动，之后其一直跟随第1战列巡洋舰分舰队进行海上训练和巡逻。

1916年5月30日，著名的日德兰海战爆发，"虎"号跟随第1战列巡洋舰分舰队出战。5月31日下午，英德两国的战列巡洋舰交火，"虎"号的目标是"毛奇"号。与对手相比，"虎"号的射击命中率并不高，被德国战舰发射的炮弹多次命中。在海战中，"虎"号先后目睹了"玛丽王后"号和"无敌"号战列巡洋舰的沉没，其自身受损也比较严重。

1916年8月，伤愈归队的"虎"号随舰队出航拦截炮击英国东部城市的德国舰队，但行动因为担心遭到对方潜艇的袭击而终止。1917年11月，在获悉对方在赫尔戈兰湾进行扫雷的消息后，英国海军派出舰队对德国扫雷舰队进行袭击，"虎"号在行动中担任掩护。海战中"虎"号没有直接参加战斗，英国海军仅击沉了一艘德国战舰。

第一次世界大战结束后，"虎"号被调往大西洋舰队，之后其根据《华盛顿海军条约》的规定成为一艘训练舰。1929年，由于"胡德"号接受改造，"虎"号得以再次服役。不过到了1931年，根据《伦敦海军条约》的规定，"虎"号最终难逃被出售拆解的命运。

"虎"级战列巡洋舰一览表

舰名	译名	建造船厂	开工日期	下水日期	服役日期	命运
HMS Tiger	虎	约翰·布朗造船厂	1912.6.20	1913.12.15	1914.10.3	1932年2月被出售拆解

基本技术性能	
基本尺寸	舰长214.6米，舰宽27.6米，吃水9.9米
排水量	标准29000吨 / 满载33790吨
最大航速	28节
动力配置	39座燃油锅炉，4台蒸汽轮机，85000马力
武器配置	8×343毫米火炮，12×152毫米火炮，4×533毫米鱼雷发射管
人员编制	1112名官兵（和平时期），1459名官兵（战争时期）

作为第一次世界大战爆发之后英国建成服役的第一艘战列巡洋舰，"虎"号在结构上借鉴参考了"铁公爵"级战列舰和"玛丽王后"号战列巡洋舰的设计，其最大的不同就是将所有的烟囱都安装在"Q"炮塔之前，这样极大地提高了"Q"炮塔内两门主炮的射界。服役之后的"虎"号参加了包括日德兰海战在内的多次战斗，尽管在战斗中的表现差强人意，但是他却一直是第1战列巡洋舰分舰队的主力。第一次世界大战结束后，面对汹涌而来的海军裁撤大潮，"虎"号成功躲过了《华盛顿海军条约》，但最终被《伦敦海军条约》所扼杀。作为英国建造的第10艘战列巡洋舰、两次大战之间最后一艘退役拆毁的英国战列巡洋舰，"虎"号诞生于战火之中，最后在平淡中悄然隐退。

"虎"号（HMS Tiger）

"虎"号由位于克莱德班克的约翰·布朗公司的码头建造，该舰于1912年6月20日动工，1913年12月15日下水，1914年10月3日建成服役，造价达259.31万英镑。

"虎"这个名字在英国皇家海军中有着悠久的历史：第一艘"虎"号建于1546年，排水量150吨，安装有22门火炮；第二艘"虎"号建于1613年，排水量260吨，是一艘测量船；第三艘"虎"号建于1647年，排水量457吨，安装有32门火炮；第四艘"虎"号是一艘在1678年被俘的阿尔及利亚帆船；第五艘"虎"号建于1743年，排水量976吨，安装有50门火炮，是一艘四等风帆战列舰；第六艘"虎"号建于1747年，排水量1218吨，安装有60门火炮；第七艘"虎"号建于1762年，排水量1886吨，安装有70门火炮；第八艘"虎"号建于1764年，是一艘三等风帆战列舰，排水量

1376吨，安装有64门火炮；第九艘"虎"号建于1794年，是一艘单桅纵帆船，排水量只有80吨，安装有1门24磅炮；第十艘"虎"号是一艘俘虏自法国的三等风帆战列舰，排水量1887吨；第十一艘"虎"号建于1805年，排水量131吨，安装有12门火炮；第十二艘"虎"号是一艘混合动力战舰，建于1849年，排水量1221吨，安装有16门火炮；第十三艘"虎"号是一艘早期驱逐舰，建于1900年；第十四艘"虎"号便是本文中介绍的，属于"虎"级战列巡洋舰的"虎"号；第十五艘"虎"号属于"虎"级轻巡洋舰（Tiger class cruiser），排水量12080吨，舰长169.3米，宽20米，吃水7米，该舰1978年退役，是最后一艘以"虎"为名的皇家海军战舰。

在"虎"号的建造过程中，战舰的设计有了局部的修改，包括：在甲板上安装了2门76毫米高射炮；3磅礼炮的数量由原来的6门变成4门；原来汽艇上搭载的356毫米鱼雷被取消；鱼雷指挥塔从第三根烟囱后移到艏楼甲板最后；在烟囱周围扩大遮蔽甲板并将小艇放在这里；探照灯的安装位置被重新设计；储存用水的分配进行了调整；防鱼雷网被取消；舰桥被加高加大。经过这一系列的修改后，最终建成的"虎"号满载排水量为33260吨，比设计减少了200吨，这主要得益于取消了防鱼雷网等结构。

第一次世界大战爆发时，"虎"号仍然在建造之中。1914年8月3日，海军上校亨利·博特伦·佩利（Henry Bertram Pelly）成为这艘战舰的首任舰长。贝蒂在评价佩利时说："他是一个很有魅力的人，但是更重要的是他非常高效。"两个月之后的10月3日，建成的"虎"号接到命令出海进行主炮试射。

所有测试完成之后，服役的"虎"号从

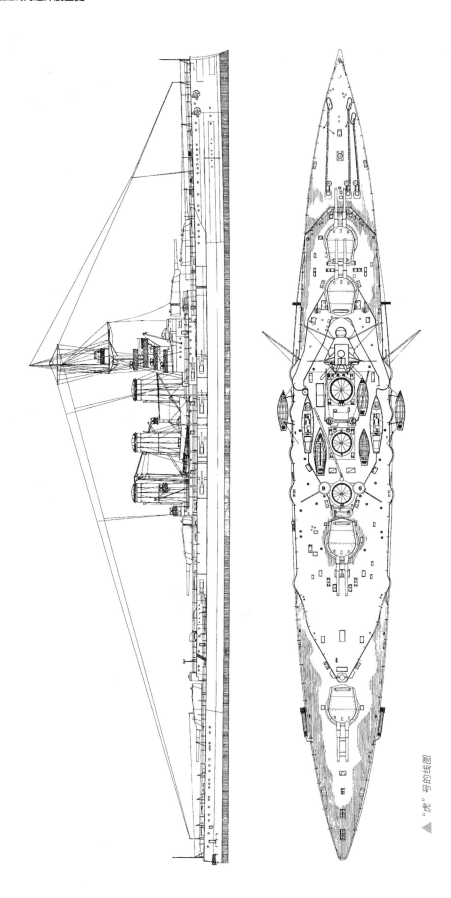

▲ "虎"号的线图

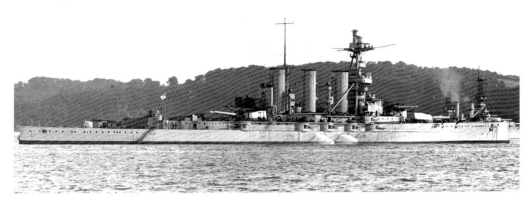

▲ 第一次世界大战时期的"虎"号，不远处有一艘美国战列舰

▲ 停泊中的"虎"号，可以看到其"Q"与"Y"炮塔之间的距离很大

位于苏格兰的克莱德班克出发，一路向南进入英吉利海峡，当其在夜间通过海峡的时候发现了一艘外形奇特的战舰，这艘战舰用探照灯照射"虎"号。"虎"号被照亮后立即用信号灯与对方联系并确认这是一艘法国巡洋舰，战舰上紧张的人们心想谢天谢地战舰没有开火。"虎"号经过海峡之后继续前进，进入北海。在今天来看，这简直是不可思议的——一艘耗费巨资、刚刚完工的崭新巨舰竟然在没有其他战舰护航的情况下独自进入危险的海域。

1914年11月6日，"虎"号正式加入第1战列巡洋舰分舰队，分舰队停泊在福斯湾内。在战争爆发之初，"虎"号的生活相对平静，其大部分时间都在进行训练和演习，偶尔随舰队进入北海进行巡逻。

1914年12月16日，德国海军将领希佩尔率领3艘战列巡洋舰、1艘装甲巡洋舰、4艘轻巡洋舰和18艘驱逐舰对英国东部沿海的哈特尔普尔和斯卡伯勒进行了炮击。得到本土遭到攻击的消息之后，海军部立即派出舰队对德国舰队进行拦截，其中就包括了第1战列巡洋舰分舰队。在整个行动中，只有双方的驱逐舰出现了短暂的接触，英德主力舰队并没有

▲ 第一次世界大战后经过改造的"虎"号，注意其建筑上巨大的控制观测平台

发生交火。

1915年1月23日，希佩尔指挥第1侦察中队的4艘战列巡洋舰和其他舰只前往多格尔沙洲，其计围歼在此地的英国轻型舰艇。由于截获了德国方面的电报，英国派出了贝蒂指挥的第1、第2战列巡洋舰分舰队及3艘轻巡洋舰和30艘驱逐舰。

1月24日上午7时，贝蒂指挥舰队来到多格尔沙洲以北25海里的海面上，此时舰队保持着无线电静默。7时20分，英德双方担任前锋的轻巡洋舰相遇并开始交火。在确认德国舰队位置之后，贝蒂命令舰队全速前进，战列巡洋舰队的速度提升至27节。很快德国舰队就观测到了西北部海面上的黑烟，希佩尔立即下令向东南方向撤退。尽管舰队已经达到最高速，但是大型巡洋舰"布吕歇尔"号却只有23节的速度。

具有速度优势的英国战列巡洋舰很快追上了德国舰队，作为旗舰的"狮"号在8时52分就已经开始向18000米之外的"布吕歇尔"号射击。9时之后，跟在"狮"号之后的"虎"号也开始以前部主炮对"布吕歇尔"号进行攻击。在目标分配中，"虎"号原本应该对"毛奇"号进行攻击，但是由于错误判读，其实际攻击的是"塞德利茨"号。3艘撤退的德国战列巡洋舰将英国舰队的旗舰"狮"号作为首要目标进行集中攻击，它们最终成功重创了"狮"号。由于"狮"号严重受损，贝蒂向坐镇"新西兰"号的海军少将戈登·穆尔发出了"攻击敌人后方"的信号。贝蒂的本意是对撤退的德国舰队进行追击，但是穆尔却错误地领会成对位于德国舰队末尾的"布吕歇尔"号进行最后的攻击。

在激烈的战斗中，"虎"号先后六次被命中，大部分都是280毫米炮弹。其中一枚炮弹击穿了"Q"炮塔，爆炸和横飞的弹片击毁了炮闩和旋转机械，炮塔内共有10人死亡、11人受伤，整座炮塔失去战斗力。其他的炮弹对"虎"号造成的破坏就要小得多，不过这些炮弹一度引发火灾并迫使战舰离开战列直到火被扑灭为止。当火灾被扑灭后，"虎"号又返回并对"布吕歇尔"号进行攻击。

在多格尔沙洲之战中，"虎"号的表现差强人意，尽管安装了先进的火控系统而且主炮的射速很高，但是其发射的355枚炮弹中只有一枚击中了"塞德利茨"号、一枚击中了"布吕歇尔"号。费舍尔在评价舰长佩利时用了"胆小鬼"（poltroon）这个词，他指出："'虎'号的射击命中率在1月24日表现得非常糟糕，看来战舰还需要更多的练习。"在2月11日的一份备忘录中，贝蒂认为佩利在战斗后期误读了信号，导致没有进一步扩大战果，但是他在备忘录结尾也表示了对佩利和"虎"号的谅解，认为努力训练、吸取教训在下一场战斗中赢得胜利才是最重要的。其实总结"虎"号表现不佳的原因，训练不足、能见度差等因素都影响了命中率。尽管"虎"号的表现不能让人满意，但是多格尔沙洲之战还是以皇家海军的胜利告终。

返回英国的"虎"号进入船厂接受了维修，整个维修直到2月8日才结束。3月25日，英国皇家海军计划袭击位于德国霍治的齐柏林飞艇仓库，袭击任务由水上飞机母舰"辩护人"号（HMS Vindex）执行，负责贴身掩护的是轻巡洋舰和驱逐舰，贝蒂和杰利科指挥的主力舰队则提供远程掩护。在发现英国人的动向之后，希佩尔率领战列巡洋舰在夜晚出击，但是最终无功而返。其实当晚两支舰队最近的时候，距离只有60千米。

1915年4月24日，舍尔再次派出了德国战

▲ 刚刚建成的"虎"号，其高大前主桅后面紧密排列的三根烟囱是重要的辨识特征

▲ 正在干船坞内进行检修的"虎"号

列巡洋舰，其中的"塞德利茨"号撞到了一枚水雷被迫返航，其他战舰按照计划轰击了特斯托夫特和大雅茅斯。由于破译了德国的无线电密码，皇家海军对德军的动向了如指掌，其仅派出了哈里奇指挥的巡洋舰分舰队试图吸引德国舰队。在与英国轻巡洋舰进行了短暂的交火之后，德国舰队保持速度返航，尽管他们面对的英国舰队实力很弱，但他们并不打算战斗。与此同时，杰利科和贝蒂率领的大

舰队主力正在北方缓慢前进。由于遇到了强风，恶劣的海况使得为主力舰护航的轻型舰艇落在了后面，这使得皇家海军再次失去了与德国舰队进行决战的机会。

1915年5月4日，贝蒂指挥包括"虎"号在内的战列巡洋舰再次对德国的飞艇仓库进行了炮击，炮击对德军造成了一定的损伤。在贝蒂舰队后面，杰利科率领大舰队主力为其提供掩护。尽管遭到袭击，但是德国舰队

▲ 停泊中的"虎"号，其挂起了彩旗说明是在参加重要的活动

▲ 皇家海军水上飞机母舰"辩护人"号（HMS Vindex）

并没有出海拦截，英国舰队于第二天安全返回港口。

1916年5月30日，英国方面截获了德国公海舰队即将出击的通讯，杰利科于是命令大舰队全体出动。当天晚上，贝蒂指挥战列巡洋舰舰队从罗塞斯出发，"虎"号位列第1战列巡洋舰分舰队最后，舰长仍然是海军上校佩利。舰队出港后一直在以23节的速度向东北方向航行，5月31日下午15时之后，随着海上升起烟雾，贝蒂命令战列巡洋舰转向东方并且提高航速，如此一来后面的第5战列舰分舰队与前面的战列巡洋舰之间拉开了距离，这将会对接下来的战斗产生不利的影响。

在双方的轻型舰艇发现对方之后，贝蒂命令舰队的航向由正东转为东南，全员做好战斗准备。15点48分，英德两国舰队的距离拉近至14000米，德国舰队首先开火，英国舰队旗舰"狮"号在30秒钟后还击，巨人之间的决斗开始了。

在火力分配中，"虎"号的目标是对方的"毛奇"号，但是当旗舰开火时，"虎"号还没有完成射击诸元的解算，因此无法立即开火。"毛奇"号同样将位列第四的"虎"号作为目标并且立即开火。当一切射击准备工作完成之后，"虎"号马上开火，像其他友舰一样，其射出的炮弹越过目标落在距其1800米以外的地方。相比"虎"号，"毛奇"号的第一轮齐射就要准确得多，炮弹的落点距离"虎"号只有270米，第二轮齐射更是造成了跨射。在初期的战斗中，"毛奇"号的280毫米炮弹一共对"虎"号造成了9次命中：在15时54分，2枚炮弹击中了"虎"号，其中一枚击中了"Q"炮塔正面，巨大的爆炸力在顶部装甲上撕开了1米长的裂缝，炮塔中有3人阵亡、5人受伤，"Q"炮塔内的观瞄和装弹设备严重受损，经过紧急抢修才恢复了正常工作。另一枚炮弹击中了"Y"炮塔，虽然没有爆炸，不过产生的火花引起了火灾，在大火被扑灭之前，炮塔内的官兵不得不戴着防毒面具进行战斗。剩下的炮弹对炮塔的控制和击发系统造成了长达7分钟的破坏。

16时08分，此时应该是"虎"号最艰难

▲ 正在出港的"虎"号

▲ 停泊中的"虎"号，从其主炮塔上安装的跑道看，照片的拍摄时间应该在1917年之后

的时刻，有两座主炮塔因为被击中无法正常工作。在16时22分和24分，"虎"号再次被击中。"虎"号对目标的射击看似有条不紊实际上非常混乱，他一直在向"冯·德·坦恩"号射击，取得了2次命中：16时20分，一枚炮弹击中了"冯·德·坦恩"号的"A"炮塔并让炮塔彻底丧失了战斗力；16时23分，另一枚炮弹击中了"D"炮塔，在之后的三个半小时里这座炮塔都无法使用。

就在战斗进行到16时25分时，"德弗林格尔"号一轮准确的齐射命中了"虎"号前面的"玛丽王后"号。1分钟后，又有2枚炮弹击中了"玛丽王后"号，第二枚炮弹击中了舰体中部并引发了大爆炸，致使战舰沉没。距离"玛丽王后"号最近的"虎"号目睹了这场惊天动地的大爆炸，许多被炸上天的残骸如雨点般落在"虎"号的甲板上。为了避开前方500米处正在沉没的"玛丽王后"号，"虎"号立即左满舵，跟在后面的"新西兰"号也进行了紧急规避。

就在英国战列巡洋舰出现损失之时，第5战列舰分舰队终于赶了上来，这些威力强大的"伊丽莎白女王"级战列舰以猛烈的火力轰击着德国舰队。16时30分，双方的驱逐舰爆发战斗并且试图使用鱼雷攻击对方的主力舰。4分钟后，"虎"号开始使用战舰上的152毫米副炮攻击靠近的德国驱逐舰。与此同时，德国的"吕佐夫"号战列巡洋舰向"虎"号发射了一枚鱼雷，但是没有命中。

第5战列舰分舰队给了德国舰队重创，此时舍尔指挥的德国公海舰队主力抵达战场。面对德国舰队主力，英国战列巡洋舰停止向目标射击并且转向撤退，"虎"号是最后一个停火的，时间是在16时39分。10分钟之后，"虎"号向烟雾中出现的目标进行了两轮齐射，但是其并不确定目标的身份。在此之前，除了击中"Q""Y"炮塔的2枚炮弹，"虎"号还被另外12枚280毫米炮弹命中，这些炮弹

▲ 第一次世界大战结束之后的"虎"号，其"B"和"Y"炮塔采用了颜色更深的涂装

的命中情况为：第一枚炮弹击中了舰艉甲板，炮弹炸出了一个大洞并造成了严重损坏；第二枚炮弹击中了左舷绞盘附近，对甲板造成损坏；第三枚炮弹击中了舰艉并对内部设施造成损坏；第四枚炮弹击中左舷并在装甲上留下一个小洞，产生的烟雾影响了船员的工作，但是没有造成实际的损失；第五枚炮弹击穿了舰艉127毫米装甲带，在主炮塔附近留下了一个大洞并一度造成了混乱；第六枚炮弹击中了指挥塔左侧127毫米装甲，但是没有击穿指挥塔；第七枚炮弹击中海面之后产生的跳弹，击穿了烟囱；第八枚炮弹击中了右舷第二和第三根烟囱之间的遮蔽甲板并且炸出了一个大洞，爆炸破坏了柚木甲板，但是没有击穿下面的主甲板；第九枚炮弹击中了"Q"炮塔后部的152毫米装甲，留下一个大洞，碎片穿透了内部隔壁并且引爆了152毫米副炮的弹药，造成了主炮塔及内部结构的损坏，共有12人在爆炸中丧生，还有多人受伤；第十枚炮弹在第九枚命中炮弹之后10米处爆炸，造成的损害有限；第十一枚炮弹击中了左舷轮机舱外侧的229毫米装甲，尽管装甲弯曲但是并没有被击穿；第十二枚跳弹击中了舰艉，但是没有造成击穿。以上所有的这些炮弹几乎都来自"毛奇"号，只有第3枚炮弹来自"塞德利茨"号。

在接连被命中14枚炮弹的同时，"虎"号发射的炮弹中只有3枚击中了目标：第一枚炮弹于16时02分击中了"毛奇"号，战舰出现了进水的情况；第二枚炮弹于16时20分击中了"冯·德·坦恩"号，炮弹准确命中了"A"炮塔并且击穿了装甲，炮塔周围燃起了大火，为了防止下面的弹药舱被引燃，船员们向位于底层的弹药舱注水；第三枚炮弹于16时23分在"冯·德·坦恩"号的"D"炮塔附近主甲板

上方爆炸，弹片击穿了甲板装甲并引起了多处损毁和火灾，幸运的是火势没有蔓延至弹药舱等致命位置，这场爆炸一共造成6人遇难，还有另外14人受伤，"D"炮塔直到当晚20时才能使用，但是转动的角度受到很大的限制。

撤退的英国战列巡洋舰分舰队与德国舰队保持着距离，它们正在将对手引向北方大舰队主力所在的海域。17时，"塞德利茨"号再次发现了"虎"号，由于烟雾使得能见度降低，10分钟后它便停止了射击。从向北撤退到这次停火之前，"塞德利茨"号一共向"虎"号发射了300枚280毫米炮弹，但是只取得了1枚命中的战果。战斗到此时，"虎"号"A"炮塔右侧的主炮报废，在接下来的战斗中只有7门主炮能够继续战斗。而根据与其对射的"塞德利茨"号的报告，所有命中自己的炮弹都是381毫米的，也就是说"虎"号没有击中过"塞德利茨"号。17时44分，"虎"号再次向"塞德利茨"号开火，仍然没有命中。18时07分，受伤的德国轻巡洋舰"威斯巴登"号从雾气中出现，"虎"号立即以舰上的152毫米副炮对其进行射击。

18时22分，德国的"国王"号战列舰发现了"虎"号，其立即以305毫米主炮对目标进行射击，但是由于能见度有限，"国王"号在进行了两轮齐射后便停止了射击。从18时19分至29分，"虎"号向未知的目标进行了几次射击。

18时32分，"无敌"号战列巡洋舰被击沉，此时"虎"号的"Y"炮塔被一枚150毫米炮弹击中。19时16分，"虎"号再次向一个不确定身份的目标开火，不过4分钟后便因为能见度不足停火了。19时27分，"虎"号以152毫米火炮向德国第6和第9雷击大队的驱逐舰进行射击，这些驱逐舰正对英国舰队展开鱼雷攻击。

20时21分，天色渐暗，"虎"号开始向德国轻巡洋舰"皮劳"号（SMS Pillau）射击。在"虎"号开火1分钟以前，旗舰"狮"号也向同一个目标开火。尽管进行了集中攻击，但是没有一枚炮弹命中"皮劳"号，"虎"号于20时28分停火进行检查。仅仅在2分钟之后，"虎"号观测到了几艘德国的前无畏舰，双方随即展开了炮击，但是谁都没能打中对方。

利用驱逐舰发起鱼雷攻击的间隙，德国主力舰队在19时20至30分完成了180°转向后开始向南撤退。在之后的黑夜中，尽管双方曾经发生过接触，但是德国舰队还是趁乱成功逃过了英国舰队的追击，战斗至此已经基本结束了。

在整场日德兰大海战中，"虎"号一共发射了303枚343毫米主炮炮弹和136枚152毫米炮弹，但也被15枚280毫米炮弹和3枚150毫米炮弹命中。弹药舱和供弹系统设计不当使得英国战列巡洋舰遭受了惨重的损失。其主炮有一门被击毁，两门只能使用手动装填。在战斗中，"虎"号上有24名船员战死，另外还有46人受伤，人员损失比较惨重。

6月2日，遍体鳞伤的"虎"号回到了罗塞斯港，第二天进入2号干船坞进行维修直到7月1日。7月2日，完成维修的"虎"号返回第1战列巡洋舰分舰队，由于"狮"号的维修还没有结束，因此旗舰的位置暂时由"虎"号来担任。7月20日，"虎"号将分舰队旗舰的位置交还给了完成维修的"狮"号。

日德兰海战之后，大舰队的主要任务是继续对德国海军进行封锁，同时进行不定期的海上训练和巡逻。包括"虎"号在内的战列巡洋舰都停泊在福斯湾，因为这里距离德国更近，如果对方有异常能够在最短的时间内进行拦截。尽管德国海军仍然想消灭大舰队

的一部分，但是目前其序列中只有2艘战列巡洋舰能够出海作战，其他的战列巡洋舰还在接受维修。

1916年8月19日，英国再次截获德方的通信：德国海军将出动战舰对英国东部城市进行炮击，其中2艘战列巡洋舰将引诱英国舰队出海作战，德国潜艇将对英国主力舰进行拦截和干扰。这次英国舰队又在德国人之前出航，其中就包括贝蒂的6艘战列巡洋舰，"虎"号在战列的第二位。就在出港不久，轻巡洋舰"诺丁汉"号（HMS Nottingham）因为遭到鱼雷攻击而沉没，而他遇袭的位置就在舰队主力前方。杰利科担心进入德国潜艇设下的陷阱，而他的首要任务是保证舰队完好无损，于是他最终命令舰队回港，德国舰队就这样逃过一劫。

1916年11月28日，杰利科升任第一海军大臣，贝蒂接任了大舰队司令的位置，战列巡洋舰舰队司令的位置则由查尔斯·纳佩尔（Charles Napier）海军上将接任。随着指挥官的变动，第1战列巡洋舰分舰队也迎来了两艘新舰："却敌"号和"声望"号，其中"却敌"号成了分舰队的新旗舰。

1917年末，英国获得了德国海军在赫尔戈兰湾进行扫雷的计划，于是决定袭击对方的扫雷舰队。11月17日，德国海军的扫雷舰艇进入赫尔戈兰湾，2艘战列舰为它们提供掩护。英国人派出了三支舰队，其中的A舰队有"勇敢"号和"光荣"号2艘大型轻巡洋舰和众多其他轻巡洋舰，B舰队有"虎"号等5艘战列巡洋舰，C舰队则以第1战列舰分舰队为主力提供掩护。在接下来的战斗中，德国舰队遭遇英国海军后便开始高速撤离，最终有一艘扫雷艇被击沉，这就是第二次赫尔戈兰湾海战。

第二次赫尔戈兰湾海战之后，"虎"号经历了一次大规模的改造，一条简易的木质飞行跑道架设在"Q"炮塔之上，一对探照灯被安装在烟囱两侧。完成改造之后，"虎"号在1918年春天进入福斯湾继续与其他战舰一起对德国海军进行监视。4月22日，公海舰队的所有战舰全部集中到杰德河，舍尔希望通过袭击对方在北方的运输线击沉一些大型的战舰，但之后一些原因导致了这次计划的失败。

1918年11月，随着德国投降，第一次世界大战结束。11月21日，残存的公海舰队舰只前往福斯湾投降，等待在这里的同盟国战舰有250艘之多，包括英国和美国的战舰，"虎"号就位列其中。

战后"虎"号继续在皇家海军中服役，其在1918年最后的时间里接受了彻底的维修和改造，这次维修对其在战争中受到的损伤进行修复，并在其前桅上方安装了更大的观测指挥平台。1919年，"虎"号再次接受了改造，在"B"炮塔上安装了简易飞行跑道。1920年，"虎"号与战列舰"君权"号相撞，接受维修后其加入了大西洋舰队服役。

《华盛顿海军条约》对"虎"号来说是一个噩耗，其在1921年8月22日被储备起来。1922年，"虎"号接受了改造，其"X"炮塔内安装了一具7.6米的测距仪，甲板上的早期76毫米防空炮被4门102毫米防空炮取代，"Q"炮塔上的简易跑道被拆除。到了1924年2月14日，"虎"号成为一艘航海训练舰，在整个19世纪20年代，其一直承担着教学训练任务。

1929年，"胡德"号因为要接受改造而退役，"虎"号作为补充重新服役，成为当时3艘皇家海军现役战列巡洋舰中的1艘。尽管在20世纪30年代"虎"号仍然保持着不错的状态，但是《伦敦海军条约》的签订将其划入了退役拆毁的行列。他的最后一任舰长是海军上校阿瑟·贝德福德（Arthur Bedford）。"虎"号一直服役到"胡德"号于1931年完成改造回到海军中。

1931年3月30日，大西洋舰队在德文波特港为"虎"号举办了告别仪式，之后其在5月15日退役并抵达罗塞斯港。1932年3月7日，"虎"号最终被出售并拖至因弗基辛进行拆除，这艘巨大而俊美的战舰结束了自己的一生。

海军元帅贝蒂

戴维·理查德·贝蒂（David Richard Beatty）是第一次世界大战中英国海军最耀眼的将星，他勇敢果断又极富个人魅力，被称为"新时代的纳尔逊"。在第一次世界大战中，贝蒂的形象永远是指挥皇家海军的战列巡洋舰勇猛作战，他因此也成为最杰出的战列巡洋舰队指挥官。

1871年1月17日，贝蒂生于斯塔佩里教区的豪贝克，此地属于英格兰西北部的柴郡。贝蒂的父亲是船长戴维·朗菲尔德·贝蒂（David Longfield Beatty），母亲是凯瑟琳·伊迪丝·贝蒂（Katherine Edith Beatty），贝蒂是他们的第二个孩子。贝蒂的父亲早年在爱尔兰的第四轻骑兵团服役，相貌英俊的他身高1.93米，是轻骑兵团里的军官。在服役期间，老贝蒂认识了凯瑟琳，而凯瑟琳是另一位军官的妻子。两人的恋情起初处于保密状态，当关系被公布于众后，老贝蒂带着凯瑟琳离开了爱尔兰来到柴郡，他也从骑兵军官变成了一名船长。

贝蒂出生时，他的父母还没有结婚。一个月之后的1871年2月21日，凯瑟琳与前夫正式离婚后才与老贝蒂喜结连理。在贝蒂之后，

▲ 成为海军元帅的戴维·理查德·贝蒂

▲ 贝蒂的父亲，这名前骑兵军官身材挺拔，相貌堂堂

他的父母又生下了三个孩子。贝蒂早年接受了马术和狩猎训练，父母希望他长大之后成为一位绅士。由于老贝蒂过于严厉甚至是专横，贝蒂的童年并不轻松，他与哥哥查尔斯经常联手反对他们的父亲，两人的兄弟情谊也因此变得非常深厚，这种感情一直伴随他们的一生。

贝蒂从小就喜欢大海和船，后来立志要加入皇家海军。从基尔肯尼的中学毕业之后，贝蒂在1882年进入位于戈斯波特的伯尼海军学院学习。1884年1月，贝蒂以海军军官候补生的身份登上了海军训练舰"大不列颠"号（HMS Britannia），他的成绩在全班99人中位列第10。在"大不列颠"号上近两年的实习生活里，贝蒂因为违纪曾经三次遭到体罚。1885年底，只有33人通过了"大不列颠"号上的训练和考核，贝蒂的名次是第18。在"大不列

颠"号上，贝蒂一直非常活跃和外向，他善于学习，从来不抱怨生活条件的艰苦，这一切都是皇家海军非常看重的品质。

1886年1月，贝蒂受命前往中国舰队任职，但是他的母亲凯瑟琳认为这项任命不利于其在海军中发展，因此她写信给国会议员、海军高级军官查尔斯·贝雷斯福德（Charles Beresford）。作为贝蒂家的好友，贝雷斯福德动用自己在海军中的关系将贝蒂调到了"亚历山德拉"号（HMS Alexandra）铁甲舰上，这艘战舰可是地中海舰队的旗舰。事实证明贝蒂母亲的选择是非常有远见的，在"亚历山德拉"号服役期间，贝蒂与舰队司令爱丁堡公爵（后来登基成为英国国王乔治五世）的大女儿玛丽建立了良好的私人关系，他还因此与很多国会议员熟识，这为他之后的发展打下了基础。

▲ 皇家海军的训练舰"大不列颠"号

在地中海上,"亚历山德拉"号大部分时间都在访问各个港口,贝蒂因此获得了大量的空余时间。他并没有因此松懈下来,而是努力学习为成为一名海军军官准备各项考试。1886年5月15日,贝蒂晋升为海军少尉候补军官,他被分派协助斯坦利·科尔维尔中尉值班,而科尔维尔将在贝蒂未来的军旅生涯中起到重要的作用。

1889年3月,贝蒂从"亚历山德拉"号上调离,7月登上巡洋舰"厌战"号(HMS Warspite)。1890年5月14日,贝蒂被授予海军中尉军衔,随后他前往位于格林尼治的皇家海军军官学校学习。在伦敦的社交生活影响了贝蒂的学习,尽管其在之后的鱼雷科目考试中获得了一等成绩,但是在导航、射击等科目上的成绩只达到了二等。完成学习之后的贝蒂先是在一艘鱼雷艇上任职,之后在1892年1月19日被派到风帆训练舰"尼罗河"号(HMS Nile)上。

当1892年7月,维多利亚女王乘坐皇家游艇"胜利"号和"阿尔伯特"号在地中海度假时,贝蒂前往这2艘船只上工作。完成了王室服务任务之后,贝蒂在1892年8月25日获得了海军上尉军衔,1893年9月他前往"坎珀当"号(HMS Camperdown)炮塔舰服役,1895年9月又登上战列舰"特拉法尔加"号(HMS Trafalgar)服役。

苏丹马赫迪起义之后,英国开始在埃及集结武装力量准备进行反扑,而贝蒂的老上级斯坦利·科尔维尔成为英国远征军的炮舰指挥官。科尔维尔所在的英国在尼罗河上的军事力量将保证从埃及前往苏丹的道路畅通和安全。科尔维尔邀请贝蒂加入这次远征,1896年6月3日,贝蒂被调至埃及政府,成为尼罗河舰队的副指挥官。在对栋古拉进行攻击的行动中,科尔维尔因受伤退出战斗,贝蒂接过了指挥权率领炮舰奋勇作战并顺利完成了任务。随着栋古拉之战的结束,贝蒂获得了返回英国休假的机会。因为在战斗中的出色表现他获得了远征军司令基奇纳(Kitchener)勋爵

▲ 贝蒂的老朋友查尔斯·贝雷斯福德

▲ 战列舰"特拉法尔加"号

的推举被授予了杰出服务勋章。

为了在苏丹的下一步行动能够顺利进行，基奇纳勋爵再次调贝蒂回到埃及，他这次接到了一个特殊任务，就是进行喀土穆考察。贝蒂指挥炮舰溯尼罗河而上，炮舰最终到达了尼罗河第四瀑布，之后他又获得了另

一艘炮舰的指挥权。在之后的恩图曼战役期间，贝蒂结识了日后将改变世界历史的温斯顿·丘吉尔，当时丘吉尔只不过是一名骑兵军官，他所在的骑兵团恰恰是贝蒂父亲之前所在的部队，这使得两人一见如故。在惨烈的恩图曼战役中，苏丹伤亡人数高达40000人，英埃联军只有400多人伤亡，至此苏丹战事基本结束。由于出色的表现，基奇纳勋爵再次推荐贝蒂晋升，他在1898年11月15日得到了海军中校的军衔。

1899年4月22日，贝蒂成为战列舰"巴弗勒尔"号（HMS Barfleur）的主任参谋，而这艘二级战列舰是中国舰队的旗舰。此时的中国，义和团运动风起云涌，慈禧太后试图借助义和团的力量反抗外国侵略势力。1900年，随着义和团开始袭击外国人并且烧毁教堂，英国海军中国舰队的军舰和其他国家的军舰共17艘驶入大沽口准备干涉。6月11日，英国海军司令爱德华·西摩尔（Edward Seymour）率领2000人的联军从天津出发进攻北京，由于受到义和团的阻击被迫撤退。鉴于陆军人员不足，"巴弗勒尔"号派出150名官兵参加陆上战斗，其中就包括贝蒂。6月16日，义和团在天津火车站与英军爆发了激烈的战斗，在战斗中贝蒂手臂两次负伤，之后被送去接受治疗。同年，凭借着战功，贝蒂被提升为海军上校。鉴于手臂上的伤势并不乐观，贝蒂返回英国接受手术以保证他的左臂能够更快地恢复。

自从第二次前往苏丹，贝蒂直到1900年才再次回到英国，他来到纽马克特与兄弟住在一起，田园乡村的平静生活让贝蒂感到身心愉悦，他在战争中的英勇事迹让其成为贵族们的座上宾，大家都希望能够邀请这位勇士到家里用餐，顺便在餐桌上讲讲自己在国

▲ "亚历山德拉"号铁甲舰

▲ 巡洋舰"厌战"号

外的见闻。在一次外出打猎时，贝蒂遇到了埃塞尔·特里（Ethel Tree），她是美国芝加哥百货创始人马歇尔·菲尔德（Marshall Field）的女儿。见到特里的瞬间，贝蒂就被她的美貌击倒，但是埃塞尔此时已经结婚并且还育有一子。尽管埃塞尔是有夫之妇，但是两个人还是偷偷交往起来。

贝蒂和埃塞尔谨慎地交往着，马歇尔·菲尔德对这个未来可能会成为自己女婿的海军军官态度并不明朗，他一方面考虑到贝蒂家境一般，另一方面又预感到这个男人会有光明的前途。贝蒂的父亲对儿子恋情忧心忡忡，他不想贝蒂走自己的老路，因为与有夫之妇交往而毁了前程。尽管面对着重重阻碍，但是贝蒂与埃塞尔还是决定在一起，埃塞尔给丈夫阿瑟写信表明已经不再爱他，而阿瑟选择平静地面对现实，两人最终在1901年5月9日离婚。仅仅在13天之后的5月22日，贝蒂和埃塞尔在伦敦登记结婚，双方的家人都没有来参加仪式。婚后的贝蒂夫妇感情很好，他们生了两个儿子：戴维·菲尔德·贝蒂（David Field Beatty）和彼得·伦道夫·路易斯·贝蒂（Peter Randolph Louis Beatty）。

到了1902年5月，贝蒂手臂已逐渐恢复，能够再次出海。6月2日，贝蒂被任命为巡洋舰"朱诺"号（HMS Juno）的舰长，战舰在之后的两个月一直跟随海峡舰队进行演习，之后转入地中海舰队。依靠贝蒂的高效工作和严格训练，"朱诺"号成为一艘战斗力极强的战舰，其在射击训练中成绩名列前茅。为了陪在丈夫身边，埃塞尔决定租下马耳他的卡普亚宫，这里距离地中海舰队的母港很近。

1902至1904年，贝蒂先后成为巡洋舰"傲慢"号（HMS Arrogant）和"萨福克"号（HMS Suffolk）的舰长。1906年，贝蒂成为陆军委员

▲ 贝蒂的油画画像

▲ 一身戎装的贝蒂

会的海军顾问，1908年12月又出任大西洋舰队战列舰"女王"号（HMS Queen）的舰长。

1910年1月1日，贝蒂被提拔为海军少将，当时他只有39岁。就这样，贝蒂成为百年来英国皇家海军最年轻的少将，打破了纳尔逊子爵保持的最快晋升为将官的记录。成为少将之后，贝蒂接到命令前往大西洋舰队指挥部任职，但是他要求去本土舰队服役，因为这样可以离家更近。作为一个冉冉升起的将星，贝蒂得到了英国王室的支持，这使他表现得比其他海军军官更自信。

由于不服从海军部的调令，贝蒂在两年的时间里只能拿到一半的薪水，这让他一度有离开海军的打算。就在此时，贝蒂又一次遇到了丘吉尔，此时的丘吉尔已经不再是那个年少轻狂的骑兵军官而成了英国的第一海军大臣。遇到老朋友的丘吉尔决定帮贝蒂一把，他任命贝蒂为自己的海务次官，到了1913年3月1日又任命他作为第一战列巡洋舰分舰队的指挥官并晋升为海军中将。

上任之后的贝蒂立即开始草拟战列巡洋舰指挥官作战训令，他在训令中写道："舰长要想成功就必须具有一定程度上的决心和主动性，不怕担责任……舰长应该避免自己的判断受到上级指令的干扰，这些指令本身正是来源于舰长们提供的信息，舰长掌握了情报并对未来进行预测，从而做出自己的判断并制定下一步的行动计划。"贝蒂给予舰长在战场上更大自主权的观点遭到了海军中很多人的反对，反对者认为在混乱的战场上很难单独做出正确的决定，而统一遵守上级的命令才是最安全可靠的。

在第一次世界大战爆发之前，贝蒂已经被拟定授予骑士称号，但是战争的爆发推迟了这些荣誉的授予。在1914至1916年，贝蒂指挥第1战列巡洋舰分舰队参加了赫尔戈兰湾海战、多格尔沙洲之战及日德兰海战。日德兰海战可以说是贝蒂海军生涯的巅峰，尽管在海战中他的舰队有2艘战列巡洋舰沉没，但是其指挥舰队成功吸引了德国舰队的注意并且将它们引向大舰队的包围圈，之后德国舰队能够逃脱围捕很大程度上都是靠着运气。

▲ 中国舰队旗舰，二级战列舰"巴佛勒尔"号

▲ 芝加哥百货创始人马歇尔·菲尔德

▲ 贝蒂与"狮"号有着不解之缘，这幅贝蒂的画像上就有"狮"号的部分舰图案

▲ 巡洋舰"朱诺"号

▲ 贝蒂（右）与其他国家的高级海军军官在一起合影

1916年12月，贝蒂接替海军上将杰利科就任大舰队的总司令，成为代理海军上将。就在贝蒂获得皇家海军最高指挥权时，其婚姻出现了危机，他爱上了一名舰长的妻子欧也妮，这段感情维持了10年之久。在战争的最后岁月中，贝蒂指挥的大舰队一直保持着对德国海军的优势，他们将对手封锁在港口中，双方再也没有爆发大规模的海战。

1918年11月，投降的德国海军主力舰队在皇家海军的押送下进入斯卡帕湾，贝蒂命令他的旗舰"伊丽莎白女王"号发出信号："德国海军旗必须在今天日落之际降下，未经许可不得悬挂。"从国际法角度看，贝蒂的这则命令是存在争议的，因为德国舰队只是被扣押而非成为他国的财产，但是作为大舰队的指挥官，这是其最终取得胜利的体现。

1919年1月1日，贝蒂正式升任海军上将，3月1日成为海军元帅。10月18日，贝蒂被封为北海和布鲁克斯比的贝蒂第一伯爵并获得国会颁发的10万英镑奖金以感谢他长期在皇家海军中服役并为国家做出了突出贡献。同年11月1日，贝蒂成为第一海军大臣，他在战后初期积极倡导保持英国的海上力量，继续为皇家海军贡献力量。

1921年11月，贝蒂作为英国代表参加了在美国首都华盛顿召开的会议，会议最终确定了英、美、日、法、意主力舰总吨位为5：5：3：1.75：1.75的比例。当第一届工党政府上台，英日同盟已不复存在，贝蒂意识到日本在未来将成为英国在远东最大的敌人，他积极推动在新加坡建设海军基地使这里成为远东第一要塞。为了削减支出，政府计划减少巡洋舰的建造数量，贝蒂为此进行了抗争并保证了"肯特"级重巡洋舰的建造。

尽管有传言称贝蒂将会辞职，但是当

▲ 巡洋舰"傲慢"号

▲ 巡洋舰"萨福克"号

▲ 第一次世界大战时期的贝蒂

1924年工党执政时，他依然坐在自己的办公室中。皇家空军成立时，贝蒂坚决要求保持皇家海军航空力量的独立性，为此他不惜与空军方面大打口水战。1926年，国会拟定贝蒂出任加拿大总督，但是殖民地大臣利奥·埃默里（Leo Amery）以贝蒂"品行不足而且竟然有一个美国妻子"为由拒绝这一提议。

1927年7月，贝蒂正式退休离开了皇家海军。7月30日，在海军部的最后一天，贝蒂参加了一个秘密会议，布里奇曼带回来日内瓦会议的消息：美国决定将巡洋舰主炮口径控制在8英寸之下。贝蒂在听到这个消息之后

对布里奇曼说："要不惜一切代价控制制海权。"退休之后的贝蒂成为枢密院的一员，在国家大规模削减国防开支时想尽办法保证海军的士气，避免了1931年"因弗戈登兵变"这样的事件再次发生。

退休之后的贝蒂一直住在莱斯特郡，尽管患有严重的心脏衰竭而且身患重感冒，但是当听到老上级杰利科的死讯时他坚持要参加葬礼。医生劝说贝蒂卧床休息，但是他说："如果我不参加杰利科的葬礼海军会怎么说？"当英王乔治五世于1936年1月逝世时，贝蒂依然坚持参加了葬礼，而这一切都加速了他的死亡。

1936年3月12日凌晨1时，贝蒂与世长辞。在葬礼上，贝蒂的棺木上覆盖的国旗是战列舰"伊丽莎白女王"号在1919年作为大舰队旗舰时悬挂的国旗，坎特伯雷大主教评价道：

"在他的身上仿佛看到纳尔逊精神的回归。"当时的英国首相斯坦利·鲍德温（Stanley Baldwin）在下院提议为贝蒂建立纪念碑，但是由于第二次世界大战的爆发而搁置。1948年10月21日，在特拉法尔加广场上，贝蒂和杰利科的半身塑像正式落成。在去世之前，贝蒂曾要求将自己与妻子埃塞尔葬在一起，但是他最终被葬在圣保罗大教堂。

作为皇家海军历史上的名将，贝蒂将自己的一生献给了英国海军。尽管在身后留下了许多非议和批评，但是贝蒂在第一次世界大战中领导皇家海军最终战胜了劲敌德国。贝蒂英俊、勇敢、果断，其在战场上具有超凡的战术领导能力，在战略上又具有非凡的远见，对海军技术革新有着深刻的理解和认识。对于贝蒂，一切的评价都显得苍白无力，唯有率领巨舰征战海疆才是他生命精华的凝聚。

▲ 特拉法尔加广场上的贝蒂半身像

日德兰海战

1916年，第一次世界大战已经进入了第三个年头，协约国和同盟国的陆军在欧洲大陆上杀得昏天暗地，英德双方在海上的较量也没有停止过。经过赫尔戈兰湾海战和多格尔沙洲海战两场较量，英国皇家海军给德国海军造成了一定的杀伤，同时更加确立了自身在北海的制海权。

1916年1月18日，海军中将莱因哈特·舍尔成为德国公海舰队的总司令，这位作风硬朗的指挥官立即开始计划一场大规模的进攻作战，为此他还从皇帝威廉二世手中获得了舰队的独立指挥权。在舍尔的指挥下，公海舰队就好像苏醒的猛虎一般。他派出舰队频频对英国海域甚至是英国本土发动袭击。当年5月，舍尔开始计划更大规模的作战，他计划首先让海军中将希佩尔指挥的侦察舰队袭击英国东海岸以诱出英国战列巡洋舰，然后以公海舰队主力在预定伏击位置对英国战列巡洋舰进行围歼。这次行动德国共派出了16艘无畏舰、5艘战列巡洋舰、6艘前无畏舰、11艘轻巡洋舰和61艘驱逐舰，排水量总计66万吨，这几乎是当时德国海军的全部家当。为了配合水面舰艇的行动，德国方面还派出了16艘潜艇和10艘飞艇在海底和天空中为舰队提供侦察和掩护。5月31日子夜一过，由希佩尔指挥的侦察舰队和由舍尔指挥的主力舰队从锚地出发，向北航行。

就在舍尔向公海舰队下达命令的30日当天，英国就截获了德国的无线电报。当天夜里21时30分，英国大舰队从斯卡帕湾出发；22时，第5战列舰分舰队和战列巡洋舰分舰队从罗塞斯港出发；22时15分，第2战列舰分舰队从因弗戈登港出发。由于掌握了情报优势，皇家海军甚至比对手提前两个小时出发。英国皇家海军大舰队倾巢出动，共有28艘无畏舰、9艘战列巡洋舰、8艘装甲巡洋舰、26艘轻巡洋舰、78艘驱逐舰、1艘布雷舰及1艘水上飞机母舰，排水量总计113万吨。

5月31日下午，德国海军担任诱饵的侦察舰队已经进入日德兰半岛西北部海域，而英国海军的战列巡洋舰队与其相距16海里平行前进，双方都没有发现彼此。下午14时，一艘出现在两支舰队之间的丹麦货船拉开了这场大海战的序幕。为了查明货船的身份，英国和德国舰队同时派遣轻型舰艇一探究竟，双方很快就发现了对方。前来查看的轻型舰艇在将情况报告主力舰队后便开始互相射击，后方的战列巡洋舰立即转向朝战场靠近。

15时20分，在北海波涛汹涌的海浪中，英德双方的战列巡洋舰都已经能够通过肉眼观测到对方了。15时33分，德国侦察舰队司令官希佩尔命令舰队转向西南，他要带着英国舰队进入公海舰队主力早已设下的伏击圈。15时48分，德国战列巡洋舰在15400距离上首先开火，而英国战列巡洋舰立即还击，日德兰海战中主力舰的较量正式展开。相对于德舰，英国战列巡洋舰拥有数量和射程上的优势，不过由于光线的不利影响，打得并不准。交战5分钟后，双方的距离拉近到11800米，凭借着更优秀的测距仪和光学瞄准具，德国战列巡洋舰发射的炮弹首先命中了对手，不过英国人很快也回敬了对手。

15时57分，一枚从天而降的炮弹贯穿了贝蒂所在的"狮"号战列巡洋舰的"Q"炮塔顶部并在炮塔内部爆炸，要不是炮塔指挥官哈维少校在临死前下令关闭弹药舱门，后果将不堪设想。16时，德国"冯·德·坦因"号战列巡洋舰的几轮齐射命中了英国的"不倦"号战列巡洋舰，炮弹击穿了炮塔并诱发弹药库内弹药爆炸。在冲天的火光中，"不倦"号带着1015名船员消失在海面上。"不倦"号成为日德兰海战中第一艘被击沉的战舰，德国人算是旗开得胜。

德国人并没有高兴得太久，16时08分，英国第5战列舰分舰队赶到战场并加入战斗。第5战列舰分舰队装备的是4艘当时最先进的"伊丽莎白女王"级战列舰，该级战列舰速度快、火力强、防御好。参战伊始，"伊丽莎白女王"级战列舰就发挥出其381毫米巨炮的强大威力，几轮齐射之后，德国的"冯·德·坦因"号战列巡洋舰的3座主炮塔失去战斗力，"毛奇"号战列巡洋舰的煤舱被击穿，一门副炮被击毁。

就在德国舰队后卫遭到英国高速战列舰痛殴之时，德舰队前锋正在攻击"玛丽王后"号战列巡洋舰。16时20分，德国战舰发射的炮弹击穿了"玛丽王后"号"Q"炮塔，它像之前的"不倦"号一样发生了大爆炸，整个战舰断成两截。当"玛丽王后"号高高翘起的舰艉消失在海面上时，与舰同沉的还有1266名船员。目睹了"玛丽王后"号爆炸沉没的贝蒂嘀咕道："我们这些该死的船今天看来有点毛

▲ 1916年，皇家海军大舰队停泊在福斯湾中，照片是由R9号飞艇拍摄的

▲ 停泊在斯卡帕湾中的英国轻巡洋舰，作者：莱昂内尔·怀利

病（There seems to be something wrong with our bloody ships today）。"

当主力舰在进行对射之时，双方的驱逐舰也向对手发起了突击。由于英国驱逐舰的吨位更大、火力更强，其很快就击溃了德国驱逐舰并向对方继续突击。

正当形势开始有利于英国人之时，他们已经不知不觉被希佩尔带入了公海舰队的伏击圈。16时38分，担任前锋的"南安普顿"号轻巡洋舰向贝蒂发来急电，称发现了德国战列舰。很快，贝蒂坐镇的"狮"号战列巡洋舰也发现了海天交汇处密密麻麻的桅杆，这些桅杆代表了22艘战列舰、6艘巡洋舰和31艘驱逐舰。面对整个德国海军的主力，贝蒂立即命令全员转向撤退，但是第5战列舰分舰队没有收到撤退的命令。

16时46分，德国战列舰在最大射程上开火射击，希佩尔的战列巡洋舰也趁英国舰队撤退之机转向重新加入了与贝蒂之间的战斗，并对"狮"号和"虎"号造成命中。尽管接到了撤退命令，但是勇敢的英国轻巡洋舰和驱逐舰继续向德国舰队突击并发射鱼雷，最终驱逐舰"涅斯托尔"号和"游牧民"号被击沉，而英国驱逐舰发射的鱼雷只给"塞德利茨"号造成了轻微损失。

英国第5战列舰分舰队直到16时50分才开始转向，其作为后卫担负着掩护贝蒂指挥的战列巡洋舰和其他轻型舰艇撤退的任务。尽管面对着几乎整个公海舰队，但强大的"伊丽莎白女王"级战列舰还是发挥出了巨大的威力，在最初的战斗中击伤了希佩尔指挥的多艘德国战列巡洋舰。由于距离较远，德国战列舰中只有"国王"号和"王储"号能够到英国第5战列舰分舰队队尾的"马来亚"号战列舰。"马来

▲ 出海作战的大舰队，其由战列舰组成的壮观战列是霸权的象征

▲ 日德兰海战中的德国公海舰队第2战列舰分舰队，该舰队是由前无畏舰组成的

亚"号立即遭到了对手的集中攻击并被击中7弹，不过凭借着出色的防御，其仍然保持了24节的高速。完成对友舰的掩护后，4艘"伊丽莎白女王"级战列舰凭借高速拉开了与对手主力舰队之间的距离，期间其381毫米巨炮再次招呼了德国的战列巡洋舰。由撤退转入追击的德国战列巡洋舰由于速度过快脱离了主力，而贝蒂见此情况指挥英国战列巡洋舰和战列舰在机动中对德国战列巡洋舰造成"T"字夹角并沉重打击了对手。面对撤退的英国舰队，率领公海舰队全员进击的舍尔并没有想到，在前面等待着他的是英国大舰队。

17时55分，担任大舰队前锋的英国第3战列巡洋舰分舰队发现了德国轻巡洋舰，其在7300米距离上开火，之后第1战列巡洋舰分舰队也抵达战场。面对"无敌"号和"不挠"号305毫米主炮的射击，德军在丢下轻巡洋舰"威斯巴登"号之后仓皇撤退，而就在它们身后，英国大舰队主力的24艘无畏舰正在进入战场。

18时15分，已经确定敌人就在附近的大舰队司令官杰利科命令所有战舰向左转向，高大的英国战列舰就像背上驮着城堡的黑色巨鲸一般排成了前后绵延十多公里的战列线，这是工业时代到来后地球上最强悍的武装力量。

▲ 高速前进的第5战列舰分舰队，分别是"巴勒姆"号、"刚勇"号、"马来亚"号和"厌战"号

▼ 1916年停泊在基尔港内的公海舰队第1和第2战列舰分舰队

▲ 1916年5月31日拍摄的"鲨鱼"号驱逐舰上的官兵照片,他们在日德兰海战中全部阵亡

▲ 停泊在福斯湾中的皇家海军大舰队,近处是一艘战列舰甲板上的主炮塔

▲ 正在进行大转弯的德国战列舰队

就在英国大舰队转向之时,德国舰队却对近在咫尺的巨人毫不知情,向北航行的舰队发现了英国装甲巡洋舰"防御"号和"勇士"号正在折磨漂浮在海面上的"威斯巴登"号,这立刻激起了德国人的怒火,几乎所有的炮火都集中到这2艘英国装甲巡洋舰上。在密集的炮火中,"防御"号当场沉没,"勇士"号在撤退后不久也因重伤沉没。

收拾了2艘装甲巡洋舰之后德国舰队继续向北,这时它们发现不远处一艘正在转圈的英国战列舰,这就是"厌战"号。由于"厌战"号舵机故障,其不得不在海面上画圈,这在激烈的海战中是致命的。面对在自己面前转圈的敌人,德国舰队当然不会客气,集中火力向"厌战"号进行射击,"厌战"号在修好舵机脱离战场前一共被命中29弹。凭借着超好的运气,"厌战"号最终脱离了危险,但也受损严重,不得不脱离战场返回罗塞斯港。

18时25分,双方正在靠近的主力舰队开始交火,这次依然是速度较快的战列巡洋舰们。就在希佩尔指挥的德国战列巡洋舰与贝蒂指挥的英国战列巡洋舰相互对射之时,由海军少将胡德指挥的英国第3战列巡洋舰分舰队向希佩尔的舰队发起突然袭击,几乎将"吕佐夫"号打残。反应过来的德国人立即调转炮口反击,一枚炮弹击穿了"无敌"号"P"炮塔并引发了大爆炸。"无敌"号最终带着1026名船员沉入大海,其中就包括胡德少将。

▲ 皇家海军的战舰正在进行加煤作业

当舍尔透过望远镜看到北方天际线上大舰队的庞大战列后终于明白自己处于劣势，而且这样下去有可能被截断退路，他立即命令向右掉头以期拉开与英国人的距离。就在此时，德国驱逐舰的一枚鱼雷击中了英国的"马尔博罗"号战列舰，而战斗中德国的V-48号和英国的"鲨鱼"号2艘驱逐舰沉没。

双方驱逐舰互相厮杀之时，舍尔惊奇地发现英国人没有追击，他决定杀个回马枪给对手狠狠一击，这样更有把握能安全撤离。18时55分，舍尔下令德国舰队掉头向东北方向迎击对手，这正好与大舰队迎头相撞。英国大舰队的几十艘主力舰对德国舰队进行射击，铺天盖地的大口径炮弹不断落在德国战舰周围溅起高高的水柱。

面对对手的优势火力，舍尔知道自己这个回马枪是栽了，于是他在17时13分再次命令掉头。为了延缓拥有速度和火力优势的英国战列舰的追击，舍尔先后命令战列巡洋舰和驱逐舰向对手发起突击。接到命令的德国

▲ 一艘德国布雷舰上的水兵正在准备向海中投入水雷

4艘战列巡洋舰没有退缩，它们以自身的单薄之力与英国舰队展开对射，结果"德弗林格

尔"号、"塞德利茨"号、"冯·德·坦恩"号及"吕佐夫"号身中数弹，严重受损。战列巡洋舰之后，德国海军的驱逐舰先后发动了4次突击，发射了31枚鱼雷。尽管这些鱼雷没有命中目标，但是为了躲避鱼雷，英国舰队经过多次转向而耽误了大量时间。

趁着己方舰艇争取的宝贵时间，公海舰队主力加速向西南方向撤退，但是不依不饶的英国人却在后面紧追不舍。贝蒂率领英国6

艘战列巡洋舰于20时20分追上希佩尔舰队，双方旋即开始互射，这次英国舰队几乎将对手打成了废铁。尽管德国第2战列舰分舰队前来支援，但是该分舰队的6艘前无畏舰根本不是英国战列巡洋舰的对手，很快也败下阵来。20时40分，英国舰队停火，这成为日德兰海战中双方主力舰的最后一次交火。

21时之后，北海海域完全被黑夜笼罩。在黑夜中，进行追击的英国舰队其实与德国

▲ 正在向战场靠近的大舰队主力

▲ 在日德兰海战中战斗的英国水上飞机，其来自于"恩加丁"号，飞行员是弗里德里克·拉特兰中尉

▲ 从巡洋舰"伯明翰"号上拍摄的照片，中间喷着烟雾的是巡洋舰"诺丁汉"号，左侧的烟雾则是战列巡洋舰产生的

舰队很近，双方几乎是平行向西南方向前进，但是却没有发现彼此。到这时，局势对公海舰队非常不利，如果照这个航向继续航行，等到天一亮它们就会被优势的英国舰队发现。于是舍尔做了一个大胆的决定，转向东南，从英国舰队中穿插突围。夜里，双方的轻巡洋舰和驱逐舰爆发了小规模的战斗，德国人占了不少便宜。

23时30分，公海舰队主力突然出现在英国第4驱逐舰队的队列之间，小小的驱逐舰立即遭到战列舰副炮的攻击。为了拖住对手，英国驱逐舰靠近德国战舰发射鱼雷并开火射击，不过效果并不明显。德国舰队很快脱离了与英国第4驱逐舰队的接触，它们发现了孤零零在海面上的英国装甲巡洋舰"黑王子"号。在1000米的距离上，德国战列舰突然打开探照灯然后向目标全力开火，倒霉的"黑王子"号还没有反应过来就被击沉了，后来前来查明情况的英国"热心"号驱逐舰也被击沉。

1916年6月1日1时43分，拥有15艘驱逐舰的英国第12驱逐舰队发现了撤退的德国舰队，它们向目标发射了15枚鱼雷。德国前无畏舰"波默恩"号先后被2枚鱼雷命中最终沉没，其他战舰则趁着夜色跑远了。凌晨时分，公海舰队终于看到了合恩角附近的灯塔船，这说明它们已经摆脱了危险。此时的杰利科知道已经追不上对手了，于是他知趣地鸣金收兵，返航打扫战场，日德兰海战也随之落下帷幕。

在这场规模空前的大海战中，双方都遭到了一定程度的损失。英国大舰队有3艘战列巡洋舰、3艘装甲巡洋舰、8艘驱逐舰被击沉，排水量总计11.33万吨，有6197名海军官兵战死，177人被俘。德国公海舰队有1艘战列巡洋舰、1艘前无畏舰、4艘轻巡洋舰、5艘驱逐舰被击沉，排水量总计6.22万吨，有2545名海军

▲ 日德兰海战中，第5战列舰分舰队一边高速前进一边向德国舰队射击

▲ "玛丽王后"号上的司炉们，他们全部在日德兰海战中随舰沉没

▲ 1916年5月31日由海军上将杰利科签发的"准备行动"的作战命令

官兵战死。仅从战果上看，德国人显然取得了战术上的胜利，但却并没有撼动英国海军的制海权。尽管在整场海战中英国海军一直占有优势，但是战斗暴露出了其战列巡洋舰防御不足、战斗中缺乏战术的问题。在日德兰海战后，德国公海舰队很少离开锚地，它们甚至都不去挑战一下英国海军的制海权。对于日德兰海战的结果，正如美国《纽约先驱报》在6月3日评论的那样："德国舰队痛打了狱卒，但是依然被囚。"

▲ "塞德里茨"号战列巡洋舰在日德兰海战中遭受了极大的损伤，战舰上冒起大量黑色浓烟

▲ 皇家海军战列舰"君主"号正在日德兰海战中对德军射击

▲ 日德兰海战之后，一名水兵站在"德弗林格尔"号战列巡洋舰上，他身边的大洞和残骸是英国战列舰主炮留下的

日德兰海战英德海军战斗序列

英国皇家海军大舰队：

总司令：约翰·杰利科海军上将

第1战列舰分舰队
第5战列舰中队：巨像、柯林伍德、尼普顿、圣文森特
第6战列舰中队：马尔博罗、复仇、赫刺克勒斯、阿金库尔
　　　　　　　贝楼娜（侦察巡洋舰）

第2战列舰分舰队
第1战列舰中队：英王乔治五世、埃阿斯、百夫长、爱尔林
第2战列舰中队：君主、征服者、俄里翁、雷神
　　　　　　　布狄卡（侦察巡洋舰）

第4战列舰分舰队
第3战列舰中队：铁公爵、皇家橡树、壮丽、加拿大
　　　　　　　积极（侦察巡洋舰）、橡树（驱逐舰）、神仆（布雷驱逐舰）
第4战列舰中队：本鲍、柏勒洛丰、鲁莽、前卫
　　　　　　　布朗什（侦察巡洋舰）

第5战列舰分舰队
第13战列舰中队：巴拉姆、刚勇
第14战列舰中队：厌战、马来亚

第1战列巡洋舰分舰队：狮、长公主、玛丽王后、虎
第2战列巡洋舰分舰队：新西兰、不倦
　　　　　　　　　　恩加丹（水上飞机母舰）
第3战列巡洋舰分舰队：无敌、不屈、不挠
　　　　　　　　　　切斯特（轻巡洋舰）、坎特伯雷（轻巡洋舰）
　　　　　　　　　　鲨鱼（驱逐舰）、阿卡斯塔（驱逐舰）

另有两个巡洋舰分舰队（第1、第2），4个轻巡洋舰分舰队（第1、第2、第3、第4），7个驱逐舰队（第1、第2、第9、第10、第11、第12、第13）

德国海军公海舰队：

总司令：莱因哈特·舍尔海军中将

第1战列舰分舰队
第1战列舰中队：东弗利斯兰、图林根、赫尔戈兰、奥耳登堡
第2战列舰中队：波森、莱茵兰、拿骚、威斯特法伦

第2战列舰分舰队
第3战列舰中队：德意志、波默恩、西里西亚
第4战列舰中队：石勒苏益格—荷尔斯泰因、黑森、汉诺威

第3战列舰分舰队
第5战列舰中队：国王、大选帝侯、藩侯、王储
第6战列舰中队：凯撒、鲁伊特波特摄政王、皇后、腓特烈大帝

另有4个雷击大队（第1、第3、第5、第7）

侦察舰队
第1侦察分舰队：吕佐夫、德弗林格尔、塞德里茨、毛奇、冯·德·坦恩
第2侦察分舰队：法兰克福、皮劳、埃尔宾、威斯巴登

另有3个雷击大队（第2、第6、第9）

▲ 英国驱逐舰队在日德兰海战中发挥了重要的作用

▲ 日德兰海战之后，英王乔治五世慰问了受伤的"厌战"号战列舰，他站在甲板上向海军官兵们发表讲话

第三章
最后的不列颠战巡

"声望"级
（Renown class）

1914年，欧洲大国之间的矛盾愈演愈烈，英德两国的海军竞赛仍然在进行当中。按照计划，1914年英国将继续建造3艘"复仇"级战列舰（"声望"号、"却敌"号及"抵抗"号）和1艘"伊丽莎白女王"级战列舰（"阿金库尔"号）。其中的"抵抗"号和"阿金库尔"号将在皇家海军的船坞内建造，"声望"号在费尔菲尔德建造，"却敌"号在帕尔莫斯建造。

5月13日，皇家海军批准了"复仇"级的改进计划，包括：将轮机舱的隔壁装甲加厚至38毫米；扩大鱼雷指挥塔的内部空间；重新布局指挥塔的装甲防御以便于人员的进出；提高舰艏的防护；增加龙骨的宽度为战舰中部提供更好的刚性结构；每门主炮的弹药搭载量由原来的80枚增加至100枚。

1914年8月4日，英国对德国正式宣战，卷入第一次世界大战。同时，海军部于8月26日正式取消了计划在海军船坞内建造的2艘"复仇"级战列舰，因为他们确信这2艘战舰无法在战争结束之前完成全部建造工作并服役。

1914年10月，有英国近代海军之父称号的费舍尔再次出任第一海军大臣。费舍尔在上任之后立即向海军大臣丘吉尔施压，要求将原属于"复仇"级战列舰的"声望"号和"却敌"号改建成一级全新的航速能够达到32节的高速战列巡洋舰。丘吉尔认为建造新的战列巡洋舰会占用大量的资源进而干扰正在进行的造舰工作，而且对2艘战舰是否能够如期完成持怀疑态度。费舍尔指出，如果能够合理利用现有的资源而且提高效率，新战舰就能够在很短的时间内建造完成，就像他之前主持设计建造的战列舰"无畏"号那样。对于费舍尔的要求，丘吉尔并没有立即回答。

其实早在8月28日爆发的赫尔戈兰湾海战中，英国的战列巡洋舰就击沉了2艘德国轻巡洋舰，证明了自己在速度和火力上的优势。11月1日，德国远东分舰队在科罗内尔角海战中重创了英国舰队，这对于英国来说是奇耻大辱。费舍尔立即派遣"无敌"号和"不屈"号2艘战列巡洋舰前往西南大西洋支援作战。在12月7日爆发的福克兰群岛海战中，2艘战列巡洋舰和其他舰艇消灭了德国远东分舰队，英国海军的损失则微乎其微，这场战斗再次证明了战列巡洋舰的价值所在。

就在战列巡洋舰在海战中建功立业之时，大舰队司令杰利科和战列巡洋舰队指挥官贝蒂中将向海军部施加强大压力，要求建造更多的战列巡洋舰以满足战争的需要。在这种情况下，内阁于1914年12月28日批准了丘吉尔提交的建造2艘战列巡洋舰的造舰计划。

其实在内阁批准建造新战舰之前的12月18日，费舍尔便要求海军部造舰局设计一种更长、更高、更快的战列巡洋舰，其具体参数是：安装两座双联装主炮塔，搭载4门381毫米

▲ 在海面上航行的"声望"级战列巡洋舰，其具有32节的高航速

主炮；副炮为20门102毫米火炮，这些火炮仅有炮盾的保护；以燃油锅炉提供动力，航速达到32节；装甲防护达到"不倦"级的水平。几天之后，费舍尔提出将战舰的主炮数量增加至6门，安装2具鱼雷发射管，他希望2艘战舰能够在最短的时间内建成并且投入使用。根据费舍尔的要求，海军部造舰局局长尤斯塔斯·坦尼森-英考特（Eustace Tennyson-D'Eyncourt）提出了一个全新的战舰设计方案，这个方案既能满足第一海军大臣的要求，又保证建造商在15个月内完成战舰的建造工作。12月30日，造舰局拿出了初步设计方案。

1915年初，海军部造舰局拿出了更详细的建造和设计方案并获得了通过，新的战列巡洋舰便是"声望"级。由于"声望"级的舰体长度超过了之前建造的所有主力舰，其原建造方帕尔莫斯没有足够长的船台，于是二

▲ 海军部造舰局局长尤斯塔斯·坦尼森-英考特

号舰改由约翰·布朗公司建造。

"声望"级经过了全新设计，其将追求高航速放在第一位，从外形上看与之前的"虎"级和"狮"级有很大的不同。"声望"级采用了长艏楼船外形，舰艏为外飘型，这样的设计有利于提高适航性。"声望"级前两座主炮塔位于舰艏，之后是高大的舰桥，舰桥后面是两根高大的烟囱，烟囱后面是宽阔的救生艇甲板和鱼雷指挥塔及高大的后主桅，位于舰艉的第二层甲板上是第三座主炮塔。"声望"级舰长242米，舰宽27.5米，吃水9.2米，标准排水量27760吨，满载排水量32740吨。从尺寸上看，"声望"级比之前的"虎"级长27.4米，排水量却低了2820吨，这使其看上去舰体细长，保证了高航速。

在武器系统上，"声望"级安装了更大口径的381毫米主炮，不过副炮的口径却降低了。主炮为6门381毫米42倍口径的Mark I舰炮，安装在三座双联装炮塔中，所有炮塔都布置在战舰的中轴线上。之所以"声望"级的主炮数量少于其他的英国战列巡洋舰，原因是在规定的工期内只有六座双联装的381毫米炮塔能够按时交付。"声望"级的"A""B"两座炮塔以背负式安装在舰桥前面的舰艏甲板上，"Y"炮塔则安装在舰艉甲板上。"声望"级装备的381毫米主炮是专门为"伊丽莎白女王"级战列舰设计的，是当时世界上威力最大的海军炮。"声望"级主炮的俯仰角在-5°~+20°之间，当以20°进行射击时，381毫米主炮发射穿甲弹的最大射程为21702米，其发射的穿甲弹重866千克，炮口初速为785米/秒，射速为2发/分钟。"声望"级每门主炮备弹120枚，全舰共运载有720枚炮弹及发射药。

"声望"级的副炮为17门102毫米Mk IX

▲ 停泊在码头上的"声望"级，与码头建筑相比，其烟囱和前部舰桥显得尤为高大

▲ 从舰桥上向前看"声望"级的前甲板，除了两座巨大的炮塔还有拥有重甲防护的指挥塔

◀ 三名水兵站在"声望"级的前甲板上拍照，可以看到前面的两座381毫米主炮塔是多么巨大

速射炮，其布局和安装非常有特色，其中15门火炮分别安装在五座三联装的炮座中，另外2门炮安装在两个单独的炮塔中，这些火炮的炮塔都有部分装甲防护。"声望"级所有的三联装炮塔中有两座位于第一根烟囱两侧的火炮平台上，一座在后主桅之前，两座在后主桅后面呈背负式安装，另外两门单独的102毫米炮则安装在"B"炮塔侧后方的上层甲板上，位置在指挥塔下面。由于采用全手动装填，每个三联装102毫米炮塔需要32名官兵操作，

其射速为10~12枚/分钟。102毫米炮的俯仰角在-10°~+30°之间，其发射14千克的高爆弹，初速为800米/秒，最大射程为13500米，每门火炮的备弹量为200枚。

除了主炮和副炮，"声望"级上还装有2门76毫米QF 3-inch 20 cwt防空炮，这2门火炮安装在第二根烟囱两侧的遮蔽甲板上。76毫米炮的俯仰角在+10°~+90°之间，发射5.7千克高爆弹，初速760米/秒，最大射程7200米。在"声望"级"A"炮塔前部的舰体两侧各有1具533毫米鱼雷发射管，鱼雷搭载量为10枚。

火控系统方面，"声望"级的主炮由两套火控系统指挥，一部分是来自指挥塔上方位于前主桅上的装甲平台，平台内安装有测距仪。测距仪将测得的数据输入德雷尔Mk4火控平台，这个平台将解算出主炮射击需要的数据，其中包括了双方的运动速度和方向等，这些数据会以动态的图形出现在标绘板上，以此帮助炮术军官预测目标的运动方向并指挥主炮进行射击。除了德雷尔火控平台，在"声望"级前主桅之上有一个专用的指挥仪平台，这里可以很好地观测目标的位置和弹着点，然后通过电话与下面联系。在"声望"级的指挥塔内也有一部指挥仪，这部指挥仪

▲ "声望"号的"A""B"主炮塔，从舰桥结构上看，其刚刚建成不久

▲ 正在破浪前行的"声望"级，海浪涌上了前甲板，其"A""B"两座炮塔分别指向不同的方向

▲ 荷兰皇家海军的"范·盖伦"号驱逐舰（HNLMS Van Galen）

与一部测距仪相连。除了火控平台和指挥仪，在每个主炮炮塔内都安装有一具4.6米测距仪和方位仪，在紧急情况下，炮组成员能够根据炮塔内测距仪的观测数据独立进行射击。"声望"级上不仅主炮有火控系统控制射击，副炮也有专门的火控系统指挥，位于前主桅主炮指挥仪平台下面的主桅上。随着第一次世界大战的进行，"声望"级的火控系统也得到了改进和升级：1918年，"声望"号安装了两具9.1米测距仪，其中一具安装在指挥塔上面的装甲平台上，另一具安装在"Y"炮塔上，"A""B"炮塔内的4.6米测距仪则被移到了鱼雷指挥塔上的装甲平台和桅杆上面，舰桥上安装了两具2.7米测距仪，主桅上增加了一具3.7米测距仪，两门76毫米防空炮由安装在舰艉上的1.98米测距仪指挥。

"声望"级的装甲布局与之前的"不屈"级相似，采用了克虏伯渗碳硬化装甲钢板，其侧舷主装甲带装甲厚152毫米，主装甲带从"A"炮塔一直延伸至"Y"炮塔，装甲带长140.8米，高2.7米。其主装甲带向前的侧舷装甲厚102毫米，向后的侧舷装甲厚76毫米，不过都没有到达舰艏和舰艉，在主装甲带至上甲板处装甲厚度为37毫米。在"声望"级主装甲带前后都有横向的装甲隔壁连接两侧的主装甲带，这样便形成了一个封闭的装甲盒子。"声望"级的甲板装甲为高强度钢，厚度在19至38毫米之间，主甲板与主装甲带连接处是倾斜的，倾斜部分装甲厚度提高到50至102毫米；"声望"级的炮塔装甲较厚，炮塔正面装甲厚229毫米，两侧和后面的装甲厚178毫米，经过钢筋加强的顶部装甲厚108毫米，炮塔基座装甲厚178毫米，基座之下装甲厚度由127毫米降至102毫米。"声望"级位于舰桥下方的

▲ 1920年5月，停泊在墨尔本的"声望"号战列巡洋舰

指挥塔是全舰装甲防护最强的地方，其最大装甲厚度达到了254毫米，顶部和底部装甲厚76毫米，指挥塔与战舰下方相连的通信筒装甲厚度为102毫米。位于舰体后面的鱼雷指挥塔周围装甲厚76毫米，顶部厚38毫米。在水下防御部分，"声望"级采用了突出的防鱼雷夹层设计，不过厚度较小。日德兰海战之后，根据实战的经验，"声望"级在弹药舱顶部增加了一层25.4毫米的高强度钢板。尽管进行了部分强化，但是在面对从高处向下俯冲下落的重型穿甲弹时，"声望"级仍然显得很脆弱，于是在1916年至1917年间，针对甲板装甲又进行了多次加强，增加的装甲主要集中在弹药舱和操舵室上方，总重量为512吨。

　　在动力方面，本来在"声望"级的设计阶段工程师们计划采用全新的更轻的动力系统，使输出功率达到110000马力，但是这需要大量的时间进行重新设计。为了缩短建造周期，工程师们只得照搬了"虎"号的动力系统布局并且多安装了三座锅炉以满足对更高速度的要求。"声望"级共装有两台布朗—柯蒂斯直驱蒸汽轮机，采用四轴四桨推进。每台蒸汽轮机都安装在单独的轮机舱内，每个轮机舱后面有一个冷凝器舱，里面除了冷凝器还有主循环泵、蒸馏器、舵机和其他设备。轮机舱长19.5米，冷凝器舱长14米，轮机通过螺旋桨轴与直径为4.11米的三叶螺旋桨相连，螺旋桨转速为275转/分钟。"声望"级上共安装有42座巴布考克－威尔考克斯水管燃油锅炉，分布在6个锅炉舱中，其中第一个锅炉舱内装有7座锅炉，其他4个锅炉舱内装有8座锅炉，还有一个小锅炉舱内装有3座锅炉。更多的锅炉提供了更强的动力，其设计功率达到112000马力，航速31.5节。在海试中，"声望"号的

▲ "声望"级高大的舰桥和主桅合为一体，可以看到后面第一根烟囱旁三联装的102毫米火炮

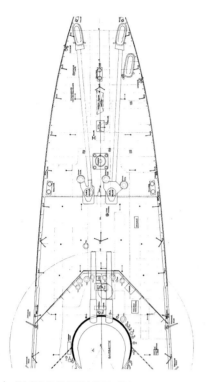

▲ "声望"级前部设计线图，能够看到宽大的前甲板上的设备，"A"主炮塔的射界也被标示出来

▲ 从舰桥上拍摄的"声望"级前甲板

功率一度达到了126000马力，航速超过32.58节，成为"胡德"号服役之前世界上航速最快的主力舰。"声望"级能够装载3435吨燃油，以18节航行时，航程达到4000海里。

"声望"级上有两台由蒸汽轮机驱动的200千瓦发电机、一台涡轮机驱动的200千瓦发电机及一台200千瓦汽油发电机，战舰主环路电压为220伏特。

得益于费舍尔在皇家海军和各大船厂的地位和威信，"声望"级的"声望"号和"却敌"号在1915年1月25日同时开工，这2艘战舰成为第一次世界大战爆发后英国开始建造的第一批战列巡洋舰。"声望"号由费尔菲尔德公司建造，"却敌"号由约翰·布朗公司建造，其实在这2艘战舰开始建造时船厂还没有拿到最终的设计图纸。2艘战舰在1916年8至

9月建成服役，建造周期为19和20个月，这创造了英国主力舰的最短建造周期记录。

"声望"级服役后便加入了大舰队的第1战列巡洋舰分舰队，但是此时日德兰海战已经结束，根据在战斗中获得的经验2艘战舰接受了强化改造。在战争剩下的岁月里，2艘"声望"级再也没有参加大规模的海战，"声望"号参加了对德国小型舰队的突袭，"却敌"号参加了第二次赫尔戈兰湾海战。战争结束后，"声望"级跟随大舰队一起接受了德国公海舰队的投降。

随着第一次世界大战的结束，大舰队解散，2艘"声望"级进入大西洋舰队服役，之后它们开始了20年内多达3次的大规模改造和更多临时或局部改造，2艘战舰也因此被戏称为"修理"号（HMS Repair，声望）和"改

▲ "声望"级舰桥部分结构布局图

▲ 航行中的"却敌"号战列巡洋舰，不远处是著名的"胡德"号战列巡洋舰

造"号（HMS Refit，却敌）。经过改造，2艘"声望"级得到了脱胎换骨的提升，不仅仅外观上发生了巨大的变化，其火力、防护和动力等方面都有很大提升。在各种改造中，"声望"级还增加了许多豪华设备，这是为了搭载王室出访而特别配置的。

经历了《华盛顿条约》之后，"声望"号和"却敌"号成为英国海军仅剩的4艘战列巡洋舰当中的2艘。当1932年"虎"号战列巡洋舰退役拆除之后，"声望"号、"却敌"号和"胡德"号成为皇家海军最后的战列巡洋舰。20世纪30年代中后期，随着德意法西斯势力的与日俱增，战争的阴霾在欧洲上空聚集。为了应对可能发生的战争，"声望"级加快了正在进行中的现代化改造，期间"却敌"号还参加了在西班牙内战中对部分难民提供救助。

当第二次世界大战在1939年9月爆发时，"声望"号和"却敌"号都在本土舰队中服役。战争爆发初期，2艘"声望"级战列巡洋舰的主要任务是对德国的袭击舰进行封锁、拦截及搜索。1940年4月，"声望"级参加了挪威战役，"声望"号曾经以一己之力对抗德国的"沙恩霍斯特"号和"格奈森瑙"号2艘新型战列巡洋舰并且取得了海战的胜利。"却敌"号主要在北大西洋上执行护航任务，其在1941年8月进入印度洋，最后在11月被编入Z舰队。在太平洋战争爆发几天后的12月10日，"却敌"号和"威尔士亲王"号在南中国海遭遇了日军轰炸机的围攻并最终被击沉。

1941年至1943年，"声望"号一直在地中海内服役，之后前往远东参加对日作战。1945

▲ "A""B"两座主炮塔正在指向右舷的"声望"级战列巡洋舰，其后面的烟囱中冒出了浓浓的黑烟

▲ "声望"级的内部结构示意图,可以很直观地了解战舰内部的分区和功能

▲ "声望"级的左舷,其舷侧的主装甲带相比同时代的战列巡洋舰较薄

年,"声望"号被调回本土最后迎来了战争的结束。1947年,"声望"号正式退役,其在第二年被出售,这艘巨舰最终在苏格兰的寒风中被解体。

作为英国在第一次世界大战爆发后设计建造的战列巡洋舰,"声望"级拥有优美流线的舰体外形、大威力的主炮和极高的航速。"声望"级的建造及时弥补了皇家海军战列巡洋舰在日德兰海战中的损失，保持了皇家海军在战列巡洋舰上的数量优势。整体上看，"声望"级在加强火力和提高航速的同时忽视了防护，不过这在之后持续的大规模改造中得到了部分弥补。

当海军假日的狂潮席卷世界海军强国主力舰后，"声望"级成为皇家海军中仅存的3艘战列巡洋舰中的2艘，地位非常重要。在第二次世界大战中，"声望"级终于有机会大显身手，凭借着高航速，他们驰骋于大洋之上，执行各种任务。尽管"却敌"号最终战死海疆，但是"声望"号仍然继续奋战并且盼到胜利的最终降临。从时间上看，"却敌"号是最后战沉的英国战列巡洋舰，"声望"号是最后退役的战列巡洋舰，在近30年的服役生涯中，"声望"级见证了战列巡洋舰从兴旺到没落，也见证了大英帝国最后的荣光，因此"声望"级成了日不落帝国最后的战巡。

"声望"级战列巡洋舰一览表

舰名	译名	建造船厂	开工日期	下水日期	服役日期	命运
HMS Renown	声望	费尔菲尔德造船厂	1915.1.25	1916.3.4	1916.9	1948年退役并出售拆解
HMS Repulse	却敌	约翰·布朗公司	1915.1.25	1916.1.8	1916.8	1941年12月10日被日军击沉

基本技术性能	
基本尺寸	舰长242米，舰宽27.5米，吃水9.2米
排水量	标准27600吨 / 满载37400吨
最大航速	31.5节
动力配置	42座燃油锅炉，2台蒸汽轮机，112000马力
武器配置	6×381毫米火炮，17×102毫米火炮，2×533毫米鱼雷发射管
人员编制	953名官兵（和平时期），1223名官兵（战争时期）

"声望"号
（HMS Renown）

"声望"号由费尔菲尔德公司位于格拉斯哥的船坞建造，该舰是第一次世界大战爆发后英国建造的第一艘战列巡洋舰。其实早在战舰还处于设计阶段的1914年12月29日，雷厉风行的第一海军大臣费舍尔就已经开始与建造商进行会谈，他要求从1914年12月30日开始计算，在15个月内完成战舰的建造。1915年刚刚到来，海军部造舰局就开始检查之前为"复仇"级6、7号舰准备的材料是否能够用到"声望"级战列巡洋舰的建造上来。1月中旬，造舰局向船厂提供了建造舰体需要的材料清单。1月25日，"声望"号的龙骨在船厂铺下，而这一天正好是费舍尔74岁的生日，这绝对算得上是给第一海军大臣献上的最好的生日礼物。就在"声望"号开工的同一天，其姐妹舰"却敌"号也在约翰·布朗公司铺下了龙骨。1915年4月12日，海军部造舰局完成了新型战列巡洋舰的全部图纸，海军部委员会在10天后批准了包括图纸在内的全套建造方案，到这时费尔菲尔德公司才得到了最终的设计方案和图纸。

"声望"号在1916年3月4日下水，接近完工的战舰在9月份开始多项测试，其中在海试中战舰动力系统的输出功率达到了126000马力，航速超过32.58节，"声望"号因此成为当时世界上跑得最快的主力舰。1916年9月20日，"声望"号完成了全部的建造工作，战舰造价高达311.72万英镑。"声望"号的整个建造工作仅仅用了20个月，这样的建造速度在战争时期是非常难得的。

"声望"号服役并且加入大舰队时，正值日德兰海战刚刚结束不久。在这次著名的大海战中，皇家海军损失了3艘战列巡洋舰，一时间战列巡洋舰在海战中的生存力遭到了

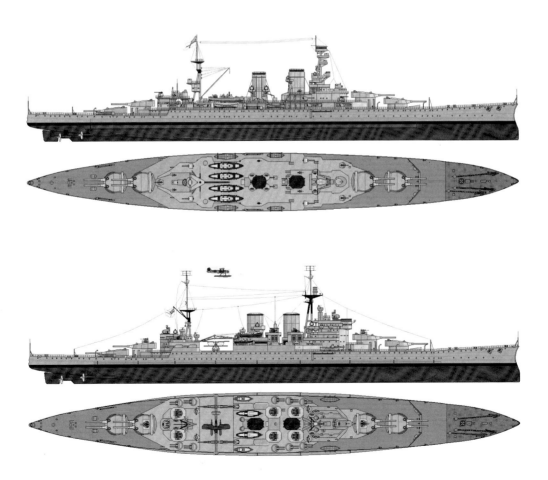

▲ 以战列舰设计的"声望"号效果图，其与之后战列巡洋舰设计最大的不同就是安装有四座主炮塔

▲ 建成之初的"声望"号，船舷上站满了水兵

▲ 正在驶离码头的"声望"号，其第一根烟囱中冒出了黑烟

来自各方面的严重质疑。实战表现证明，防护水平与"不倦"级相当的"声望"级无法与德国主力舰抗衡。1916年10月份，大舰队司令杰利科要求加强主力舰甲板、指挥塔的装甲厚度，同时还要加强各处舱门的结构强度。

根据杰利科的要求，"声望"号进入罗塞斯的船坞进行改造，其中包括轮机舱上方的甲板增加50毫米、弹药舱上方甲板增加50毫米、位于舷侧的斜面装甲角度加大、主装甲带向前和向后的装甲厚度增加37毫米等。经过一系列的加强和改造，"声望"号的排水量增加了512吨之多。

在第一次世界大战的大部分时间里，"声望"号隶属于大舰队的第1战列巡洋舰分舰队，其跟随舰队在北海海域进行巡逻和训练。1917年12月12日，"声望"号和友舰出海对德

▲ 停泊在海面上的"声望"号战列巡洋舰

▲ 停泊中的"声望"号，其舰艉搭起了遮阳棚

◀ "声望"号部分军官在一起的合影

国前往北欧的小舰队进行突然袭击，这成为"声望"号在一战中唯一一次出战。整个袭击并不成功，英国舰队击沉了几艘小型船只，其他的目标趁机躲入了挪威的峡湾之中。随着德国投降，"声望"号与姐妹舰"却敌"号于1918年11月23日在福斯湾与皇家海军的其他战舰一起接受了德国公海舰队的投降。

1919年4月，大舰队解散后，"声望"号被分配给大西洋舰队的战列巡洋舰分舰队。在大西洋舰队期间，"声望"号接到了一项特殊而光荣的任务，那就是护送威尔士亲王（后来的英王爱德华八世）访问加拿大的纽芬兰及美国。为了这次高规格的护送任务，"声望"号接受了战后的第一次大规模改造，其中包括：拆除在"B""Y"炮塔上的简易飞行跑道；将大部分原有的钢制甲板改为更加美观的木质甲板；将"Y"炮塔内的4.6米测距仪更换为9.1米测距仪，将指挥平台中的测距仪换成6.1米测距仪。

1920年1月至3月，"声望"号继续为成为"皇家游艇"而接受改造，包括：拆除最后的一座三联装102毫米炮塔并将前面的102毫米炮塔后移，拆除甲板上的两门76毫米防空炮，这样可以腾出空间改造成供王室成员散步的观景甲板；在两根烟囱之间增加了一个从中间一分为二的大型甲板舱室，其中左边的舱室为壁球场，右边的舱室为电影院；威尔士亲王同他的随从于3月登上了改造一新的"声望"号，战舰这次将前往澳大利亚和新西兰，巨大优美的战舰是英国威严的象征。前往大洋洲的王室访问直到10月才结束，在访问中战舰在许多港口停泊，引来了人们的围观。10月"声望"号抵达朴次茅斯，11月便被储备起来。

1921年9月，储备中的"声望"号再次服役，这次他再次护送威尔士亲王访问了印度和日本。就在"声望"号连续出访之时，各海军强国在美国首都华盛顿召开了会议，限制各国海军力量和各类战舰规格成了会议的主要议题。1922年2月6日会议结束当天各国签订了《美、英、法、意、日五国关于限制海军军备条约》，根据条约英国的主力舰被大规模削减，不过"声望"号和姐妹舰"却敌"号却得以保留。

1922年6月，完成出访任务的"声望"号

▲ 在波澜微起的海面上停泊的"声望"号战列巡洋舰

▲ 1920年4月，"声望"号访问了新西兰港口城市奥克兰

返回朴次茅斯港，并在第二个月被储备起来。接下来，"声望"号开始接受与姐妹舰"却敌"号类似的大规模改造：将战舰原有的152毫米主装甲带全面提升至229毫米，这些装甲中有一半来自之前英国为智利建造的"科赫兰海军上将"号（Almirante Cochrane）战列舰（"科赫兰海军上将"号原为智利向英国订购的战列舰，由于第一次世界大战的爆发，该战舰于1918年8月停工并被英国政府征购，在拆卸了甲板之后被改造成"鹰"号航空母舰），其余部分则是新建的。主装甲带的提升增加了战舰的吃水，其装甲带也因此整体向上提高了0.9米；战舰的甲板装甲得到整体加强，其中重点改造部分集中在弹药舱和轮机舱顶部，弹药舱的下层甲板也加厚了37至76毫米；在顶部甲板至主甲板之间添加了两道纵隔壁，直到锅炉舱附近，舰体下层的水密结构得到修改；根据"伊丽莎白女王"级的改造经验，在"声望"号舰体两侧增加了防鱼雷凸出部，但是没有填充钢管等材料作为缓冲；舰体后面的三联装102毫米炮被拆除；2门单装102毫米炮被拆除，取而代之的是4门单装的102毫米QF 4-inch Mark V防空炮，新型102毫米炮的俯仰角在-5°～80°之间，其发射14千克高爆弹，初速为728米/秒，射速为10～15发/分钟，最大射程为9400米；为了统一指挥防空炮对空中的目标进行瞄准射击，在"声望"号"B"炮塔上安装了高角指挥仪。改造完成之后的"声望"号排水量仅增加了3600吨，吃水深度增加了0.8米，改造耗资979927英镑。由于不断接受改造，皇家海军官兵给"声望"号起了另外一个名字叫作"修理"号。

"声望"号的大改造于1926年9月完成，接着便重新加入了皇家海军的战列巡洋舰分舰队。1927年，"声望"号又一次接到护送王室出访的任务，这次是护送阿尔伯特亲王及其随从前往澳大利亚进行访问。7月，从澳大利亚归来的"声望"号被编入大西洋舰队，当

▲ 在平静的海面上，停泊中的"声望"号正在享受着和平的阳光

▲ 1927年，停泊在新西兰威灵顿港中的"声望"号战列巡洋舰

"胡德"号在1929年接受改造时，"声望"号成为战列巡洋舰分舰队的旗舰。

1931年，完成改造的"胡德"号重回大西洋舰队，从"声望"号手中重新接过了旗舰的位置，而"声望"号开始接受新的短期改造。这次改造主要是提升防空能力：以全新的Mark I型高角控制系统取代之前的高角测距仪；扩大了指挥塔平台以便安装一对40毫米砰砰炮（QF 2-pounder Mark VIII gun），该炮俯仰角在-10°~+80°之间，发射0.91千克高爆弹，初速为620米/秒，射速为96~98发/分钟，最大射程为3500米。在改造中，计划的2门砰砰炮中只有右侧的那门被安装并且投入使用。1932年，改造基本结束，剩余一些小改造还在进行着。1933年，"声望"号第二根烟囱后面的甲板舱室被拆除，留出的空间安装了一部水上飞机弹射器及用于侦察的费尔雷3型水上飞机，用于起吊飞机的吊臂安装在烟囱右侧，不过这些航空设备在不久之后就被拆掉了。

1935年1月23日，在靠近西班牙海岸的一次航行训练中，"声望"号与"胡德"号相撞，其舰艏弓部被撞毁。受伤的"声望"号先到直布罗陀接受临时维修，然后前往朴次茅斯港进行大修，时间是1935年2月至5月。

1935年7月16日，"声望"号参加了皇家海军在斯皮特黑德举办的海上阅兵，以庆祝英国乔治五世登基25周年。后随着第二次阿比西尼亚战争（第二次意埃战争）爆发，"声望"号被派往地中海以加强地中海舰队的力量。1936年1月，"声望"号抵达地中海舰队基地亚历山大港，加入了第1战列舰分舰队。5月，"声望"号被召回英国并加入了本土舰队。

▲ 接受大改造之后在海面上进行主炮试射的"声望"号，其所有主炮塔都转向左舷

▲ 编队航行中的"声望"号，其位于舰艉的主炮塔指向左舷

▲ 停泊中的"声望"号，其后主桅上悬挂着皇家海军旗

▲ 停泊中的"声望"号，舰上悬挂的彩旗显示其准备参加大型礼仪活动

▲ 1927年，停泊在马耳他的"声望"号上的官兵们在一起合影，可以看到最前排中间有几位女士

▲ 完成1936年至1939年大改造的"声望"号，高大的舰桥让这艘战舰面貌焕然一新

1936年9月至1939年9月，"声望"号进行了第二次大规模改造，改造经验全部来自于战列舰"厌战"号的改造，目的是将"声望"号变成一艘全新的战舰以应对不断变化的技术和战争需要。从外观上看，"声望"号的变化非常大，其原有的包括舰桥和烟囱在内的上层建筑全部被拆除并得到重建，新的舰桥更加高大雄伟，其中可以安装更多的设备。在改造中，"声望"号的武器、防护、动力等方面得到了全面提升。

在武器系统上，"声望"号的主炮塔按照新标准进行改进，其主炮最大发射仰角达到了30°，381毫米火炮配备了最新型的被帽穿甲弹，如此一来主炮的射程和穿甲能力达到了世界前列水平。舰上安装了20门性能更好的114毫米QF 4.5-inch Mark III火炮，这些火炮安装在十座双联装全封闭装甲炮塔中，其中烟囱两侧各三座，舰艉上层结构甲板两侧各两座。114毫米炮俯仰角在-5°~+80°之

间，其发射25千克高爆弹，初速为749米/秒，射速为12发/分钟，最大射程为12000米。"声望"号安装了三座八联装的40毫米砰砰炮，其中两座位于两根烟囱之间，还有一座在舰艉上层建筑顶部。除了防空炮，"声望"号上还加装了四挺威克斯12.7毫米水冷机枪。另外，"声望"号原有的两具鱼雷发射管被拆除，取而代之的是八具新的水下鱼雷发射管。为了引导和指挥新安装的火炮进行射击，"声望"号安装了新型的海军火力控制平台用于观测和引导主炮对海面目标进行射击，四座Mark IV型高平两用指挥仪（其中两座指挥仪安装在舰桥两侧，另外两座位于舰艉上层建筑之上）用于观测和引导防空炮对高空目标进行射击。当高角控制仪捕捉到来袭敌机时，测距仪会将目标的数据输入高角控制系统的模拟计算机中，然后指挥防空炮统一对目标进行攻击。

在防护上，"声望"号主要加强了火炮

和弹药舱的防护，其中"A""B"主炮塔基座中102毫米部分被加厚至152毫米，新布局的114毫米弹药舱上方装甲加厚至102毫米。除了弹药舱，战舰的轮机舱和锅炉舱上方装甲加厚至37毫米和50毫米，舰艏和舰艉甲板加厚至50毫米和63.5毫米。

在动力方面，原有的42座锅炉被8座新型三胀式锅炉取代，锅炉总重量降低了2800吨。新的锅炉只占用了四个锅炉舱，腾出的空间可以重新进行布局。在新的空间中，设计师用装甲隔板隔出了新的114毫米弹药舱、燃油舱及淡水舱，其不仅可以进行储备，而且可以起到缓冲作用。"声望"号的轮机舱也被重新布局，提高了舱室之间的防护和水密性。总体上看，锅炉数量的减少并没有降低输出功率，在改造完成后的试航中，"声望"号仍然能够达到30.1节的高速。

像当时的其他主力舰一样，"声望"号的烟囱后面设置了机库，安装了弹射器和吊车，搭载了布莱克本的"鲨鱼"式水上飞机。在辅助系统上，"声望"号增加了柴油发电机和电动—液压舵机，安装了七台350吨排水泵。经过这次大规模改造之后，"声望"号的面貌可谓是焕然一新，其标准排水量达到33725吨，满载排水量达到36080吨，整个改造

一共花费了308万英镑，几乎等于其原造价。

1939年8月28日，完成各种测试的"声望"号加入本土舰队服役，此时距离第二次世界大战的爆发只剩下几天时间。战争爆发后，"声望"号开始在北海进行巡逻，但是由于德国海军的"斯佩伯爵海军上将"号（Admiral Graf.Spee）在西南大西洋展开破交战，其立即加入K舰队前往西南大西洋对德国战舰进行追踪。11月，"声望"号加入了H舰队，其在好望角附近以防止"斯佩伯爵海军上将"号进入南大西洋海域。12月13日，"斯佩伯爵海军上将"号与3艘英国巡洋舰遭遇并展开激战，该舰受伤后驶入中立的蒙特维迪约港。迫于强大的军事和外交压力，"斯佩伯爵海军上将"号最终在17日自沉。当"斯佩伯爵海军上将"号沉没后，"声望"号于1940年3月返回本土并再次加入本土舰队。由于"胡德"号在当月开始改造，"声望"号又一次成为战列巡洋舰分舰队的旗舰。

1940年4月9日，德国入侵挪威，其派遣海军力量运输陆军部队。接到情报的英国海军立即出动，包括"声望"号在内的英国战舰试图拦截并消灭德国舰队。9日凌晨3时37分，在卢夫腾岛西南方航行的"声望"号发现了德国战列巡洋舰"沙恩霍斯特"号和"格奈森

▲ 1940年正在穿越直布罗陀海峡的H舰队，其中位于最前方的是'声望'号，跟在他身后的分别是"马来亚"号战列舰和"皇家方舟"号航空母舰

▲ 停泊中的"声望"号，高大的舰桥让其看上去非常雄壮，在其身后有一艘美国战列舰

▲ 站在"声望"号舰桥上的丘吉尔，其戴着耳机防止主炮巨大射击声伤害耳膜

▲ "百眼巨人"号航空母舰，这艘奇特的航空母舰上没有舰岛结构

▲ 开火中的"声望"号战列巡洋舰

瑞"号。4时05分，锁定目标的"声望"号抢先开火，而德国人还不清楚对方的身份。

遭到"声望"号炮击的德国战舰在6分钟后开始还击，两枚280毫米炮弹击中了"声望"号的侧舷装甲，但是没有击穿。没过多久，"声望"号发射的1枚381毫米炮弹和2枚114毫米炮弹击中了"格奈森瑙"号，战舰的主火控系统和"A"炮塔内的测距仪被击毁。遭到打击的德国战舰开始释放烟雾撤退，由于德国战舰的适航性更好，其在恶劣的海况下加速至28节的高速。此时占有火力优势的"声望"号加速至29节进行追击，但是大浪涌上甲板淹没了"A"炮塔底部的部分设备，舰桥也有受损，其最终不得不降低速度看着对手扬长而去。在整场海战中，"声望"号以一敌二，受损比较轻微。

1940年4月20日至5月18日，"声望"号在船坞内接受了短暂的维修，然后前往直布罗陀加入H舰队。11月，H舰队出动掩护航空母舰"百眼巨人"号（HMS Argus）向马耳他岛输送战斗机。一批"飓风"式战斗机从"百眼巨人"号的飞行甲板上起飞，然后直接降落在马耳他岛的机场上，而舰队立即返航以免遭到德国和意大利军队的攻击。

1940年11月中下旬，一支快速运输船队从直布罗陀出发，目的地是马耳他和亚历山大港。为这支船队提供护航的是H舰队的"声望"号战列巡洋舰、"皇家方舟"号航空母舰和其他舰艇。与此同时，地中海舰队组成了D舰队从亚历山大港出发，包括"拉米伊"号战列舰，"纽卡斯尔"号、"贝里克"号、"考文垂"号巡洋舰等，两支舰队计划在撒丁岛南部海域汇合。英国派出运输船队的消息被意大利间谍截获，意大利海军立即派出包括战列舰"维内托"号和"朱利奥·凯撒"号在内的强大舰队进行拦截。

11月27日上午9时45分，意大利重巡洋舰"博尔扎诺"号上的水上飞机发现了英国舰队。11分钟之后的9时56分，H舰队指挥官萨莫维尔接到了"皇家方舟"号派出的侦察机的报告，称发现了意大利海军的5艘巡洋舰和5艘驱逐舰。意大利舰队正在向英国人杀来，而此时只有D舰队面对对手，H舰队还要一段时间才能进入战场，英国人在力量上处于劣势。尽管数量上不如对手，但是英国人有一张王牌，那

就是"皇家方舟"号航空母舰，航空母舰上的精英舰载机部队可以有效压制意大利海军。

12时22分，英意双方的巡洋舰开始交战，双方之间的距离达到23500米。在初期的交战中，意大利人占有一定的优势，在火力上压制了英国海军。4分钟之后的12时26分，意大利巡洋舰队指挥官却收到了撤退的命令，于是他指挥舰队加速至30节并且释放烟雾。就在此时，意大利的"枪骑兵"号驱逐舰被英国巡洋舰"曼彻斯特"号（HMS Manchester）击中而且受损严重。英国重巡洋舰"贝里克"号在12时22分被一枚203毫米炮弹命中，炮弹击中了"Y"炮塔，造成7人阵亡、9人受伤，爆炸引起的大火持续了1个小时才被扑灭。12时35分，另一枚炮弹击中"贝里克"号，炮弹切断了电缆，包括舰艉炮塔在内的后半部分全部停电。

几分钟后，高速驶来的"声望"号抵达战场，英意双方的力量开始发生变化。13时，意大利的"维内托"号战列舰向27000米外的英国巡洋舰开火，在接下来的7轮齐射中它一

▲ 皇家海军巡洋舰"曼彻斯特"号

共发射了19枚381毫米炮弹。不断有高大的水柱在英国巡洋舰周围溅起，它们不得不释放烟雾并向"声望"号靠拢。看到英国人撤退，意大利人不但没有追击反而转向撤退，这场持续了54分钟的海战结束了，这场便是斯帕蒂文托角之战（Battle of Cape Spartivento）。

1941年2月9日，"声望"号炮击了意大利城市热那亚，之后的3月至5月，其跟随H舰队在地中海执行护航任务。5月24日，"胡德"号战列巡洋舰在丹麦海峡被德国战列舰"俾斯麦"号击沉，皇家海军现在仅剩下2艘属于"声望"级的战列巡洋舰了。为了防止受伤的"俾斯麦"号逃回法国，H舰队的"声望"号和"皇家方舟"号等战舰从直布罗陀出发进入大西洋。5月27日，英国舰队发现了"俾斯麦"号，在围攻之后将其击沉。尽管没能参加对"俾斯麦"号的围歼，但"声望"号捕获了一艘为"俾斯麦"号提供补给的德国补给船。

7月，"声望"号参加了为一支前往马耳他岛的运输船队护航，之后便返回英国的罗塞斯港接受改造和维修，时间在8月18日至10月31日之间。在开战之后的第一次改造中，"声望"号安装了大量的包括雷达在内的先进电子设备，有284主炮火控雷达、281远程对空警戒雷达、273对海警戒雷达、282近程对空警戒雷达、285远程对空火控雷达、283对空拦截射击火控雷达三座，另外还有一部FM2中频无线电测向仪及6门20毫米厄立孔高射炮。

当改造完成之后的11月，"声望"号被编入本土舰队。此时正赶上"约克公爵"号战列舰护送首相丘吉尔前往美国首都华盛顿参加阿克迪亚会议，于是"声望"号接替"约克公爵"号成为本土舰队的副旗舰。

在本土舰队服役期间，"声望"号参加了北极航线上的护航作战，护送运输船队将大量的物资运往苏联。1941年12月10日上午，"声

◀ 丘吉尔登上"声望"号发表演说，他鼓舞了士兵们的士气

望"号上吹起了集合号，全体官兵一起在甲板上进行安魂祷告，原来其姐妹舰"却敌"号刚刚在南中国海被日军飞机击沉，"声望"号一下子变成皇家海军仅存的一艘战列巡洋舰。

1942年4月至5月，作为W舰队的旗舰，"声望"号率领舰队护送一支运送陆军将士的运兵船队前往马耳他岛。完成护送任务之后其返回本土舰队，但是在10月再次加入H舰队为在北非登陆的"火炬行动"进行支援。

1943年2月至6月，"声望"号返回英国进行改造，重点是加强防空火力，战舰加装了72门20毫米厄立孔高射炮，包括23座双联装和26门单管。除了安装防空炮，"声望"号上的飞机弹射器和机库被拆除，取而代之的是洗衣房和电影院。

8月，"声望"号护送丘吉尔前往加拿大，在那里英国与美国决定组建远东联合舰队。11月，其又护送丘吉尔前往开罗参加开罗会议。从开罗返回后，"声望"号接受了进一步增强防空火力的改造，加装了七座双联装和五门单管的厄立孔高射炮、一部282防空火控雷达。

12月，"声望"号回到本土舰队中，但是仅仅几周后他就被编入远东舰队。12月7日，"声望"号上升起了远东舰队副司令阿瑟·鲍尔海军中将的将旗，战舰离开罗塞斯前往斯卡帕湾与战列舰"伊丽莎白女王"号和"刚勇"号汇合组成第1战列舰分舰队。12月30日，舰队驶离英国本土与"光辉"号和"独角兽"号航空母舰汇合，然后一起向东方驶去。

1944年1月27日，第1战列舰分舰队抵达远东舰队基地科伦坡，此时"声望"号已经成为第1战列舰分舰队的旗舰。作为远东舰队中航速最快的主力舰，"声望"号在接下来的几个月中一直伴随航空母舰作战。4月，

▲ 1944年5月12日，在印度洋上航行的英国远东舰队，近处为"声望"号，左后方是法国战列舰"黎塞留"号，右后方是英国战列舰"刚勇"号

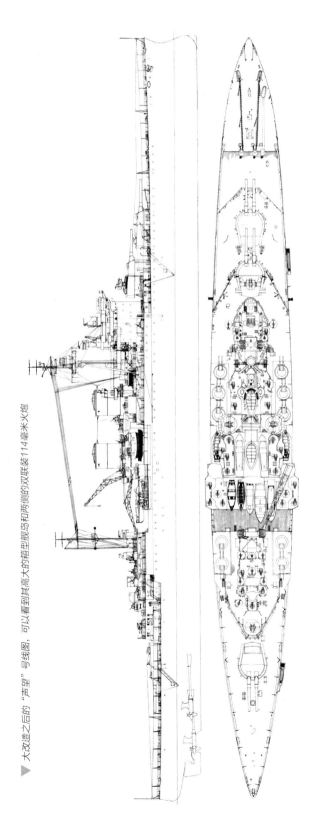

大改造之后的"声望"号线图，可以看到其具高大的箱型舰岛和两侧的双联装114毫米火炮

"声望"号参加了"驾驶舱行动"，舰队中的英国航空母舰派出舰载机空袭了日军位于沙璜的港口和储油设施。4月30日至5月1日，"声望"号又炮击了尼科巴群岛和安达曼群岛上的日军设施。5月17日，"声望"号掩护航空母舰对泗水港发动空袭。10月17日至19日，"声望"号再次对尼科巴群岛上的设施进行了炮击，在返航途中舰队遭遇了日军鱼雷攻击机，后来这些敌机被英国舰载机驱逐。就在大家将注意力放在天空中时，一艘日军运输船出现在海平面上，"声望"号立即用381毫米主炮将其撕成碎片。1944年11月22日，随着战列舰"伊丽莎白女王"号前往南非德班进行改造，"声望"号成为英国太平洋舰队（原远东舰队）的旗舰。

1945年3月，由于皇家海军所有的主力舰都在太平洋上作战，为了防止剩下的德军大型战舰进行最后的拼死一搏，皇家海军将"声望"号召回本土。3月30号，"声望"号离开科伦坡，战舰上有一半人都是准备退役的

▲ 美国总统杜鲁门在英王乔治六世的陪同下检阅了"声望"号上的英国皇家海军陆战队士兵

▲ 美国总统杜鲁门（中间穿西服者）与英王乔治六世（左二）在"声望"号上会面并且共进午餐，背景上能够看到杜鲁门乘坐的"奥古斯塔"号（USS Augusta）重巡洋舰

▲ 从"奥古斯塔"号上拍摄的"声望"号战列巡洋舰，此时英王乔治六世正在这艘战舰上，战舰停泊于英国靠近朴次茅斯港的海面上

老兵。为了证明自己的状态良好，"声望"号仅仅用了306个小时就跑完了归国的13300千米的路程，平均航速达到了24.97节/小时。

1945年4月15日，"声望"号进入罗塞斯港，接受了简单的维修。随着欧洲战场的战斗接近尾声，"声望"号再也没有参加过战斗。德国投降之后的5月11日，英国海军代表在"声望"号接受了驻挪威德国海军的投降。当太平洋上的战事仍在继续时，"声望"号已经进入储备，战舰上的六座114毫米双联炮塔和所有的轻型防空火炮都被拆除。

8月3日，"声望"号被粉刷一新，护送英国乔治六世与乘坐重巡洋舰"奥古斯塔"号的美国总统杜鲁门进行会晤。护送英王成了"声望"号最后的任务，之后他就一直被封存在港口之中。

1947年3月19日，英国海军部宣布"声望"号正式退役。经过准备之后的6月1日，"声望"号的全体官兵在战舰的甲板上列队。18时30分，在日落号中，皇家海军旗徐徐降下，"声望"号在服役了30年零9个月之后告别了皇家海军。1948年1月21日，政府批准出售"声望"号，其最终被英国金属工业公司购得并被拖往位于苏格兰的法斯兰进行拆解。在法斯兰的码头上，"声望"号与战列舰"马来亚"号、"决心"号、"铁公爵"号停泊在一起，作为英国最后的战列巡洋舰，他与其他主力舰一起见证了大英帝国最后的荣誉。

"却敌"号
（HMS Repulse）

"却敌"号（又译"反击"号）由约翰·布朗公司位于克莱德班克的船坞建造，该舰是第一次世界大战爆发后英国建造的第二艘战列巡洋舰。"却敌"号原为"复仇"级

的7号舰，但因计划被取消而改建为"声望"级战列巡洋舰的2号舰。"却敌"号原由帕尔莫斯公司建造，但新设计的战舰长度超过了该公司现有的船台的长度，因此改由约翰·布朗公司建造。1915年初，之前为建造"却敌"号战列舰而储备的大量材料被运往克莱德班克，战舰的初稿图纸也送到了建造商手中。

1915年1月25日，"却敌"号的龙骨在船厂铺下，其姐妹舰"声望"号也在同一天开工建造。1916年1月8日，"却敌"号下水，8月18日完成建造，造价高达282.9万英镑。"却敌"号的整个工期仅仅用了19个月，虽然同时开工，但是其建造速度比同级的"声望"号更快。在8月份的海试中，尽管海况较为恶劣，但是"却敌"号的航速还是达到了32节，超出了设计要求。

"却敌"号服役时正是日德兰海战结束不久，海战中英国战列巡洋舰的损失暴露了其防护上的不足，于是剩下的战列巡洋舰开始接受提升防御力的改造。"却敌"号与"声

▲ 正在克莱德班克建造的"却敌"号，可以看到主炮塔、烟囱已经落成，但是舰桥还在建造中

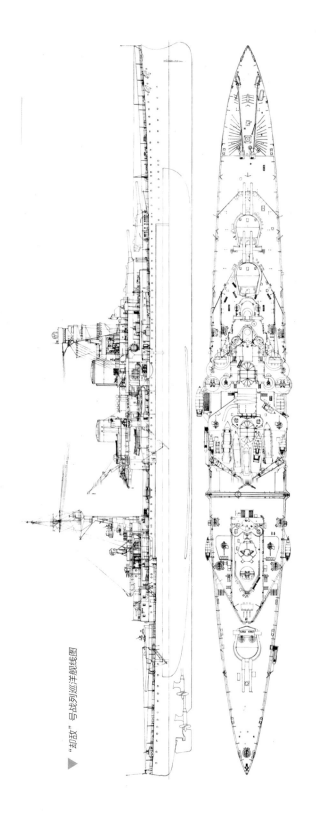

"却敌"号战列巡洋舰线图

望"号一样，其轮机舱上方的甲板装甲增加了50毫米、弹药舱上方甲板装甲增加50毫米、位于舷侧的斜面装甲角度加大、主装甲带向前和向后的装甲厚度增加37毫米等。经过一系列的加强和改造，"却敌"号的排水量增加了500多吨。

第一次世界大战中，皇家海军开始探索在战舰上搭载并起飞飞机。经过在轻巡洋舰上的初期尝试之后，皇家海军开始在主力舰上搭载飞机，"却敌"号也进行了相关的实验。海军工程师们在"却敌"号的"B"主炮塔上安装了简易的木质飞行跑道，炮塔顶部停放了一架"骆驼"式战斗机。1917年10月1日，"骆驼"式战斗机成功地从"却敌"号的"B"炮塔顶部起飞，之后"Y"炮塔也接受了类似的改造。

"却敌"号服役之后便加入了大舰队的第1战列巡洋舰分舰队中，之后英德两国的舰队很少爆发战斗。1917年10月，皇家海军注意到德国海军正派出小型舰艇对位于北海上的雷区进行扫雷，于是参谋部计划对这些小型舰船发起突袭。计划中，皇家海军将派出两支轻巡洋舰分舰队担任主攻任务，第1战列巡洋舰分舰队和第1战列舰分舰队提供掩护。11月17日，德国扫雷舰队进入赫尔戈兰湾。上午7时30分，英国轻巡洋舰发现目标并且立即展开攻击，德国舰艇释放烟雾开始撤退。接到发现目标的信号之后，"却敌"号加速向目标驶去，其在9时向目标开火，有一枚炮弹击中了德国轻巡洋舰"柯尼斯堡"号（SMS Königsberg）。9时50分，英国人发现了2艘德国战列舰，舰队立即停止了追击并由"却敌"号等掩护撤退。一个小时后，海上升起了大雾，双方都失去了目标。这次对德国扫雷舰艇的袭击就是第二次赫尔戈兰湾海战，在整个

▲ 建成不久的"却敌"号，战舰上搭起了许多遮阳棚

▲ 在海面上平稳航行的"却敌"号，其后主桅非常高

战斗中德国仅有一艘扫雷艇被击沉。

1917年12月12日，"却敌"号在训练中与"澳大利亚"号战列巡洋舰相撞，其不得不进入船坞接受维修。在接下来的1918年里，"却敌"号大部分时间都在北海上进行训练和巡逻。德国投降后，其与"声望"号于1918年11月23日在福斯湾与皇家海军的其他战舰一起接受了德国公海舰队的投降。

在战争结束后，皇家海军认识到现役战列巡洋舰装甲防护方面的不足，于是在1918年12月17日首先对"却敌"号进行大规模改造。在朴次茅斯的船坞里，"却敌"号的主装甲带全面提升为229毫米，其装甲板是从战前英国为智利建造的"科赫兰海军上将"号战列舰上拆下来的。"却敌"号上原有的152毫米装甲带则上移，位置在主装甲带与甲板之间。弹药舱顶部甲板加厚到76至102毫米，底部装甲加厚到50至76毫米。战舰的舰体内加装了多层垂直装甲隔壁以防止弹片造成更大的伤害，"Y"炮塔后上装甲板之下安装了厚度达102毫米的垂直装甲。借鉴了战列舰"拉米伊"号安装防鱼雷凸出部的经验，"却敌"号舰体两侧也安装了相同的结构，防鱼雷凸出部的安装使战舰的宽度增加了3.9米，吃水增加了0.4米。除了防御力的提升，"却敌"号还安装了三具9.1米测距仪并且改善了无线电和电力系统，"B""Y"炮塔上的简易飞行跑道被拆除。经过这次大规模改造，"却敌"号的排水量增加了4500吨，吃水增加了2米，整个改造工程花费86万英镑。"却敌"号的改造非常成功，极大地提升了战舰的防护力，改造方案和施工经验为姐妹舰"声望"号提供了范本。

▲ 进入海湾的"却敌"号，与旁边的小船相比，其体积十分巨大

▲ "却敌"号舰体中部，可以看到位于舰桥两侧平台的三联装102毫米炮

1921年1月1日，完成改造的"却敌"号加入了大西洋舰队下的第1战列巡洋舰分舰队。重新服役不久的"却敌"号与"胡德"号一起前往里约热内卢参加巴西建国100周年的庆典活动。1923年11月，"胡德"号、"却敌"号及第1轻巡洋舰分舰队的4艘轻巡洋舰组成舰队开始了著名的"帝国巡游"环球访问，这支舰队向西经过巴拿马运河，所到之处受到了热烈的欢迎。经过10个月的航行，舰队最终于1924年9月回到了英国。返回英国不久，"却敌"号上的2门76毫米防空炮和2门单联的102

毫米副炮就被拆掉，取而代之的是4门102毫米Mark V型防空炮。

1924年，"却敌"号跟随战列巡洋舰分舰队前往地中海巡逻。之后的1925年2月，舰队前往葡萄牙的里斯本，参加了纪念航海家达·伽马向南航行绕过好望角的纪念活动。从里斯本归来的"却敌"号上增加了一个壁球场，这是为了服务威尔士亲王而专门改建的，之后几个月战舰护送亲王对南非和南美洲进行了访问。

1925年11月至1926年7月，"却敌"号安

▲ 停泊在码头上的"却敌"号，外观崭新的战舰充满了威严与力量

▲ 1925年10月13日，在从南美洲返回英国的途中，威尔士亲王与"却敌"号的官兵们一起合影

▲ 停泊中的"却敌"号，前甲板上搭起了宽大的遮阳棚

装了高角指挥仪，战舰的上层建筑也相应做出了少许改动。改造之后的"却敌"号继续服役，1927年7月至9月间，战舰进行了一次短期改造。

"却敌"号在大西洋舰队中一直服役至1932年6月，之后被储备起来，直到1933年4月开始接受第二次大规模改造。改造包括：战舰的甲板装甲被加厚到64至89毫米，其中从"A"炮塔至锅炉舱前部、"Y"炮塔至锅炉舱的甲板装甲厚度增加了70毫米，"Y"炮塔至舰艉甲板装甲增加了64毫米；轮机舱靠近舷侧位置的装甲加厚了102毫米；锅炉舱被分为多个水密单元以提高舰船整体的生存力；位于舰艉后部的鱼雷控制塔被拆除；舰体中部的三联装102毫米副炮被拆除，增加了弹射器，弹射器与烟囱之间则是机库，机库两侧有吊车用于吊挂水上飞机，有了弹射器和机库的设置，"却敌"号能够搭载4架布莱克本的"鲨"式水上飞机，这种飞机装有两挺机枪，还能挂载炸弹和鱼雷；之前改造中安装的4门102毫米炮被拆除，2门被安装在第一根烟囱两侧艉楼甲板上；后主桅两侧安装了两座双联装的Mark XV型102毫米火炮；在烟囱两侧的三联装102毫米炮塔后面安装了两座八联装的40毫米砰砰炮；两具鱼雷发射管被拆除并被改为储藏室；机库顶部至指挥塔甲板被连了起来，这样便形成了一个可以安放小艇和12.7毫米机枪的宽敞平台；舰桥上安装了两座3.6米测距仪和两套高角控制系统。第二次改造之后，"却敌"号的排水量达到了38300吨。

▲ "却敌"号停泊在南非期间，一名卫兵正在守卫停泊在码头上战舰

完成第二次大规模改造的"却敌"号于1936年4月进入地中海舰队服役，此时欧洲的局势已经变得越来越严峻。随着西班牙内战的爆发，"却敌"号从西班牙的巴伦西亚、马略卡岛等地接上500名难民，把他们送往法国马赛进行安置。

1937年5月20日，"却敌"号前往斯皮特黑德参加英国乔治六世的加冕典礼和海上阅舰式。一年后的1938年7月，由于西亚爆发了阿拉伯人起义，"却敌"号前往海法以维持

▲ 靠近长堤停泊的"却敌"号，其位于伸向海中的长堤尽头

▲ 在骄阳下航行的"却敌"号

当地的秩序。就在"却敌"号在地中海服役期间，他被选中作为护送英王和王后前往加拿大的座舰，访问时间定在1939年5月。

1938年10月，"却敌"号返回英国进入船坞。为了给英王及其他人员提供一个更好的观景平台，"却敌"号舰艉的三联装102毫米炮塔将被拆除，其军官住舱也要进行改造和装修。由于当时国际局势不断恶化，海军部与国会磋商之后决定不再改造主力舰作为"皇家游艇"使用，英王和王后最终乘坐班轮"澳大利亚皇后"号（RMS Empress of Australia）前往加拿大进行访问。船坞中的"却敌"号只是将之前刚安装不久的两座双联装102毫米炮改为单管的102毫米炮，同时加装了两座四联装的12.7毫米机枪。

第二次世界大战爆发后，1939年9月1日，"却敌"号与"声望"号、"胡德"号一起组成了本土舰队的战列巡洋舰分舰队。头两个月中，"却敌"号的主要任务是在挪威海岸进行巡逻并且截击试图从这里经过的德国船只。在此期间，"却敌"号舰艉的三联装102毫米炮被拆除，改为一座八联装的40毫米砰砰炮。10月末，"却敌"号和航空母舰"暴怒"号前往哈利法克斯港，在这里它们将一起为运输船队护航并且搜寻可能出现的入侵者。

11月23日，皇家海军得到报告称德国战列巡洋舰"沙恩霍斯特"号击沉了武装商船"拉瓦尔品第"号（HMS Rawalpindi）。"却敌"号和"暴怒"号立即从哈利法克斯出发对敌舰进行追击，但是高危海况导致"却敌"号舰体受损，其不得不返回港口进行维修。12月10日至23日，"却敌"号接到了一项重要任务，为一支从加拿大来的运兵船队提供掩

▲ 靠在码头上休整的"却敌"号，其左舷舰艉处架设了登舰平台，看样子是在等待大人物的到访

▲ 航行中的"却敌"号，旁边有几艘小船

▲ 停泊在海面上的"却敌"号，其右侧有一艘帆船经过

▲ "却敌"号上部分官兵一起合影

护，这支船队运送着加拿大第1步兵师。在完成这项任务后，"却敌"号回到本土舰队中。

1940年2月，"却敌"号与航空母舰"皇家方舟"号一起出海搜寻从西班牙比戈出发的6艘德国船只，但是没有发现它们的踪迹。4月至6月的挪威战役期间，"却敌"号与皇家海军的其他战舰对战役提供海上支援，他的任务是拦截任何一艘试图突破封锁进入北大西洋的德国船只。在一次巡逻中，"却敌"号收到了驱逐舰"萤火虫"号（HMS Glowworm）发来的遭遇敌舰的消息，但是在其赶到事发海域前，"萤火虫"号就被德国重巡洋舰"希佩尔海军上将"号击沉了。没有找到目标的"却敌"号接到命令前往罗弗敦群岛以南与姐妹舰"声望"号汇合，然后一起沿着挪威海岸搜索。

1940年4月12日，"却敌"号返回斯卡帕湾加油并且为往来的船队护航。6月初，"却敌"号被派往北大西洋搜寻德国袭击舰，此时盟军已经开始从挪威撤退。7月，德国战列巡洋舰"格奈森瑙"号从挪威的特隆赫姆出发返回德国，皇家海军计划对其进行拦截，于是派出了"却敌"号和第1巡洋舰分舰队，但是双方没有发生接触。

▲ 海面上的"却敌"号，其舰艉"Y"炮塔上架设着简易跑道

▲ 停泊在平静海面上的"却敌"号，其后主桅经过改造高度降低

1941年5月22日，正在为WS8B船队进行护航的"却敌"号接到命令前去搜寻德国战列舰"俾斯麦"号，不过由于燃料即将耗尽，其不得不在5月25日返航。返回本土的"却敌"号在7月至8月接受了改造，包括安装了8门20毫米厄利孔高射炮和1部284雷达，这部雷达的作用是引导主炮进行射击。本来海军还打算为"却敌"号安装102毫米用火控雷达，并让其前往美国安装更多的高射炮，但由于接到新的护航任务而取消。

8月至10月，"却敌"号护送船队绕过非洲南端的好望角进入印度洋，一开始受英国东印度方面的指挥。就在1941年底，为了应对日本越来越强烈的南进企图，英国首相丘吉尔决定派遣几艘高航速的主力舰前往新加坡与现代化的航空母舰一起向日本施加压力。对于丘吉尔的决定，海军方面起初以战舰数量不足为由拖延，但是经过商讨后最终决定派出大型战舰。10月25日，战列舰"威尔士亲王"号在一艘驱逐舰的陪同下离开英国前往新加坡。11月，正在印度洋上执行任务的"却敌"号接到命令前往科伦坡与战列舰"威尔士亲王"号汇合。

1941年11月28日，"威尔士亲王"号抵达斯里兰卡的科伦坡，"却敌"号在第二天抵达。12月2日，舰队抵达新加坡，"威尔士亲王"号成为英国远东舰队Z舰队指挥官汤姆·菲利普斯（Tom Phillips）中将的旗舰，舰队中还有"却

▲ 人们聚集在码头上，为缓缓离开港口的"却敌"号送行

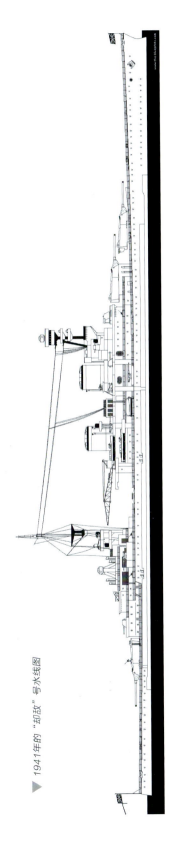

▼ 1941年的"却敌"号水线图

敌"号和4艘驱逐舰。

12月6日，英国收到情报称在中国南海发现了日本舰队，他们并不知道一场大战即将爆发。经过权衡，日本最终决定实行南进政策，目标是盛产石油的荷属东印度群岛，而英国在远东的力量成了日本前进的绊脚石，必须铲除。12月7日珍珠港遭到日军偷袭的当天（此时是新加坡时间12月7日夜间），一批日本飞机空袭了英国控制的新加坡。停泊在港内的"却敌"号与其他战舰一起用舰上的防空炮进行了还击，但是没有造成杀伤。12月8日凌晨，5000日军在海军力量的掩护下在马来半岛中部的哥打巴鲁登陆并迅速巩固了滩头阵地。

日军发起攻击后不久，伦敦向Z舰队发出

了命令，要求其出海作战。下午17时35分，菲利普斯上将亲率"威尔士亲王"号、"却敌"号和4艘驱逐舰（分别是"伊莱克特拉"号、"快速"号、"特内多斯"号及"吸血鬼"号）离开位于新加坡的樟宜海军基地，舰队向北打算攻击在哥打巴鲁附近的日本登陆部队。水兵们站在"却敌"号的甲板上，当他们听到舰长坦南特海军上校宣布"我们要出去自找麻烦"时爆发出了一阵阵欢呼声。

12月9日早晨，天空布满了厚厚的云层，偶尔有雨点落下。为了躲避日军的侦察，Z舰队先向东北航行，绕过南巴斯群岛之后改为向北航行。上午10时，皇家海军的水上飞机发出了信息报告日军在宋卡以北登陆。菲利普斯中将立即命令Z舰队转向西面，他打算攻击

▲ 正在造船厂进行建造的"却敌"号，在他身旁还有几艘正在建造中的驱逐舰

◀ 航行中的"却敌"号，可以看到其舰艉主炮前方成背负式安装的两座三联装102毫米火炮

日军的登陆部队及为其护航的舰队。

12月9日下午3时，日本I–65号潜艇发现了Z舰队，发现英国舰队的消息立即被送到了日军指挥部。根据潜艇的报告，日军巡洋舰上起飞的水上飞机在傍晚时分发现了Z舰队，但是由于夜幕降临而无法进行攻击。日军水上飞机的出现说明Z舰队已经被发现，在权衡之后，英国舰队司令菲利普斯中将于20时15分下令向南返航。

12月10日凌晨，Z舰队又收到了日军在关丹登陆的消息，菲利普斯立即命令舰队向关丹方向前进。2时20分，日军I–58号潜艇发现了Z舰队，其向目标发射了5枚鱼雷但是都没有命中。为了找到Z舰队，日军在天亮前向其可能存在的海域派出了11架侦察机，在西贡的机场上，第22航空队的86架轰炸机已经装上了鱼雷和炸弹准备起飞。7时55分至9时30分，59架九六陆攻（其中25架挂着91式鱼雷，另外34架挂着500千克炸弹）和26架一式陆攻（全部挂着91式鱼雷）全部起飞，这些飞机随时准备对发现的目标进行攻击。

上午10时，Z舰队抵达关丹附近但是没有发现日军的踪影，于是菲利普斯中将命令继续向北进行搜索。10时15分，担任侦察任务的日军飞机率先发现了海面上的英国舰队，机组人员立即以无线电向周围的战机发出发现目标的电文和目标位置，杀气腾腾的日军战机开始向这里飞来。尽管早已被发现，但是Z舰队的瞭望哨直到10时40分才发现了可疑飞机，整个舰队立即将防空预警提升到最高级。

11时，英国战舰的雷达上出现了正在靠近的日军机群，这些翼下挂着死亡的铁鸟越来越近。11时13分，第一波8架飞机开始对更快更长的"却敌"号展开围攻，这些飞机挂载的都是500千克炸弹。对于空袭，"却敌"号上的水兵回忆道："八架日本飞机在明媚的阳光下看起来一清二楚，它们排成一排在一千英尺的空中径直朝着我们一头俯冲下来，而我们的高射炮则立即开火回击。就在第一批飞机即将撤离的时候，一枚炸弹落在离'却敌'号很近的海面上，掀起来的水柱，把我的全身都打湿了。与此同时，另一枚炸弹穿透舰载飞机的弹射甲板，在甲板下面的机库里爆炸了。"

在第一轮空袭中，日本飞机投下的炸弹中有2枚属于近失弹，只有一枚命中了"却敌"号。这枚炸弹击中了机库并摧毁了"海象"式水上飞机，爆炸还引起了火灾。英国战

▲ 从日军飞机上拍摄的正在遭受攻击的"却敌"号（下）和"威尔士亲王"号（上）

▲ 舰体上涂着迷彩条块的"却敌"号

▲ 从一架飞机上拍摄的停泊中的"却敌"号

舰上的高射炮向空中的目标猛烈开火，但是防空炮手们发现这些飞机比平日里训练使用的靶机飞行速度快多了。尽管没有日军飞机被击落，但有5架被击伤。

第一轮空袭刚过，第二轮空袭就开始了，这次是20多架挂着鱼雷的轰炸机。在危急时刻，"却敌"号舰长坦南特指挥战舰灵活机动，先后躲过了19枚鱼雷的袭击。速度较慢的"威尔士亲王"号就没有这么好的运气，其被2至3枚鱼雷击中，丧失了机动能力。

就在这时，第三轮空袭开始，这次是挂着鱼雷的一式陆攻。在日机的左右夹击中，"却敌"号的好运气走到了尽头，其先后被4至5枚鱼雷击中。"却敌"号的水兵回忆："我当时的感觉是：这艘军舰触了礁。我被震得跳起来，跳出去四英尺，但是我既没有摔倒，也没有感到鱼雷爆炸，我只感到受到很大

震动。几乎在这同时，我感到舰身倾斜了。不到1分钟以后，我感到又一次同样性质和力度的震动，不过这一次是从舰艉左方传来的。"在激烈的战斗中，"却敌"号的防空炮发挥出色，共击落2架敌机，击伤了另外的8架。

被鱼雷击中的"却敌"号很快就失去了控制，舰体因为进水而下沉，这个过程中还不断有鱼雷击中舰体。看到战舰已经无力回天，舰长坦南特下令弃舰。12时23分，"却敌"号最终沉没，与舰同沉的还有508名官兵。驱逐舰"伊莱克特拉"号和"吸血鬼"号靠近救起了剩下的幸存者，而战列舰"威尔士亲王"号也在苦苦挣扎了一个小时之后沉没。

日军的86架飞机在两个小时内击沉了皇家海军引以为傲的2艘大型战舰，海军中将以下834人遇难，而日军仅有3架飞机被击落，21人阵亡。就在"威尔士亲王"号沉没前不久，

▲ 停泊在海面上的"却敌"号，照片拍摄于大改造之前

皇家空军的6架"水牛"式战斗机才出现在天空中，它们只能围着沉没中的战舰无奈地绕着圈子。

12月11日早晨，日军第22航空队的1架飞机再次飞临前一天的海战上空，机组人员向满是油污和残骸的海面上投下花圈以此纪念阵亡的战友，与他们做伴的还有40倍于己的皇家海军官兵。

"却敌"号和"威尔士亲王"号是第一批完全由飞机在正常交战中击沉的大型战舰，这一战预示了海战模式将在未来发生翻天覆地的变化。皇家海军的报告中指出：鱼雷的攻击造成了重大的人员伤亡，人员必须接受充足的防空训练才能在遇到类似的攻击时减少伤亡。

尽管"却敌"号沉没后，世界上的战火从来没有熄灭过，但是他与那些随舰同沉的官兵们却获得了另一种平静。在"却敌"号沉没60年之后的2002年，根据英国颁布的《1986年海军遗址保护法》，"却敌"号成为受到保护的海军遗址，皇家海军会定期更新在海面上白色的标识浮标。2007年，代号为"Job 74"的海洋探险活动开始对"却敌"号和"威尔士亲王"号的残骸进行考察，这吸引了世界上造船工程师们的目光。考察详细地记录了"却敌"号的破坏情况：右舷被鱼雷命中处靠近后面的螺旋桨，左舷被鱼雷命中处靠近中部，舰艉炮塔周围没有被鱼雷击中的迹象。

2014年10月，根据英国每日电讯报（Daily Telegraph）报道，当地的金属回收商

▲ "却敌"号和"威尔士亲王"号被击沉的消息刊登在报纸的头版头条

▲ "却敌"号位于海底的部分残骸

▲ "却敌"号和"威尔士亲王"号的阵亡将士纪念碑

使用炸药对"却敌"号和"威尔士亲王"号的残骸进行了非法爆破以获得金属，而当地警方已经介入，希望这艘战舰能够在海底不受打扰和破坏。

"海军上将"级
（Admiral class）

英国和德国在经过持续8年的无畏舰时代的海军军备竞赛后，第一次世界大战于1914年的夏天爆发了。当时，英国皇家海军已经拥有9艘战列巡洋舰，而德国海军只有4艘。与英国的同类产品相比，德国战列巡洋舰除了装甲更厚、防御更好外其他方面都处于劣势，特别是火力。当时德国最新型的"德弗林格尔"级战列巡洋舰仍然装备着305毫米主炮，而英国战列舰巡洋舰已经安装343毫米主炮，在建的"伊丽莎白女王"级更是安装了381毫米大口径主炮，这让德国人感到压力山大。

为了实现火力上的突破，德国海军舰船设计局在"德弗林格尔"级战列巡洋舰的基础上放大了舰体并安装了全新的350毫米（13.8英寸）主炮，战舰的长度因此增加到223米，标准排水量达到31000吨，航速保持28节。新型德国战列巡洋舰被命名为"马肯森"级（Mackensen class），该级起初计划建造7艘，后来其中的3艘在安装了更大口径火炮之后变成了"约克代"级（Ersatz Yorck class）。"马肯森"级的首舰"马肯森"号（SMS Mackensen）于1915年1月30日正式开工建造，后续舰的建造计划也被提上了日程。

正当"马肯森"级建造之时，英国在计划建造新型的用于代替"伊丽莎白女王"级的高速战列舰。海军部根据开战一年来主力舰在实战中表现出来的问题提出：由于主力舰的干舷太低，在恶劣的天气中很容易上浪。特别是布置在两舷内嵌式的副炮炮郭，当舰艇高速行驶时，海浪会透过开孔涌入炮郭内，不

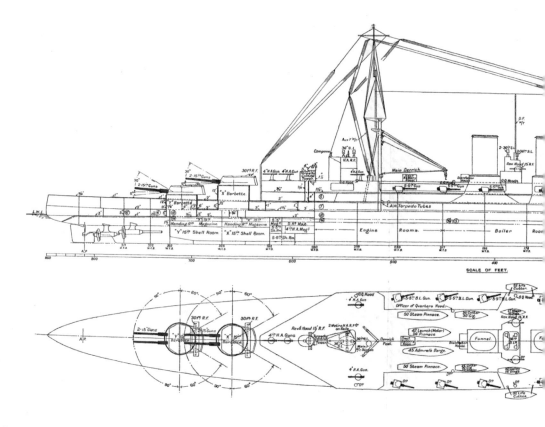

▲ 造舰局关于新型战列巡洋舰的设计方案

但会影响火炮的瞄准射击，还会导致战舰重量的增加。综上，海军部要求新战舰拥有较高的干舷，25节的航速和381毫米主炮。新计划在1915年由第三海军大臣弗雷德里克·都铎（Frederick Charles Tudor）呈送给海军部造舰局，后者根据要求着手设计。就在此时，英国皇家海军大舰队指挥官杰利科指出英国在战列舰的数量和质量上的优势已经能够完全压制德国，反而是正在建造的"马肯森"级战列巡洋舰更令他担忧。德国新型战列巡洋舰令皇家海军在战列巡洋舰上的技术优势荡然无存，就连正在建造的2艘"声望"级也不是它们的对手。如果"马肯森"级全部建成，英国在战列巡洋舰数量上的优势也变得

不再明显。

1915年秋天，在杰利科的要求下，海军部将原有的新型战列舰的设计直接改成了战列巡洋舰的设计方案，方案由造舰局局长尤斯塔斯爵士负责，著名设计师阿特伍德和古多尔进行协助。由于情报部门推测"马肯森"级的航速为30节，新型战列巡洋舰的航速要求达到32节。

经过几个月的设计，新型战列巡洋舰的设计方案于1916年2月被提交给海军部。在设计中，战舰的长度达到262米，宽31米，满载排水量达到36300吨，航速32节。战舰的核心火力为装在四座双联装炮塔中的8门381毫米主炮，其主装甲带的装甲厚度为200毫米，甲

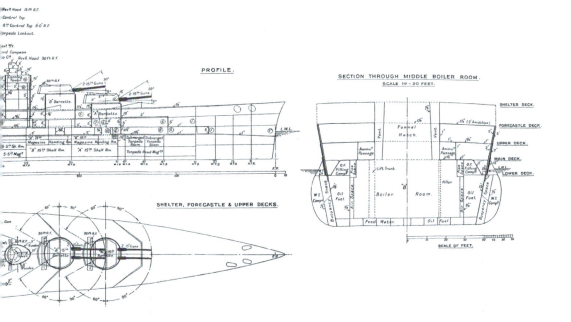

板装甲厚76毫米。4月13日，海军部审核批准
了造舰局的方案并决定先建造3艘，这3艘分
别是"胡德"号、"罗德尼"号、"豪"号，
之后建造的4号舰名为"安森"号，这4艘战舰
的舰名来自皇家海军历史上著名的指挥官：
塞缪尔·胡德海军上将、乔治·罗德尼海军上
将、理查德·豪海军上将及乔治·安森海军上
将。正是由于舰名来自4位海军上将，该级战
列舰巡洋舰因此被称为"海军上将"级。

　　"海军上将"级的首舰"胡德"号于1916
年5月31日在位于苏格兰格拉斯哥克莱德班克
的造船厂开始建造，这一天恰恰是日德兰海
战的开战之日。在激烈的海战中，英国的3艘
战列巡洋舰被击沉，随舰同沉的包括第3战列

▼ "胡德"号战列巡洋舰的舰徽

巡洋舰分舰队的指挥官、胡德海军家族的兰伯特·A·胡德海军少将。鉴于战列巡洋舰的损失和暴露出来的问题，"海军上将"级暂时停工，海军方面开始总结教训并进行反省，最终得到的启示是：首先，弹药舱的安全问题。在日德兰海战中沉没的"不倦"号、"玛丽女王"号及"无敌"号都是因为弹药舱发生爆炸在瞬间沉没的，因此弹药舱的安全成了主力舰安全的重中之重。英国人的对策是在火药室和装药室之间安装可以承受爆炸冲击力的水密防火门，炮塔和装药室内暴露在外的装药则使用喷淋装置进行加湿处理，在舰体两侧加装防鱼雷凸出部等。第二是主炮塔，海战中当主炮塔被击中后不但可能造成主炮无法使用，而且爆炸会向下传导造成更大的破坏。当时英国战列巡洋舰甲板以下炮座的装甲仅有76毫米，一旦高速飞行的大口径炮弹以倾斜角击穿甲板就很容易继续击穿炮座。第三是主炮塔的数量，无畏舰时代开始以后，为了追求火力密度，战舰往往会安装尽量多的炮塔，因此诞生了像"阿金库尔"号这样的七炮塔神教。更多的炮塔其实在战斗中带来了严重的弊端，那就是更容易被击中而丧失战斗力，经过论证四座炮塔是最好的火力布局。第四是副炮，副炮对于主力舰防御来犯的驱逐舰至关重要，但是副炮之间仅有的防御隔板很容易在被击中时造成连片杀伤，因此副炮炮塔化迫在眉睫，副炮弹药也禁止被堆砌在火炮旁边。第五是侧舷装甲防护，主力舰的侧舷装甲保护着弹药舱、锅炉舱、轮机舱等重要舱室，因此非常重要。由于面积大，侧舷很容易被击中，穿透装甲的炮弹在舰体内部发生爆炸。就算没有击穿装甲，炮弹将装甲炸裂也会导致进水等问题。第六是水下被命中，当炮弹以倾斜角击中战舰四周的海面

时，潜入水中的炮弹会保持原来的弹道，如果击中战舰的舰底，其造成的破坏不亚于鱼雷攻击。鉴于炮弹的水下攻击及鱼雷的威胁，战舰有必要加强其水下防御能力。

1916年8月30日，"胡德"号最终的设计方案通过，其最重要的改进就是加强了舰体重要部位的装甲防护，其中侧舷装甲带厚度提高了40%至60%并设置了12°的倾斜角，水

▲ 接近完工的"胡德"号战列巡洋舰

▲ 正在船厂中舾装的"胡德"号战列巡洋舰，其"A"炮塔还没有安装顶部装甲，"B"炮塔更是没有安装四周的装甲，仅仅安装了381毫米主炮

平装甲厚度增加17%，此外还增加了鱼雷发射管，提高了主炮的最大仰角等等。经过改进之后，"胡德"号终于在1916年9月1日于克莱德班克造船厂460号船台上铺下了第一根龙骨，巨舰的建造终于开始。

"海军上将"级是无畏舰建造中将工业设计与艺术结合的完美典范，符合黄金分割点的舰体比例让其看上去雄伟而优美。"海军上将"级有细长流线的外形，采用了高干舷长艏楼的舰型设计，舰艏为单曲线外形，上部向前弯曲，水线以下略向后倾斜至舰底。"海军上将"级的舰艏上部有两座以背负式安装的主炮塔，之后是包括指挥塔在内的舰桥结构和高大的三角前主桅，前主桅后面是两根直立式烟囱，再往后是宽敞的救生艇甲板和后主桅，最后的舰艉甲板上则以同样的背负式安装了两座主炮塔。整体上看，"海军上将"级的上层建筑占据了甲板表面的一半空间，其"B"和"X"两座高高的主炮塔座圈暴露在外而不是像之前的主力舰那样与上层建筑连在一起。"海军上将"级舰长262.3米，舰宽31.8米，从舰底至主桅顶部高68.5米。战舰的标准排水量41125吨，吃水8.6米，满载排水量47430吨，吃水9.7米。无论是战舰的尺寸还是排水量，"海军上将"级都是当时世界上最大的战舰。"海军上将"级贯彻了海军部对新型主力舰高干舷的要求，这不仅提高了战舰的航行性能而且还保证了主炮的射击稳定性。尽管设计上很好，但是后期增加的装甲重量让"海军上将"级的吃水增加了足足1.5米，这对其舰艏7.7米的干舷高度还好说，对于舰艉只有4.5米的干舷高度却是挑战。当战舰面对高危海况时，海浪会淹没整个舰艉甲板，这造成了舰艉各战位都处于严重的颠簸中。容易进水使得舰艉的居住区异

常潮湿，这严重影响了住在这里的船员健康，结果就是舰上肺结核的发病率很高，有船员回忆住舱里的东西很容易发霉并且伴有难闻的气味，战舰因此获得了"海军最大潜艇"（the largest submarine in the Navy）的绰号。尽管存在一些问题，但是"海军上将"级的设计还是相当成功的，其以漂亮的舰形、凶猛的火力及高航速获得了"强大的胡德"的称号。

在武器系统上，"海军上将"级是继"声望"级之后第二型安装381毫米主炮的英国战列巡洋舰，其共有8门381毫米42倍口径的Mark I舰炮，这些主炮安装在四座双联装炮塔中，所有炮塔都布置在战舰的中轴线上。双联装381毫米主炮塔的重量为880吨，炮塔的旋转速度为2°/秒。"A""B"两座炮塔以背负式安装在舰桥前面的舰艏甲板上，"X""Y"炮塔则以同样的布局安装在舰艉甲板上。与同样安装381毫米主炮的"声望"级不同，为

▲ "胡德"号战列巡洋舰上的几名水兵手握着102毫米炮弹，他们身后是巨大的"A""B"两座炮塔

了增加射程，"海军上将"级主炮的俯仰角提高至30°，当以30°进行射击时，穿甲弹的最大射程达到了27600米。"海军上将"级的每门主炮射速为2发/分钟，其发射重量871千克的普通弹和重量879千克的穿甲弹，每门主炮备弹100枚（80枚穿甲弹和20枚普通弹），全舰共运载有800枚炮弹及发射药。

"海军上将"级的副炮为12门140毫米50倍口径的Mk I速射炮，这些火炮以单联装的方式安装在独立的半封闭炮塔之中，炮塔则位于甲板之上。12门140毫米火炮中的10门以5对安装在舰桥至后主桅之间的两侧侧舷甲板上，剩下的2门140毫米炮则一左一右安装在第一根烟囱两侧的上层建筑顶部甲板上。140毫米火炮的长度为7米，射速为12发/分钟，火炮俯仰角在−10°~+30°之间，其发射37.19千克的高爆弹，最大射程为16250米，每门火炮的备弹量为200枚。在副炮的安装布局上，"海军上将"级一反常态，其副炮既不是传统地安装在内嵌舰体的炮郭内，也不像"声望"级使用的三联装炮塔，新设计将火炮安装在干舷上使其免受海浪的侵袭影响正常射击。

除了主炮和副炮，"海军上将"级的上层建筑后部安装有4门102毫米的QF 4-inch Mk V防空炮，这4门火炮的位置利于防御来自后方天空中的威胁。102毫米炮的俯仰角很大，其发射16千克高爆弹，初速为396米/秒，最大射高为8870米。"海军上将"级上安装有六具533毫米鱼雷发射管，其中四具位于水下，另外两具位于"A"炮塔前部两侧，战舰发射的Mk 4型鱼雷重1522千克，其中战斗部重量为233.6千克，以40节前进时可以航行4572米。

火控系统方面，"海军上将"级共安装有两套火控系统：一套安装在舰桥、主桅和主炮塔上，包括指挥塔上方一具有装甲防护的9.1米测距仪，前主桅顶部一具4.6米测距仪及每座主炮塔内安装的9.1米测距仪；另一套火控系统安装在舰艉指挥塔中，包括指挥高射炮进行射击的2米对空测距仪（1926至1927年安装）。战舰上有三座安装了4.6米测距仪的鱼雷控制塔，其中两座在舰桥两侧，还有一座位于舰艉。在1929年至1931年的改造中，战舰上层的探照灯平台上安装了Mark I高角指挥仪，用于控制指挥40毫米砰砰炮的对空射击。1932年的改造中，位于主桅上方的140毫米炮控制平台和其中的测距仪被拆除，取而代之的是1934年安装在其前方的砰砰炮火控系统，140毫米控制平台和2.7米测距仪则被安装在信号平台上。1936年，砰砰炮火控系统又被移到了舰桥后面，这样可以减少烟囱喷出的黑烟对观测的影响。1938年，另一套砰砰炮火控系统被安装在舰艉的上层建筑上。1939年，两座Mark III型高角控制系统安装在舰艉，战舰上原有的Mark I型高角控制系统都被更换成最新的Mark III型。在1941年的最后改造中，战舰上安装了279型对空警戒雷达和284型炮瞄雷达。

"海军上将"级的装甲布局在设计之初主要参考了"虎"号战列巡洋舰，其侧舷主装甲带的装甲厚度为203毫米，总装甲重量为10100吨。日德兰海战之后，海军部要求加强"海军上将"级的防御能力，其装甲总重在1916年的设计方案中增加了5100吨，使得战舰的装甲重量占总排水量的32.8%，这在英国战列巡洋舰中已经是非常高的比值了，但是仍然不及同时期的德国同行（举个例子，德国建造的"兴登堡"号战列巡洋舰的装甲就占了总重的36%）。装甲总重的增加使得战舰的吃水增加，最高航速也有所下降。为了节约时间，"海军上将"级防御的强化只是在原有的装甲

▲ "胡德"号战列巡洋舰的舰桥和前主桅是合并在一起的，位于桅杆上的火控观测平台很大

上增加厚度而不是进行重新的设计。

"海军上将"级的主装甲带采用了克虏伯渗碳硬化装甲钢板，其侧舷主装甲带装甲厚305毫米，装甲带向内倾斜12°。主装甲带从"A"炮塔一直延伸至"Y"炮塔，装甲带长度201.77米，高2.9米。在主装甲带前后两端有127毫米横向的装甲板连接，这样形成了一个装甲盒子，其中是战舰的核心区域。主装甲带向前和向后的装甲厚度由152毫米降至127毫米，但是没有延伸至舰艏和舰艉。在主装甲带上方有厚度178毫米的中部装甲带，其上接主甲板，长度与装甲带相同。在178毫米装甲带上部是上部装甲，装甲厚度127毫米，其从主甲板延伸至艏楼甲板，与露天甲板相接。

"海军上将"级的水平防御由多层甲板构成：其中艏楼甲板厚44至51毫米；上甲板在弹药舱周围厚51毫米，其余部分厚19毫米；主甲板在弹药舱周围厚76毫米，其余部分厚25毫米；主甲板底部还有51毫米的倾斜装甲，其与侧舷主装甲带相连；在螺旋桨轴上方的下甲板装甲厚度为76毫米，弹药舱周围厚度51毫米，其余部分厚25毫米。经过多层装甲的叠加，"海军上将"级重要舱室的水平装甲防御达到了较强的程度，其中前主炮弹药舱的水平装甲叠加厚度为165毫米，后主炮弹药舱的水平装甲叠加厚度为178毫米，140毫米副炮弹药舱的水平装甲叠加厚度为108毫米，锅炉舱和轮机舱顶部的水平装甲在89至108毫米之间。1919年，英国海军曾经对模拟"胡德"号甲板进行炮击试验，显示381毫米穿甲弹能够击穿厚178毫米的中间装甲带和主装甲带下方的51毫米倾斜装甲。根据试验结果，设计部门曾设想在前主炮弹药舱上方再增加一层127毫米装甲，后主炮弹药舱上方安装一层152毫米装甲，增加的重量将以拆除部分鱼雷发射管

和降低鱼雷指挥塔装甲厚度来弥补，不过这个计划并没有实现。

"海军上将"级的主炮塔装甲相当厚，在当时世界上都是一等一的。炮塔正面装甲厚381毫米，两侧装甲厚度275至305毫米，后面装甲厚275毫米，顶部装甲厚127毫米并经过钢筋加强。由于"海军上将"级炮塔露出舰体的基座部分面积较大，其装甲厚度达到305毫米，"A""Y"两座炮塔在舰体内的基座装甲厚229毫米，"B""X"两座炮塔在舰体内的基座装甲厚152毫米。根据在日德兰海战中得到的教训，战舰主炮塔内部的扬弹通道内安装了一道重型液压防火门。在主炮射击时，只有在装有炮弹和发射药的防火升降桶向上供弹至炮塔内时这道防火门才会打开，其他供弹时间内都是关闭的，这大大提高了供弹过程中被对方击中时的安全性。

"海军上将"级位于舰桥前方的指挥塔是全舰装甲防护较强的地方，其最大装甲厚度达到了254毫米，顶部和底部装甲152至229毫米，指挥塔与战舰下方相连的通信筒装甲厚度为76毫米；除了指挥塔，"海军上将"级的鱼雷控制塔、测距仪等都获得了装甲保护，考虑得相当全面。在水下防御上，"海军上将"级在舰体两侧增加了防鱼雷凸出部，这使其舰体宽度达到了31.7米。巨大的防鱼雷凸出部从"A"炮塔一直延伸至"Y"炮塔，不但淘汰了传统的防鱼雷网，而且还增加了战舰的浮力。防鱼雷凸出部内为气密舱，凸出部向内部的舰体是燃油舱，再往里是水密舱，这一系列结构在最大限度上防御了来自水下的攻击。

从整体上看，加强之后的"海军上将"级在防御上已经达到了英国战列巡洋舰的顶峰，即便是在20年后第二次世界大战爆发时

MIDSHIP SECTION — CAPITAL SHIP

▲ "胡德"号战列巡洋舰舰体两侧的防鱼雷凸出部、甲板、装甲带及内部防御结构的设计图

也不输于新型的战列舰。在强大的防御背后也存在着隐患，其轮机舱与140毫米弹药舱之间的装甲隔板厚度仅有25毫米，而140毫米弹药舱与后主炮弹药舱之间的装甲隔板厚度为32毫米，这将成为葬送巨舰的阿喀琉斯之踵。

作为设计之初就定位于高速的战舰，"海军上将"级的航速达到了破纪录的31节，其采用四轴四桨单舵推进。"海军上将"级以单舵控制方向，战舰上有四个操舵位，分别是指挥塔、底层指挥塔、后机舱及舰艉的人力操舵室。"海军上将"级安装了24座亚罗小管锅炉，这些锅炉布置在四个锅炉舱中。相比较之前英国主力舰安装的锅炉，亚罗小管锅炉的体积更小、重量更轻，动力却更高了，这种锅炉之前只在驱逐舰和巡洋舰上使用过，"海军上将"级还是第一种安装该锅炉的大型战舰。从布局上看，每两个锅炉舱

▲ 1940年，"胡德"号战列巡洋舰的船员们正在重新刷漆，足见战舰的巨大

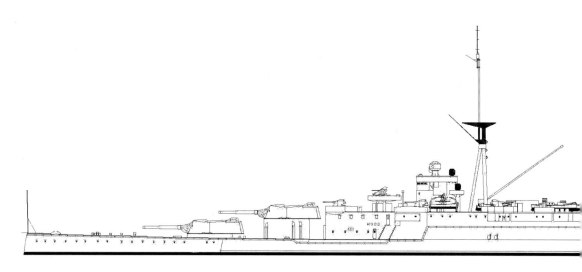

▲ "胡德"号战列巡洋舰的水线图

与一根直立式烟囱相连，烟囱呈椭圆形，顶部有罩。烟囱露出上层建筑的部分高7.62米，宽5.49米，其从顶部向下直至燃烧室的高度达到30.48米。锅炉舱之后是前后排列的三个轮机舱，其中安装有四台布朗-寇蒂斯蒸汽轮机，每台蒸汽轮机都配有一个减速齿轮组并通过螺旋桨轴与螺旋桨相连。在动力分配上，前部轮机舱驱动外侧的两具螺旋桨，中部轮机舱驱动内侧左边的螺旋桨，后部轮机舱驱动内侧右边的螺旋桨。"海军上将"级的每具螺旋桨都是由锰-铜合金铸造而成，其重量达到20吨，直径为4.57米，螺旋桨通过直径0.7米的螺旋桨轴与主机相连，转速达到120转/分。"海军上将"级的动力系统设计输出功率为144000马力，最大航速31节。在1920年的海试中，"胡德"号的输出功率达到了151280马力，航速达到32.07节。"海军上将"级可以搭载3968吨燃油，以14节航速前进时可以航行7500海里。

"海军上将"级的电力由八台200千瓦涡轮发电机提供，战舰上还第一次安装了蓄电池，能够在断电状态下为电动排水泵提供应急电力。在巨大的战舰上，整个环路的电缆长度超过了320千米，这个长度比英吉利海峡最窄处的长度还要长。在"海军上将"级的设计上，其"B""X"两座主炮塔上安装了简易的飞机起飞跑道。在1929年至1931年的改造中，"X"炮塔上的跑道被拆除，舰体中部安装了一台弹射器，用于弹射费雷尔公司生产的"食虫鸟"水上飞机。

"海军上将"级的首舰"胡德"号于1916年5月31日在约翰·布朗公司位于克莱德班克的造船厂开工建造，"罗德尼"号、"豪"号及"安森"号分别由法菲尔德、莱尔德造船厂、阿姆斯特朗公司建造。由于日德兰海战中英国战列巡洋舰的惊人损失，海军方面立即对还没有开工的"海军上将"级的设计进行修改，修改主要集中在防御的加强上。9月，修改设计的"海军上将"级重新开工，但是到了1917年英国获得了德国将停止建造"马肯森"级和后续"约克代"级战列巡洋舰的情报，于是"海军上将"级后三艘的建造在

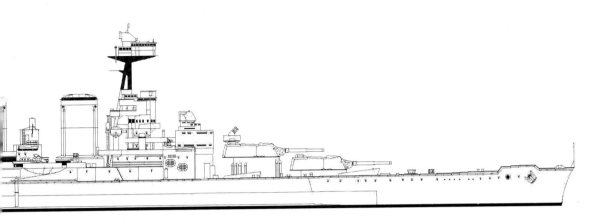

1917年3月被取消，只有完工程度较高的"胡德"号继续建造。1918年8月，"胡德"号下水，此时距离第一次世界大战结束只剩下几个月的时间，之后经过长时间的栖装，他终于在1920年5月建成服役。

服役之后的"胡德"号加入大西洋舰队的战列巡洋舰分舰队，并成为分舰队的旗舰。1923年至1924年，"胡德"号率领"却敌"号及4艘轻巡洋舰从德文波特出发，开始了著名的"帝国巡游"，舰队先后访问了非洲、亚洲、大洋洲及北美洲。"帝国巡游"宣扬了英国国威，世界各地的人们都目睹了"胡德"号的风采。结束"帝国巡游"之后，"胡德"号返回英国本土，接受现代化改造。1931年9月，"胡德"号上的水兵因为抗议削减工资而参与了著名的"因弗戈登兵变"。

第二次世界大战爆发后，"胡德"号在北大西洋上执行巡逻和护航任务。1940年7月3日，"胡德"号跟随H舰队攻击了停泊在凯比尔港内的法国舰队。1941年5月，"胡德"号与战列舰"威尔士亲王"号前去丹麦海峡

截击德国战列舰"俾斯麦"号和重巡洋舰"欧根亲王"号。24日双方遭遇并展开炮战，早晨6时整，来自"俾斯麦"号的一枚380毫米穿甲弹击中了位于"胡德"号舰艉的轮机舱，爆炸产生的碎片击穿了装甲隔壁进入与之相邻的102毫米弹药舱并引发了舱内18.5吨弹药的爆炸。102毫米弹药的爆炸引爆了后方381毫米弹药舱内的94吨发射药，这才是导致"胡德"号在瞬间沉没的真正原因。由于战舰在极短的时间内沉入大海，全舰1421名官兵中仅有3人生还。

"海军上将"级是最后一艘"前日德兰型"战列巡洋舰，其吸取了战争中的经验和教训并在防御上进行了加强。建造过程中的修改和强化使得唯一建成的"胡德"号不但具有能与战列舰相抗衡的强大火力和更高的航速，而且防御力也直追战列舰，超过了当时英国建造的全部战列巡洋舰。在一些学者眼中，"海军上将"级属于高速战列舰，与著名的"伊丽莎白女王"级相比，其具有相同的火力和防护，但是速度快出6节。1918年，美国海

军中将威廉·希姆斯（William Sims）率领美国舰队来到欧洲，当他了解到正在建造的"胡德"号的技术细节时称其为"高速战列舰"并指出美国海军也应该发展自己的高速战列舰。在"胡德"号的刺激之下，美国开始设计"列克星敦"级战列巡洋舰，尽管该级战列巡洋舰的设计航速更快，但是装甲防御明显不如"胡德"号。随着"七巨头"纷纷开始装备更大威力的406毫米主炮，"胡德"号在火力上开始处于劣势，但是其速度上的优势却是无可动摇的。

"海军上将"级战列巡洋舰代表了超无畏舰时代英国造船工业的顶峰，在其之后英国虽然设计了革命性的G3战列巡洋舰，但却

由于《华盛顿海军条约》的签订只能停留在图纸阶段，因此"海军上将"级成为英国名副其实的最后的战列巡洋舰。随着第二次世界大战时期各国高速战列舰的建造，战列巡洋舰作为结合了战列舰火力和巡洋舰速度的独特舰种已经失去了存在的历史价值，而航空母舰、舰载机的崛起更是标志着全新立体海战模式的来临。当"威尔士亲王"号战列舰和"却敌"号战列巡洋舰在南中国海被日本飞机击沉时，大舰巨炮的时代便已经结束。作为英国最后的战列巡洋舰，"海军上将"级给英国战列巡洋舰的历史画上了圆满的句号，其战沉则标志着大英帝国在风云激荡的世界中正在失去其原有的地位和荣光。

"海军上将"级战列巡洋舰一览表

舰名	译名	建造船厂	开工日期	下水日期	服役日期	命运
HMS Hood	胡德	约翰·布朗公司	1916.9.1	1918.8.22	1920.5.15	1941年5月24日被德国海军战列舰"俾斯麦"号击沉
HMS Rodney	罗德尼	法菲尔德	1916.9.1	–	–	1917年3月停工
HMS Howe	豪	莱尔德造船厂	1916.9.1	–	–	1917年3月停工
HMS Anson	安森	阿姆斯特朗公司	1916.9.1	–	–	1917年3月停工

基本技术性能	
基本尺寸	舰长262.3米，舰宽31.8米，吃水9.8米
排水量	标准41125吨 / 满载47430吨
最大航速	31节
动力配置	24座燃油锅炉，4台蒸汽轮机，144000马力
武器配置	8×381毫米火炮，12×140毫米火炮，6×533毫米鱼雷发射管
人员编制	1433名官兵（1919年），1325名官兵（1934年）

"胡德"号
（HMS Hood）

　　"胡德"号的名字来自英国海军上将塞缪尔·胡德（Samuel Hood，1724.12.12-1816.1.27），他早年加入皇家海军，在奥地利王位继承战争中在北海服役。1754年，塞缪尔·胡德前往北美舰队并成为一名舰长，他在之后的英法七年战争中成为海军上校并指挥战舰击沉俘获多艘法国舰船。1767年，塞缪尔·胡德成为北美舰队的司令，他返回英国后担任朴次茅斯海军船坞的总监和海军军官学院的主管。北美独立战争爆发之后，塞缪尔·胡德成为海军上将乔治·罗德尼的副手，之后他参加了著名的桑特海峡战役并取得了对法国海军的决定性胜利。在塞缪尔·胡德手下有一位年轻的海军军官，他的名字叫霍雷肖·纳尔逊，日后他将成为皇家海军中最伟大的将星。塞缪尔·胡德作为良师益友为纳尔逊提供了很多帮助，使其在皇家海军中快速成长。法国大革命时期，塞缪尔·胡德成为地中海舰队的司令，他在土伦之战中与年轻的拿破仑交手。纵横海疆的塞缪尔·胡德于1796年退役，获得了子爵爵位，后于1816年逝世。除了塞缪尔·胡德，胡德家族中有许多人在皇家海军中服役并且立下赫赫战功，其中包括：亚历山大·胡德（Alexander Hood），塞缪尔的哥哥，官至海军上将；塞缪尔·胡德（1762~1814），塞缪尔的表哥，官至海军上将；贺瑞斯·兰伯特·亚历山大·胡德，官至海军少将，在日德兰海战中阵亡；第六代塞缪尔·胡德子爵（1910~1981），英国著名外交官。

　　正是由于胡德家族对英国皇家海军的突出贡献，皇家海军中有多艘战舰都以"胡德"为名。第一艘"胡德"号是法国大革命时临时征用的安装有14门火炮的帆船；第二艘"胡德"号是安装有80门火炮的风帆巡洋舰；第三艘"胡德"号属于"君权"级战列舰，是一艘前无畏舰（详见《英国战列舰全史1860-1906》），其在第一次世界大战刚爆发不久作为阻塞船于1914年自沉于波特兰港外；第四艘"胡德"号便是属于"海军上将"级的"胡德"号战列巡洋舰了，他也是最后一艘"胡德"号。

　　"胡德"号由约翰·布朗公司负责建造，造船厂位于苏格兰的克莱德班克。尽管战舰计划在1916年5月31日正式开工建造，但是由于需要加强防御结构，其第一根龙骨直到9月1日才正式铺下。由于得到了德国终止建造"马肯森"级战列巡洋舰的情报，海军部在1917年3月下令停建"海军上将"级，"胡德"号因为完成程度比较高才侥幸得以保存，布朗公司收到的指令是全速建造该舰。

　　1918年8月22日正午13时05分，"胡德"

▲ 皇家海军上将塞缪尔·胡德画像

▲ 正在苍茫大洋之上航行的"胡德"号

▲ "胡德"号战列巡洋舰的线图

号修长的舰体在克莱德班克滑入大海，在日德兰海战中阵亡的胡德海军少将（他是塞缪尔·胡德的玄孙）的遗孀主持了下水仪式。9月12日，"胡德"号正式进入舾装阶段，但是此时战争已经临近尾声。随着第一次世界大战于1918年11月结束，一些人士认为不应该继续花费巨资建造尚未完工的"胡德"号，他们甚至提出了将其改造成民用船只的建议，海军部当然不会同意如此荒唐的提议。1919年5月19日，舾装中的"胡德"号上一个舱室内发生了爆炸，爆炸造成2名工人死亡1人受伤，但是后来的调查并没有找到爆炸的真正原因。

经过了长达三年半的建造和舾装之后，建造临近尾声的"胡德"号于1920年1月9日离开克莱德班克前往罗塞斯进行海试。1月12日起，"胡德"号开始接受为期两个月的官方测试，在海试中其跑出了32.07节的高速，这超过了海军的预期。对于战舰的测试结果，海军部表示非常满意，海军对约翰·布朗公司位于克莱德班克造船厂的工程技术人员和工人给予了高度评价，感谢他们为英国建造了如此优秀的战舰。

1920年3月29日傍晚17时，"胡德"号第一任舰长、海军上校威尔弗雷德·汤姆金森（Wilfred Tompkinson）和967名船员登上了这艘价值高达602.5万英镑的战舰，其造价相当于今天的2.15亿英镑。5月15日，"胡德"号正式服役并成为大西洋舰队战列巡洋舰分舰

▲ 建成之初的"胡德"号战列巡洋舰，停泊在平静的海面上

▲ 航行中的英国战列巡洋舰编队，前面是"胡德"号，后面是"却敌"号

队的旗舰，战舰于19日升起了分舰队司令罗杰·凯斯（Roger Keyes）海军少将的将旗。

入役之后，"胡德"号前往北欧海域进行了一次巡航，接受了丹麦和挪威两国国王的检阅，这期间杰弗里·麦克沃斯（Geoffrey Mackworth）成为新舰长。1921年和1922年，"胡德"号两次进入地中海与地中海舰队进行协同训练。1922年2月6日，《华盛顿海军条约》签署，根据条约规定，包括战列巡洋舰

"不屈"号、"不挠"号在内的20艘英国主力舰将被拆除，"胡德"号得以保留。

第一次世界大战结束之后，英国的国力开始下降，为了宣扬国威，政府决定派遣一支舰队访问位于世界各地的英联邦国家、友好国家和殖民地，"胡德"号理所当然成为英国的形象大使。舰队在德文波特进行集结，其中包括了战列巡洋舰"胡德"号、"却敌"号，第1巡洋舰分舰队的轻巡洋舰"德

▲ 正在海面上航行的"胡德"号战列巡洋舰

里"号（HMS Delhi）、"达纳厄"号（HMS Danae）、"龙"号（HMS Dragon）及"勇敢"号（HMS Dauntless），舰队司令是海军中将弗雷德里克·菲尔德（Frederick Field），"胡德"号的舰长是海军上校约翰·K·伊姆·特恩（John K Im Thurn）。

1923年11月27日，以"胡德"号为首的出访舰队离开德文波特，开始了这次被称为"帝国巡游"（The Empire Cruise）的远航。从英国出发后，舰队向南首先访问了非洲塞拉利昂首府弗里敦，塞拉利昂总督在码头欢迎了舰队。舰队在进行补给之后继续向南航行于12月22日抵达南非的开普敦，在盛大的游行中许多海军陆战队士兵和水兵们列队走过街道，在之后的几天中舰队又对东伦敦、德班进行了短暂的访问。1924年1月6日，舰队前往坦桑尼亚的桑给巴尔岛。

结束了对非洲的访问，舰队横穿印度洋抵达斯里兰卡的亭可马里，然后沿着马来半岛访问了今天马来西亚的巴生港，时间是1924

▲ "帝国巡游"中的"胡德"号战列巡洋舰

年2月4日。在巴生港，"胡德"号为到访的苏丹鸣放了17响礼炮。由于水土不服，一名船员在巴生因为感染疟疾而死亡，舰队为其在当地举办了一场葬礼。2月10日，舰队穿过马六甲海峡抵达了英国在远东地区最重要的海军基地新加坡，而新加坡也在这一年成为英国在远东最大的投资区域。

离开新加坡之后，舰队转向南驶往澳大利亚。2月27日，舰队抵达西澳大利亚州的佩斯，之后是弗里曼特尔，"胡德"号派出水

▲ 访问加拿大的"胡德"号战列巡洋舰，一艘小拖轮从战舰旁经过

兵方队参加了在这两个城市的游行活动。3月6日，舰队向南访问了南澳大利亚州的阿德莱德，在这里舰队对公众开放，结果在短短的5天时间里就迎来了69510名参观者。3月15日，舰队离开阿莱德莱继续沿着海岸航行并于17日达到澳大利亚南部重镇墨尔本，在这里信号兵阿伯特·旁申（Albert Punshon）因突发心脏病死亡。在墨尔本，"胡德"号的船员获准上岸参加社交活动和体育比赛，水兵们组成的方队于18日穿过了城市。3月25日，告别墨尔本之后舰队访问了南部塔斯马尼亚岛的霍巴特然后掉头向北进入西南威尔士州的杰维斯贝，之后又于4月9日抵达悉尼。在悉尼期间，水兵方队又一次参加了游行，"胡德"号上还举办了一场音乐会。12日，"胡德"号率领舰队离开悉尼，护送澳大利亚皇家海军的"澳大利亚"号战列巡洋舰前往悉尼东北25海里外的海面。根据《华盛顿海军条约》规定，"澳大利亚"号最终被凿沉。

▲ 在海面上缓缓前进的"胡德"号战列巡洋舰，其舰容整洁

▲ 刚刚建成的"胡德"号战列巡洋舰，几艘拖船正在将其带离码头

1924年4月，舰队结束了对澳大利亚的访问后前往新西兰，与它们同行的还有属于澳大利亚皇家海军的"阿德莱德"号（HMAS Adelaide）轻巡洋舰，它将跟随"胡德"号一起完成剩下的访问任务并返回英国。经过4天的航行，舰队于4月24日抵达新西兰首府惠灵顿，接着是奥克兰。5月，"胡德"号率领舰队向东访问了斐济。5月29日，舰队抵达了夏威夷群岛。之后的14天里，舰队访问了夏威夷

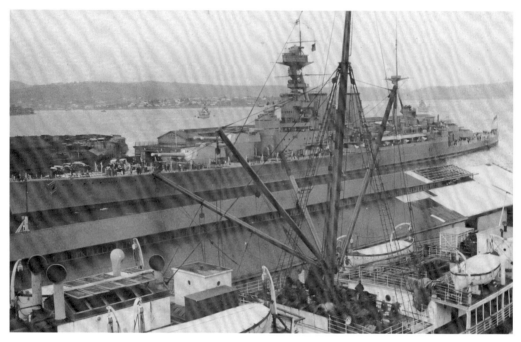

▲ 一艘货船刚好从"胡德"号战列巡洋舰旁经过

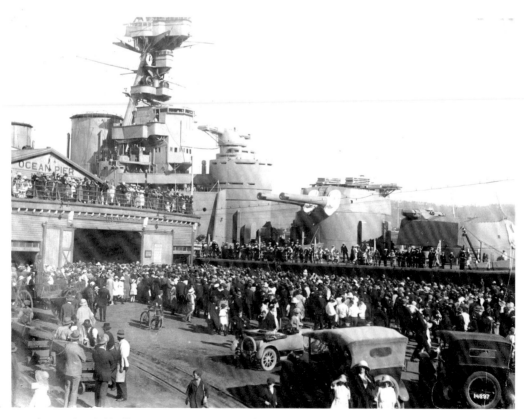

▲ 1924年，当"胡德"号战列巡洋舰抵达新西兰时，引来了大量当地居民

▲ "帝国巡游"中抵达新西兰的"胡德"号战列巡洋舰正在缓缓靠岸

▲ 1924年，"胡德"号战列巡洋舰正在通过巴拿马运河的船闸

的多个岛屿，其曲棍球队在与美国球队的比赛中败北，这让皇家海军觉得很没面子。在美丽的夏威夷期间，水兵们却觉得非常痛苦，因为当时美国正处于"禁酒令"时期，陆地上的商店不能向英国水兵们出售任何的酒精饮料。

6月12日，舰队继续向东穿越太平洋前往加拿大，21日抵达加拿大不列颠哥伦比亚省的维多利亚，然后沿着北美洲西海岸访问了温哥华、旧金山。7月12日，舰队到达了巴拿马运河入口，第1巡洋舰分舰队的5艘轻巡洋舰继续沿着南美洲西海岸向南航行，而"胡德"号和"却敌"号2艘战列巡洋舰经过巴拿马运河进入加勒比海，它们在访问了牙买加的金斯顿后直接向加拿大的哈利法克斯驶去。在结束对哈利法克斯的访问后，"胡德"号和"却敌"号沿圣罗伦斯河逆流而上到达魁北克城。然后又

▲ 正在通过巴拿马运河船闸的"胡德"号战列巡洋舰，官兵们纷纷来到甲板上欣赏这里的风光

▲ 沿着圣罗伦斯河逆流而上的"胡德"号战列巡洋舰

▲ 在"胡德"号访问温哥华期间，市长欧文代表城市向菲尔德中将赠送了一个野牛头

▲ 在澳大利亚访问期间，一只袋鼠被带上了"胡德"号战列巡洋舰的甲板

▲ 一艘交通艇从海面上驶过，它的身后是停泊中的"胡德"号战列巡洋舰

进入上桅帆湾停泊，在此期间，"胡德"号的全体船员拍摄了一张全家福。

1924年9月21日，"胡德"号与"却敌"号从上桅帆湾起航踏上了回家的路，战舰穿越了波涛汹涌的北大西洋在利泽德角与绕过南美洲的第1轻巡洋舰分舰队汇合，然后在9月29日进入德文波特港，帝国巡游任务圆满完成。在整个帝国巡游期间，舰队共访问了26个港口，曾经6次跨越赤道，总航程达到33154海里，相当于61401千米。曾经有75万人登上这艘战舰，其成为世界上最著名的战舰。

1925年1月，重返英国之后的"胡德"号跟随战列巡洋舰分舰队访问了葡萄牙首都里斯本，他参加了纪念著名航海家达·伽马绕过好望角的庆典活动，之后进入地中海参加训练。在之后的十年中，"胡德"号每到冬季就会前往地中海参加演习。1925年4月30日，海军上校哈罗德·瑞诺尔德（Harold Reinold）

▲ "帝国巡游"期间的"胡德"号战列巡洋舰,其搭起遮阳棚等待人们前来参观

▲ 1938年时的"胡德"号战列巡洋舰

▲ "胡德"号战列巡洋舰经过港口

▲ 停泊中的"胡德"号战列巡洋舰

▲ 当"胡德"号战列巡洋舰离开悉尼时，很多人爬到港口附近的山上目送这艘战舰的离开

▲ 云层之下的"胡德"号战列巡洋舰，一艘小艇正在离开

成为"胡德"号的新任舰长，之后威尔弗雷德·弗兰奇（Wilfred French）在1927年5月21日接任舰长一职。

1929年5月1日，"胡德"号进入朴次茅斯接受大规模现代化改造，改造包括：拆除"X"炮塔上的弹射器，取而代之的是安装在舰体中部的一座弹射器；为了增强防空能力，在战舰上层建筑上安装了两座八联装的40毫米砰砰炮，这种能够全自动射击的防空机关炮在当时可是十分先进的玩意；更换了全新的火控系统和无线电天线；主炮塔内部的扬弹机通道液压防火门改为气密门；降低了舰体两侧鱼雷发射管后面再装填系统的高度；

第21至23号水密舱改为淡水舱；将战舰的储油量提高至4615吨；安装新型探照灯；更新舰载小艇等等。"胡德"号的大规模现代化改造于1931年3月10日结束，其重新担任战列巡洋舰分舰队的旗舰，此时的舰长是朱利安·派特森（Julian Patterson）。

1931年，发源于美国的经济危机已经波及整个世界，英国也进入了大萧条时期，失业人口猛增，经济严重衰退。为了节约开支，政府决定削减海军薪水。9月11日，大西洋舰队主力进入苏格兰的因弗戈登，旗舰是"胡德"号，此外还有战列舰"罗德尼"号、"厌战"号、"马来亚"号、"刚勇"号，战列巡洋舰

▲ "胡德"号战列巡洋舰上的水兵

"却敌"号，重巡洋舰"多赛特"号、"诺
福克"号、"约克"号，布雷舰"冒险"号。
上岸的水兵们从报纸上得到了即将减薪的消
息，一些消息暗示减薪幅度达到25%，这对水
兵们造成了很大的冲击。12日，海军部确认了
减薪的消息，舰队临时指挥官威尔弗雷德·汤
姆金森（Wilfred Tomkinson）少将（指挥官迈
克尔·霍奇斯因病住院）在13日夜收到了海
军部发出的关于减薪的标准和原则。汤姆金
森命令各舰军官在第二天早晨向官兵宣布这
份文件，但是许多战舰没有收到命令的复印
件。12日夜里，一些上岸的水兵已经投票决定
罢工抗议减薪。13日，部分水兵在食堂里发表
抨击减薪的演说，"厌战"号上出现了小规模
的骚动。鉴于这种情况，舰队参谋长科尔文
建议汤姆金森将情况上报海军部，但是汤姆

▲ 码头上的人们正在观看"胡德"号战列巡洋舰的
离开，几个孩子正在向战舰挥手

金森决定暂时不采取任何行动。

9月14日早晨，"厌战"号和"马来亚"
号2艘战列舰离港进行演习，这一天又有4艘战
舰来到因弗戈登。当天晚上，汤姆金森在"胡

德"号上宴请了各舰的舰长和一些军官，晚宴开始前，"胡德"号和"刚勇"号派出了巡逻队上岸制止水兵们的抗议活动。归来的巡逻队军官报告称当他们驱散人群后，水兵们很快又开始演说、喝彩和高唱歌曲。有的水兵返回战舰，但是他们聚集在甲板上继续抗议活动。汤姆金森向海军部发去电报，称水兵的抗议活动集中在25%的减薪幅度过大，他命令各舰舰长返回自己的战舰并且随时报告情况。很快他收到了各舰发回来的报告，所有的巡洋舰和"却敌"号一切正常，但是"胡德"号、"纳尔逊"号、"刚勇"号上的水兵正在计划阻止第二天的出航，不过他们只是抗议并没有针对军官采取过激行为。汤姆金森本来打算取消原定于15日的演习，但是最终还是决定一切照常进行，他显然没有意识到问题的严重性。

9月15日早晨6时30分，"却敌"号按原计划出航，但是4艘战舰的水兵们却决定不执行命令。"胡德"号和"纳尔逊"号上的士兵们开始了日常的工作，但是拒绝出航。一整天，除了"百人队长"号和"埃塞克斯"号之外，其他战舰的水兵们都聚集在前甲板上高喊口号，"罗德尼"号的甲板上甚至出现了一台钢琴。在汤姆金森的坐舰"胡德"号上，水兵们阻止军官解开缆绳，本来用于镇压水兵罢工的海军陆战队也加入了水兵的行列。汤姆金森命令各舰停止一切行动，已经出航的"厌战"号、"马来亚"号及"却敌"号立即返航。下午，汤姆金森再次向海军部发出电报，他在等待回复。晚上20时，海军部终于发来回电，电报中保证本月工资不变，而海军官兵应该履行自己的职责。汤姆金森回电指出目前无法进行演习。就在汤姆金森与海军部交换看法时，越来越多的战舰参与到罢工中，甚至一些下级军官也加入到罢工当中。

9月16日，汤姆金森宣布海军部已经派出人员前来受理抗议，但是问题不可能在一两天之内解决，他希望大家回到正常工作中去。汤姆金森在上午与几位军官开会，他认为除非做出让步，否则事态将进一步恶化。"胡德"号上的情况持续恶化，一些水兵威胁要破坏机器，还有一些人在没有得到命令的情况下擅自离舰。16日下午，海军部要求各舰立即返回母港。汤姆金森根据命令要求所有战舰集合，家在因弗戈登的海军官兵与家人告别。到当天晚上，所有的战舰终于按照命令出海。

罢工平息后，海军部将主要组织者投入监狱，200名水兵被强制退役，后来又有200名水兵退役。汤姆金森被指在抗议出现时

▲ 正在出港的英国舰队，近处便是"胡德"号战列巡洋舰

▲ 停泊中的"胡德"号战列巡洋舰，距离他不远处有一艘"声望"级战列巡洋舰

没有采取果断措施，应该对这次"兵变"负主要责任，其不久也离开了海军。在因弗戈登的这次水兵行动被称为"因弗戈登兵变"（Invergordon Mutiny），它极大地震动了英国及世界，是皇家海军历史上最大的兵变之一，对皇家海军的声誉造成了很大的冲击。事件平息4天之后的9月20日，大西洋舰队更名为本土舰队，这是为了消除事件带来的阴影。

"因弗戈登兵变"之后，"胡德"号返回母港，其在第二年初带领战列巡洋舰分舰队前往加勒比海。1932年3月31日至5月10日间，"胡德"号返回朴次茅斯港接受改造。8月15日，托马斯·宾尼（Thomas Binney）成为"胡德"号的新任舰长，其接到命令恢复冬季前往地中海进行训练的传统。

1933年8月30日，海军上校托马斯·托尔（Thomas Tower）接替宾尼成为"胡德"号的舰长，战舰于1934年8月1日至9月5日接受了升级防空火控系统的短期改造。1935年1月23日，当"胡德"号在地中海进行冬季训练时与"声望"号相撞，其左舷舰艉受损，左外侧螺旋桨运转受限，部分甲板松动。"胡德"号在直布罗陀接受了紧急维修之后返回朴次茅斯港接受彻底维修。由于这次相撞事故，"胡德"号和"声望"号的舰长被移送军事法庭，其中"胡德"号舰长、海军少将、分舰队指挥官西德尼·贝利（Sidney Bailey）被判没有责任，"声望"号舰长索布里奇（Sawbridge）负有全部责任并被解除职务。对于军事法庭的裁决，海军部进行了抗议，海军方面恢复了索布里奇的职务并且指责贝利在指挥战舰时发出了含糊不清的信号，这是导致2艘战舰相撞的主要原因。

1935年8月，"胡德"号在斯皮特黑德参加了庆祝英王乔治五世登基25周年的庆典活动，其后加入地中海舰队。当战舰于10月驶抵

▲ 停泊中的"胡德"号战列巡洋舰，巨舰的外形非常优美

▲ 正在对公众进行开放的"胡德"号战列巡洋舰，战舰甲板上挤满了好奇的人群

▲ 在一艘拖轮的带领下，"胡德"号战列巡洋舰正在入港

直布罗陀时，意大利与埃塞俄比亚爆发了第二次阿比西尼亚战争，欧洲出现了动荡的端倪。

1936年6月26日至10月10日，"胡德"号返回朴次茅斯进行改造，其舰长换成了亚瑟·普里德姆（Arthur Pridham），期间西班牙内战爆发。结束改造的"胡德"号于10月20日加入地中海舰队，他护送3艘英国商船前往西班牙港口毕尔巴鄂。原本国民军海军巡洋舰"塞尔韦拉海军上将"号（Almirante Cervera）试图封锁毕尔巴鄂，但还是在"胡德"号的威严之下撤退了。

1937年11月至12月，"胡德"号在马耳他进行了改造，拆除了鱼雷发射管。1938年5月20日，海军上校哈罗德·沃克（Harold Walker）成为新任舰长，"胡德"号则进入朴次茅斯进行大改造，时间是1939年1月至8月，其安装了2门单联装和四座双联装102毫米炮。根据原计划，"胡德"号将接受第一次世界大战结束后针对战列舰的全面改造，包括更换更轻的动力设备、拆除上层建筑、移除所有的140毫米副炮和鱼雷发射管、增加八座双联装133毫米炮和六座八联装40毫米砰砰炮，加设水上飞机弹射器，加强侧舷水线和水下装甲的防御等。由于当时欧洲局势紧

▲ 停泊中的"胡德"号战列巡洋舰，其距离海岸并不远

张，皇家海军为了保证主力舰的数量，没有对"胡德"继续进行大规模的改造，其老化的动力系统使战舰已经无法达到设计航速了。在"胡德"号接受改造的1939年5月，欧文·格伦尼（Irvine Glennie）接任舰长一职，战舰被调入本土舰队的战列巡洋舰分舰队。

1939年9月1日，第二次世界大战爆发，"胡德"号作为战列巡洋舰分舰队的旗舰在冰岛和法罗群岛周围进行巡逻，其任务是为商船提供护航并拦截试图进入大西洋的德国袭击舰。9月25日，"剑鱼"号潜艇在北海被德国舰艇炸伤，"却敌"号立即率领巡洋舰前去救援。由于担心德国会派出主力舰攻击救援舰队，本土舰队司令福布斯上将派出"纳尔逊"

▲ 抵达加拿大的"不列颠皇后"号（RMS Empress of Britain），他的身后是"胡德"号战列巡洋舰

号、"罗德尼"号、"胡德"号和航空母舰"皇家方舟"号进行支援。在搜索过程中英国人并没有发现德国战舰的影子，反倒是遇到了来自KG 26轰炸机联队和KG 30轰炸机联队的13

架Ju 88轰炸机。4架Ju 88轰炸机对"胡德"号发起攻击，其中一枚250千克炸弹命中了"胡德"号并造成了防鱼雷凸出部和冷凝器损坏。

进入1940年，"胡德"号糟糕的动力状况导致其最高时速仅仅剩下26.5节，因此战舰在4月至6月舰进行了大修和进一步改造，改造中舰上的全部140毫米副炮被拆除，安装了三座双联装102毫米火炮和四座UP防空火箭发射器。UP火箭发射器可以安装20枚76.2毫米的火箭，当火箭发射至330米的空中会抛射出3枚挂在降落伞之下的触发雷，降落伞与触发雷之间有122米长的金属线连接，机翼碰到金属线之后就会被缠绕并引爆触发雷。UP火箭发射器的设计相当具有创意，但实战效果很差，很快就被小口径机关炮取代。经过这次改造，"胡德"号的排水量达到了49133.7吨，成为皇家海军中最重的战舰。6月18日，结束维修改造的"胡德"号与"皇家方舟"号加入了驻扎在直布罗陀的H舰队。

1940年6月22日，经过激烈的战斗，法国最终与德国签订了投降协议并宣布退出战争。因为担心强大的法国舰队会被德军控制并用于威胁英国本土，在法国投降之后，英国就立即制定了夺取或者消灭法国舰队的计划。根据计划，H舰队将夺取或消灭在阿尔及利亚奥兰附近凯比尔港内的法国舰队，H舰队为此开始在直布罗陀集结力量，其中包括战列舰"刚勇"号、"决心"号，战列巡洋舰"胡德"号，航空母舰"皇家方舟"号及2艘巡洋舰、11艘驱逐舰，旗舰为"胡德"号。7月3日上午9时30分，H舰队抵达奥兰附近海面，舰队司令詹姆斯·萨默维尔（James Somerville）向法国舰队司令M.让苏尔海军上将发出最后通牒，要求法国舰队继续对德、意两国作战，或者在英国舰队的押解之下前往英国港口，或者驶往法属西印度群岛解除武装，或者将舰队交给美国保管，如果拒绝以上要求就在6小时之内自沉。法国贝当政府在拿到英国舰队的最后通牒后表示拒绝。

正当谈判还在进行时，从"皇家方舟"号上起飞的"剑鱼"式鱼雷机、"贼鸥"式俯冲轰炸机在法国船只必经的航道上投掷磁性水雷，这些飞机遭遇法国战斗机的拦截，一架"贼鸥"式被击落，两名飞行员阵亡，他们成为英军在此次行动中仅有的两个死者。见劝降无效，英国舰队在17时54分开火，"胡德"号是第一个开火的。之后的战斗几乎一边倒，最终法国的3艘主力舰被击伤并搁浅，战死者

▲ 在波涛汹涌的海面上高速航行的"胡德"号战列巡洋舰

▲ 在马耳他期间，"胡德"号战列巡洋舰全体官兵在一起合影

▲ 二战爆发之后的"胡德"号战列巡洋舰，舰艏桅杆上飘扬着英国国旗

多达1297人。在整个战斗中，"胡德"号一共进行了56轮齐射，其目标是"布列塔尼"号战列舰和"敦刻尔克"号战列巡洋舰，381毫米主炮发挥了巨大的威力。在对敌人造成巨大杀伤的同时，"胡德"号仅被"敦刻尔克"号发射的2枚炮弹击中，两人受伤。

战斗中，法国的"斯特拉斯堡"号战列巡洋舰设法逃出了港口，"胡德"号立即带领几艘轻巡洋舰对其进行追击，但是由于速度上的差距而被迫放弃。在追击中，"胡德"号向目标发射了鱼雷，而其动力系统竟然跑出了28节的速度。

8月10日，"胡德"号将H舰队旗舰的位置交给"声望"号然后返回斯卡帕湾。经过短期的改造后，"胡德"号于9月13日进入罗塞斯港，港内停泊着"纳尔逊"号、"罗德尼"号

▲ 从一艘战列舰的主炮角度拍摄的"胡德"号战列巡洋舰，地点在斯卡帕湾内

等战舰，它们准备迎击来自德国的海上入侵。随着入侵的可能性变得微乎其微，"胡德"号又前往北海执行护航和拦截任务，其在10月28日被派去搜索德国袖珍战列舰"舍尔海军上将"号，12月24日前去搜索重巡洋舰"希佩尔

▲ 停泊中的"胡德"号战列巡洋舰，有两艘驱逐舰靠在其左舷，不远处还有一艘重巡洋舰

▲ 为了激励官兵们的士气，丘吉尔登上"胡德"号战列巡洋舰并发表了讲话

▲ 一艘小艇从停泊的"胡德"号战列巡洋舰旁经过

上将"号，不过两次都没有发现敌舰。

1941年1至3月，"胡德"号接受了一生中最后一次改造，安装了284型炮瞄雷达。尽管一直在接受改造，但是"胡德"号的状态并不好，其需要的是全面的翻修和改造，而这一切必须等到最新的"英王乔治五世"级战列舰服役之后才能进行。当改造正在进行时，"胡德"号的舰长换成了拉尔夫·科尔（Ralph Kerr）。科尔在"胡德"号完成改造后就接到

了出海搜索德国战列巡洋舰"格奈森瑙"号和"沙恩霍斯特"号的命令，这次还是没有与德国战舰相遇。

4月19日，海军部接到德国战列舰"俾斯麦"号出航的消息，"胡德"号立即起航前往挪威海进行警戒。后来"胡德"号一直在北大西洋上巡逻，直到5月6日才返回斯卡帕湾。

就在"胡德"号进入斯卡帕湾12天后，德国战列舰"俾斯麦"号和重巡洋舰"欧根

▲ 从舰艉看"胡德"号战列巡洋舰,其舰艉搭载了一架水上飞机

▲ 停泊在平静海面上的"胡德"号战列巡洋舰

亲王"号在驱逐舰和扫雷艇的护卫下从格丁尼亚出发前往丹麦海峡,德国巨舰将执行代号为"莱茵演习"的破交作战计划,行动总指挥是海军上将刚瑟·吕特晏斯(Günther Lütjens)。德国舰队出发不久就被瑞典海军发现,情报立即被传送给英国海军。得到"俾斯麦"号出动的消息,英国海军立即调集重

兵对其进行围堵,最高指挥官是海军上将约翰·托维。在托维的命令下,重巡洋舰"诺福克"号和"萨福克"号前往丹麦海峡进行警戒巡逻,海军中将兰斯洛特·霍兰(Lancelot Holland)指挥的包括"胡德"号战列巡洋舰和"威尔士亲王"号战列舰在内的舰队先前往冰岛加油,然后立即驶往丹麦海峡支援重巡

▲ 从舰艏角度拍摄的"胡德"号战列巡洋舰，舰艉上飘扬着英国海军旗

洋舰。托维本人则率领"英王乔治五世"号战列舰、"胜利"号航空母舰及11艘巡洋舰、驱逐舰组成的舰队游弋于冰岛附近海域。

"胡德"号和"威尔士亲王"号一同出击，前者由于舰龄过高状态不佳，而"威尔士亲王"号由于刚刚建成，设备需要磨合，主炮经常出现故障。怪不得在听到托维命令2舰出击时，一位海军军官不禁感叹道："那不是一位老太太和一个小男孩儿吗？"

5月23日19时，英国巡洋舰队与德国舰队在丹麦海峡入口相遇。20时44分，"俾斯麦"号以主炮对英国重巡洋舰进行了五轮齐射，虽然没有直接命中目标，但是造成了三次跨射，英国重巡洋舰释放烟雾撤退。在齐射中，由于炮口风暴引起了很大的震动，"俾斯麦"号桅杆上的结冰脱落砸坏了雷达，于是吕特晏斯命令"欧根亲王"号在前以雷达进行探测。英国重巡洋舰自知无法与德国巨舰抗衡，便待在安全距离之外并以雷达尾随对手，同时将发现德国舰队的消息通知了在附近的霍兰，霍兰立即率领"胡德"号和"威尔士亲王"号高速向目标靠近。

1941年5月24日早晨5时35分，"威尔士亲王"号的瞭望员发现了15海里之外德国舰队，对方也在10分钟之后发现了他们。5时37分，霍兰下达了战斗命令，他指挥舰队以舰艏朝向对手希望能够快速拉近交战距离。5时52分，霍兰误将对方位置靠前的"欧根亲王"号当成是"俾斯麦"号并下令开火。在"胡德"号开火射击30秒钟后，"威尔士亲王"号正确辨认出了23000米外的"俾斯麦"号，然后向其开火。

面对一边冲向自己一边开火的英国舰队，吕特晏斯命令舰队转向占据有利位置，双方形成了"T"形。在德国舰队进行还击之前，"胡德"号进行了3轮齐射，"威尔士亲王"号进行了4轮齐射，但都没能命中目标。5时55分，在接到开火命令后"欧根亲王"号首先开火，"俾斯麦"号紧随其后，2艘战舰的目标都是馅大皮薄的"胡德"号。相对于舰艏对己，只能以前部主炮射击的英国战舰，德国战舰可以发挥全部火力。为了让后主炮也能加入战斗，"胡德"号主桅上挂起了"蓝2"信号旗，意思是左转20°，但其并没有立即转向。

▲ 在拖轮的帮助下离开港口的"胡德"号战列巡洋舰

▲ 航行中的"胡德"号战列巡洋舰，其位于舰艏的"A"主炮塔指向左后方

尽管处于不利战位，"胡德"号和"威尔士亲王"号继续射击，其中"威尔士亲王"号第六轮齐射的一枚炮弹在5时56分击中了"俾斯麦"号的舰艏并造成两个油舱中约1000吨

燃油泄露，这将为"俾斯麦"号的覆灭埋下伏笔。被击中之后的"俾斯麦"号继续向"胡德"号射击，没有取得命中。"欧根亲王"号的第二轮齐射击中了"胡德"号，一枚203毫米炮弹击中了左舷主桅附近，引爆了堆在甲板上的102毫米炮弹和UP火箭弹，爆炸引起了大火。坐镇"胡德"号的霍兰认为这次命中不会造成太大损害，他命令战舰继续向对手开火。"胡德"号向"欧根亲王"号进行了第五和第六轮齐射，依然没有命中。"威尔士亲王"号向"俾斯麦"号进行了第七和第八轮齐射，同样没有命中。

5时57分，随着交战距离拉近至16500米，"俾斯麦"号在主炮齐射的同时以副炮向"威尔士亲王"号射击。"威尔士亲王"号的

▲ 停泊中的"胡德"号战列巡洋舰，照片是一架从其上空飞过的飞机上拍摄的

副炮很快也加入战斗中。"欧根亲王"号的两轮齐射中又有一枚炮弹击中"胡德"号，"胡德"号的第七轮齐射还是没有命中目标。

5时58分，"威尔士亲王"号的第九轮齐射再次命中了"俾斯麦"号水线之下，虽然没有击穿主装甲带，但是震坏了一些设备并导致2号锅炉舱的两座锅炉停止工作。与此同时，"俾斯麦"号第四次齐射的一枚炮弹击中了"胡德"号舰体中部并引发火灾，霍兰意识到自己处于不利位置于是命令转向。在之后的1分钟里，"胡德"号进行了第十轮齐射，"俾斯麦"号进行了第五轮齐射，"威尔士亲王"号进行了第十二和十三轮齐射，"欧根亲王"号进行了第八和第九轮齐射。

6时整，就在"胡德"号还在转向时，"俾斯麦"号发射的一枚380毫米穿甲弹击穿了其后主桅与"X"炮塔之间的装甲，炮弹爆炸之后引燃了102毫米弹药舱内的弹药，102毫米弹药的爆炸又波及后主炮弹药舱。剧烈的爆炸使得"胡德"号的舰艉被黑烟所笼罩，由于爆炸来自"X"炮塔内部，整个炮塔被掀了起来，大量的碎片溅起到天空中然后坠落在四周的海中，有些碎片甚至落在950米外的"威尔士亲王"号上。爆炸中的"胡德"号先是向右倾斜然后又向左倾斜，其舰身在主桅处断裂并最终沉没。舰艏在与后部断开之后竖立在海面上仅仅一会儿就消失了，从发生爆炸到沉没的整个过程只有短短的两分钟。包括海军中将兰斯洛特·霍兰在内的1418名海军官兵与舰同沉，当"电"号（HMS Electra）驱逐舰在3个半小时之后抵达"胡德"号沉没海域时只找到了3名幸存者，他们分别是：信号兵特德·布里格斯（Ted Briggs），二等兵罗伯特·提尔伯恩（Robert Tilburn）及少尉威廉·约翰·邓达斯（William John Dundas）。

"胡德"号的沉没使得英国人立即处于劣势，"威尔士亲王"号释放烟雾并向左转向160°加速撤退。面对撤退的"威尔士亲王"号，德国人毫不客气地对其进行持续射击，但是没有进行追击。到6时20分，双方脱离接触，"胡德"号战沉，"威尔士亲王"号被击伤，这就是著名的丹麦海峡之战。

"胡德"号沉没的消息传到英国造成了极大的震动，首相温斯顿·丘吉尔要求必须击沉"俾斯麦"号，为"胡德"号复仇，他发出了"Sink the Bismarck"的命令。为了击沉"俾斯麦"号，英国调动了一切可用的力量：战列舰"拉米伊"号从格陵兰岛赶来防止"俾斯麦"号威胁北美航线，包括战列舰"英王乔治五世"号和航空母舰"胜利"号在内的舰队正从东面赶来，战列舰"罗德尼"号带着3艘驱逐舰脱离护航队计划与主力舰队汇合一同截击德国舰队，从直布罗陀赶来的包括战列巡洋舰"声望"号、航空母舰"皇家方舟"号在内的

炮弹击中了舰体在4英寸弹药舱发生了一场致命的爆炸，但是还没有波及其他部分

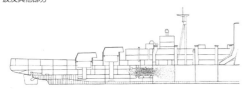

由于弹药被点燃，巨大的压力破坏了弹药舱的装甲隔壁，高压气体向四周扩散。高压空气从轮机舱的通风管向上排出

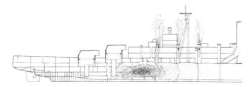

火灾失去控制，火焰从轮机舱通风管直接喷射出的桅杆喷出，随着第二次爆炸发生，舰舰的舱室彻底被斯裂

▲ "胡德"号战列巡洋舰沉没过程

▲ 救援起"胡德"号幸存者的"电"号驱逐舰

▲ 英国的报纸以头版头条刊登了"胡德"号沉没的消息

H舰队则防止"俾斯麦"号向南前往法国。

就在强大的英国舰队赶来之时，受伤的"威尔士亲王"号带着2艘重巡洋舰一直跟在德国舰队后面进行监视。5月24日下午至5月25日凌晨，"威尔士亲王"号曾经多次向"俾斯麦"号开火。5月25日凌晨3时，德国舰队甩掉了身后的英国人，英国方面丢失了"俾斯麦"号的位置。甩开对手后，吕特晏斯考虑到战舰因为燃料泄露影响了续航能力和航速，在与本土联系之后决定与"欧根亲王"号分开，单独前往法国的布雷斯特进行维修。

尽管丢失了"俾斯麦"号的准确方位，但是通过截获无线电信号，英国人还是大体锁定了对手的位置。1941年5月26日上午10时35分，一架属于皇家空军空防司令部第209中队的"卡塔琳娜"式水上飞机跟随着海面上的浮油找到了"俾斯麦"号，其立即向皇家海

军司令部报告了目标的具体位置。傍晚时分，从"皇家方舟"号航空母舰上起飞的"剑鱼"式鱼雷机对"俾斯麦"号展开了鱼雷攻击。"俾斯麦"号最终被3枚鱼雷击中，其中1枚鱼雷击中了战舰的船舵，造成舵角卡在15°上，"俾斯麦"号开始在海面上转圈。尽管船员对战舰进行抢修，但是无法解决船舵卡死的问题，"俾斯麦"号距离法国海岸越来越远。午夜23时40分，吕特晏斯向德军指挥部发出电文："舰体无法操作，我们将战斗到最后1枚弹药，元首万岁。"

就在"俾斯麦"号遭到飞机攻击之前的15时，"英王乔治五世"号战列舰与"罗德尼"号等战舰汇合，它们正向"俾斯麦"号所在的位置扑去。

1941年5月27日上午8时15分，重巡洋舰"诺福克"号发现了正在转圈的"俾斯麦"号，其立即通知周围的英国舰艇：目标在西南方向45000米处。8时43分，发现目标的"英王乔治五世"号向"俾斯麦"号开火，"罗德尼"号随即向目标展开炮击，"俾斯麦"号几乎是在同时开始还击。由于畏惧"罗德尼"号上的406毫米主炮，"俾斯麦"号重点攻击"罗德尼"号，不过无法控制航向和舰体稳定严重影响了其主炮的射击精度。

随着双方距离的拉近，英国战列舰发射的炮弹不断击中"俾斯麦"号，英国的重巡洋舰也很快加入战斗中来。9时02分，"罗德尼"号第四轮齐射中的一枚406毫米炮弹击中"俾斯麦"号的"B"炮塔，炮弹击穿了炮塔顶部装甲并在内部爆炸，整座炮塔失去了战斗力。与此同时，另一枚406毫米炮弹落在"俾斯麦"号"A"和"B"炮塔之间，"A"炮塔暂时失灵。在"罗德尼"号重炮的打击之下，"俾斯麦"号瞬间失去了一半的主炮火力。

当距离拉近至10000米时，"英王乔治五世"号上的133毫米副炮和"罗德尼"号上的152毫米副炮也加入了射击，炮弹如同雨点一般打在"俾斯麦"号上。在猛烈的打击下，"俾斯麦"号的上层建筑全毁，大部分火炮无法使用，但是战舰上的战旗仍然飘扬并没有投降的迹象。在距离拉近至2700米时，"罗德尼"号用其位于右舷的鱼雷发射管发射了2枚鱼雷，其中一枚命中了"俾斯麦"号，这也成为世界海战史上唯一一次战列舰用鱼雷击中了战列舰的战绩。

战至上午10时之后，燃烧的"俾斯麦"号无助地漂浮在海面上，已经失去了抵抗能力。由于此时燃料已经见底了，"罗德尼"号和"英王乔治五世"号先后返航，而"俾斯麦"号最终被重巡洋舰"多塞特"号用鱼雷击沉，时间是10时40分。"俾斯麦"号的沉没算是为"胡德"号复仇，同时也是身处战争劣势中的英国的一个重要胜利，振奋了英国军民的士气。

在"胡德"号被击沉的当天，海军部的官方公报中就记录到："在行动中，'胡德'号因为弹药舱爆炸而沉没。"第一次针对"胡德"号沉没的调查由海军中将杰弗里·布莱克（Geoffrey Blake）领导，6月2日公布的报告指出：造成"胡德"号沉没的原因可能是来自15100米外的一至多枚15英寸炮弹，导致了舰艉一个或多个弹药舱发生爆炸。

布莱克的报告虽然很客观地分析了导致"胡德"号沉没的原因，但是由于没有逐字记录证人证言而遭到批评。此时海军部造舰局局长古德尔提出，"胡德"号可能是因为舰上的鱼雷被引爆而沉没的。海军少将哈罗德·沃克（Harold Walker）领导了第二次调查，这次调查中听取了176名证人的证词，调查报告于1941年9月公布，与第一次报告的结果相同：

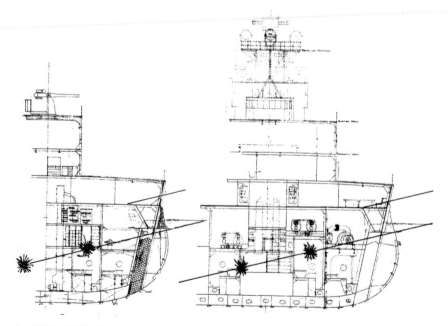

▲ "胡德"号战列巡洋舰被"俾斯麦"号发射的380毫米炮弹击穿的示意图

"胡德"号的沉没是由于遭到了"俾斯麦"号15英寸炮弹的攻击，炮弹在临近4英寸和15英寸弹药舱附近爆炸并导致了弹药爆炸，舰体结构受到严重损坏。从目前的证据看，4英寸弹药舱先被引爆的可能性比较大。

经过两次调查和听证，海军部认为海军少将霍兰对"胡德"号的沉没负主要责任。实际上在面对比自己防护更好、火力更强的"俾斯麦"号时，"胡德"号以舰艏面前敌人能够有效减少战舰的受弹面积。当快速拉近与"俾斯麦"号之间的距离后，"胡德"号突然转向是为发挥舰上全部主炮火力对目标集中射击。在较近的距离上交战，双方发射的炮弹更多地是击中侧舷，而"胡德"号侧舷装甲还是比较厚的。从霍兰的指挥上看，他的决断其实并没有根本性的错误，只是"胡德"号在转向时遭遇了厄运。

"胡德"号沉没的位置在63°20′N、31°50′W。英国广播公司第4频道在2001年委托沉船猎人戴维·莫恩斯（David Mearns）及他的蓝水打捞公司寻找"胡德"号在海底的残骸，因为这一年恰好是丹麦海峡之战60周年，广播公司要制作关于这次海战的纪录片。蓝水打捞公司成为第一个对"胡德"号进行搜索的公司，他们得到了海军方面和"胡德"协会的帮助。为了找到"胡德"号的确切位置，蓝水打捞公司找来档案进行研究，并使用科学的方法推测沉船的位置。

参与寻找"胡德"号的人们花了整整四个月的时间准备各种设备，他们的时间有限，因为北大西洋每年只有非常短暂的一段时期是比较平静的。由于有纪录片拍摄人员和摄影摄像器材，寻找沉船的工作比平常要复杂，一位电视台的记者经常通过卫星对搜索工作进行现场报道。工作人员在遥控水下载具上安装了摄像头，其从海底反馈回来的视频信号可以立即出现在第4频道的网站上。

随着"俾斯麦"号残骸的发现，人们开始在方圆2100平方公里的区域内寻找"胡德"号。要完成对附近海底的撒网式搜索，至少需要6天的时间，不过在声呐的帮助下，人们用了39个小时就找到了"胡德"号。

"胡德"号的残骸位于距海平面2800米深的海底，其舰艉部分在东侧，因为爆炸周围散落的碎片还有螺旋桨等。舰艉部分以一定的角度躺在海床之上，左舷能够看到舰体破裂后露出的剖面。"胡德"号的船舵在20°的位置上，这证明了战舰当时正在转向以发挥"X""Y"两座炮塔的主炮火力。"胡德"号的102毫米火炮火控指挥台在残骸西面，有重甲防护的指挥塔也在残骸附近。在舰体的中部，可以看到剧烈爆炸造成的破坏。右舷的油舱内壁向内侧卷曲，舰体则向外卷曲，这显示了在油舱内部发生了爆炸。进一步调查表明舰体周围的碎片来自舰艉的弹药舱和主炮塔，甲板也在爆炸中被撕碎。舰体中部至"A"炮塔区域也有弯曲，可能发生了二次爆炸。不过考虑到舰体前部弹药舱内部没有出现卷曲，这里应该没有发生爆炸，舰艏部分是在舰艉沉没之后才沉没的。此外，战舰保存的状态只能反映其最后的状态，之前发生了什么并不清楚。

2002年，英国将"胡德"号的残骸定为战争公墓，其受到1986年颁布的《1986年海军遗址保护法》的保护。2012年，英国政府允许莫恩斯再次前往"胡德"号的残骸区域并寻找战舰的船钟，在2001年的考察中，拍摄的照片显示船钟在远离战舰的碎片当中。莫恩斯得到了"胡德"协会的帮助，他计划将船钟送到位于朴次茅斯正在建设中的英国国家皇家海军博物馆（National Museum of the Royal Navy）中并在馆里设立一个永久性展览以纪念在"胡德"号沉没中逝去的人们。

在船钟的打捞中，蓝水打捞公司获得了美国慈善家和企业家保罗·艾伦（Paul G. Allen）的资助。2012年，当蓝水打捞公司的船只前方"胡德"号沉没的海域时遭遇了恶劣的天气，打捞计划不得不取消。2015年8月7日，利用远程遥控潜水艇，蓝水打捞公司终于成功打捞了"胡德"号的船钟。从整体上看，"胡德"号的船钟保存完好，但是由于已经在海底待了70多年，需要一年的时间进行维护和修复。莫恩斯表示："我非常高兴我们能够打捞出'胡德'号的船钟并以此表达对

▲ 遥控水下机器人正在打捞"胡德"号战列巡洋舰的船钟

▲ 刻有铭文的"声望"号战列巡洋舰螺旋桨碎片

遇难者的缅怀之情，而这也是'胡德'号1418名船员中3名幸存者之一特德·布里格斯的遗愿。尽管在丹麦海峡恶劣的深海环境中呆了74年，但船钟依旧保存得非常完好。钟表面的碑文清晰地显示，这座钟在服役于'胡德'号之前，于1891年至1914年首次在战列舰'胡德'号上使用。船钟上雕刻的文字还记录了胡德夫人（其丈夫在日德兰海战中随'无敌'号沉没）的愿望。我们打捞的船钟是独一无二的具有历史价值的工艺品，其反映出'胡德'号作为英国战列巡洋舰分舰队旗舰的重要地位。显然，这是一座非常特殊的船钟，它将成为'胡德'号的永久纪念碑，让人们不要忘记全舰官兵为国服役和英勇牺牲。"

英国皇家海军第一海务大臣、海军上将乔治·赞贝拉斯（George Zambellas）评价这次成功的打捞："作为皇家海军在战争期间展示强大力量的标识，'胡德'号是英国悠久而光荣的海洋史上最伟大的战舰之一。他为了保卫构成英国命脉的护航队所做出的牺牲，时刻提醒着人们我们岛国为了生存以及我们如今坐享的自由和繁荣付出了高昂的代价。他的故事和他做出的牺牲不断激励着当今的皇家海军。成功打捞出'胡德'号的船钟将有助于确保1415名遇难者和'胡德'号为国家所永远铭记。"目前，"胡德"号的船钟作为永久陈列放置于英国国家皇家海军博物馆20世纪展厅中，该博物馆已于2014年正式对外开放。

除了船钟，还有一些"胡德"号的遗物保存至今，包括：一段破碎的木质横梁，其在"胡德"号被击沉之后被海水冲上挪威海岸，目前保存在伦敦的国家海事博物馆（National Maritime Museum）中；一个金属容器的盖子，其在1942年4月被冲上挪威塞尼亚岛的海岸，此时距离"胡德"号沉没已经过去了差不多

一年的时间；两门140毫米炮，这两门火炮是在1935年的改造中被拆除的，后来被安装在阿森松岛的炮台上。第二次世界大战结束后这两门火炮一度被废弃，但是皇家空军在1984年将它们修复；损坏的螺旋桨，1935年1月23日，"胡德"号在西班牙海岸附近与"声望"号相撞，"声望"号的螺旋桨受损，在干船坞中，"声望"号损坏的螺旋桨被拆掉，船厂工人们在螺旋桨叶片上刻上了"'Hood' v 'Renown' Jan. 23rd. 1935"和"Hood V Renown off Arosa 23‑1‑35"的铭文，其中的一个叶片被私人收藏，而另一个由胡德家族收藏。2006年，胡德家族将其收藏的叶片捐献给了"胡德"协会。最近第三个叶片在格拉斯哥被找到，上面的铭文是"HMS HOOD v HMS RENOWN 23 1 35"。

尽管"胡德"号已经沉没超过70年，但是他的英姿一直留存在人们的心中。作为皇家海军的骄傲，这艘漂亮的战舰在相当长的一段时间内都是大英帝国海权的象征。"胡德"号生于第一次世界大战的硝烟中，最终在第二次世界大战的烈火中力战身死，其一生充满了无限的荣光，即便沉没也不为人们所忘记。作为英国建造的最后一艘战列巡洋舰，"胡德"号将战列巡洋舰的性能发挥到了极致，尽管之后其他国家建造了新型的战列巡洋舰，但是都无法与之相比，"胡德"号是当之无愧的战列巡洋舰之王。

丹麦海峡之战参战舰艇性能一览表

舰名	国籍	舰长	排水量	主炮	主装甲带	航速
胡德	英国	262.3米	41125吨	8×381毫米火炮	305毫米	31节
威尔士亲王	英国	227.1米	38641吨	10×356毫米火炮	374毫米	28节
俾斯麦	德国	241.6米	41700吨	8×380毫米火炮	320毫米	30节
欧根亲王	德国	212.5米	16970吨	8×203毫米火炮	80毫米	32节

"无比"号
（HMS Incomparable）

第一次世界大战爆发后，有"英国近代海军之父"称号的费舍尔于1914年10月再次出任英国第一海军大臣。这时，第一次世界大战已经爆发了两个多月了，在这段时间内双方已经付出了上百万人伤亡的惨重代价，而这仅仅只是开始。

为了打破陆上的僵局，费舍尔在上任之前就提出了大胆的"波罗的海强袭计划"。"波罗的海强袭计划"犹如一场豪赌，费舍尔计划绕过德国公海舰队重兵把守的北海南部，在波罗的海同俄国一起从腹背对德国展开大规模的登陆作战。部队届时将以俄国波罗的海舰队为主力，辅以英国皇家海军的特设分舰队，在经过强大的火力突袭之后将俄国精锐地面部队送上波默恩的滩头。如果俄国军队能够突然出现在距离德国首都柏林只有100千米的地方，那么整个德国将会动摇，对于协约国取得战争的胜利将具有一锤定音的效果。

费舍尔上任之后立即在海军部内探讨波罗的海强袭计划的可行性，按照该计划英国海军需要一批可以执行对岸攻击任务的特种战舰。确定目标之后，费舍尔凭借其在海军中的威望和充沛的精力改变了已经排得满满的舰艇建造计划，开始专门建造包括潜水重炮舰在内一系列舰艇，其中就包括3艘外形奇特的大型轻巡洋舰"勇敢"级。

"勇敢"级大型轻巡洋舰有着非常怪异的设计，其具备了战列舰的火力却只有轻巡洋舰的防御力，如果仅仅是执行对岸炮击任务是足够了。"勇敢"级舰长239.6米，宽24.7米，吃水7.1米，排水量16500吨，最高航速32节。"勇敢"级安装有4门381毫米主炮和18门102毫米副炮，其主装甲带装甲厚度仅有76毫米。

尽管已经建造了"勇敢"级，但是费舍尔并未因此而满足，他认为最适合波罗的海作战的军舰应该是长度达到300米，主炮为6门508毫米炮（20英寸）、航速达到35节的超

级战列巡洋舰。为了平衡武器系统、动力系统占用的重量和空间，超级战舰的主装甲带厚度下降为279毫米，主炮塔正面装甲厚度为356毫米。当战舰的初步参数确定后，其标准排水量将达到46000吨，满载排水量更是达到了破纪录的53000吨。费舍尔心中的这艘超级巨舰便是"无比"号（HMS Incomparable）。

就在费舍尔计划登陆德国并为此进行准备之时，丘吉尔却计划在土耳其控制的加里波第进行登陆作战，他强令终止费舍尔一手策划的波罗的海强袭计划，"无比"号也只能停留在纸面上。加里波第战役进行准备时，费舍尔与丘吉尔两人的关系不断恶化，他最终于1915年5月15日辞职。

费舍尔的愤然离去使得"无比"号再也不可能成为现实，从纸面上看，这艘战舰拥有强大的战斗力：重火力，"无比"号安装有6门508毫米主炮，其口径大于最强战列舰"大和"号的460毫米主炮，威力可想而知，不过该口径的火炮并没有进行实际研制；高航速，"无比"号的设计航速达到了前所未有的35节，这超过了英国之前建造的所有主力舰，甚至超过了许多巡洋舰和驱逐舰。

从纸面回到现实，"无比"号的设计就显得不那么可行了。超大口径的508毫米主炮就算研制成功，射速也会非常慢，而且巨炮齐

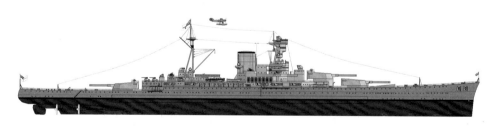

▲ "无比"号战列巡洋舰的线图

射产生的冲击力很有可能对舰体造成损害；尽管设计航速为35节，但是总输出功率只有180000马力的动力系统很难达到这个速度，能够实现30节的航速就已经算是成功了。除了上面可能出现的问题，"无比"号在设计上就存在着防御力不足的问题，其主装甲带的装甲厚度为279毫米。1916年5月的日德兰海战中，英国有3艘战列巡洋舰被击沉，这暴露了英国战列巡洋舰防御力不足的缺陷，海战结束之后，英国对其主力舰防护进行全面升级

加强，正在建造中的"海军上将"级战列巡洋舰也临时强化了防御部分。而此时英国也开始将战列巡洋舰的建造转向了高速战列舰，战争结束后的海军假日更是断绝了英国战列巡洋舰最后的血脉。

从海军技术发展的风潮来看，日德兰海战之后，战列巡洋舰就已经显得过时，高速战列舰最终将替代它们。"无比"号作为费舍尔的梦想永远停留在图纸上，或许对于这样一艘怪异的战舰是最好的归宿。

"无比"号战列巡洋舰一览表

舰名	译名	建造船厂	开工日期	下水日期	服役日期	命运
HMS Incomparable	无比	–	–	–	–	–

基本技术性能	
基本尺寸	舰长304米，舰宽31.7米，吃水7.3米
排水量	标准46000吨 / 满载53000吨
最大航速	35节
动力配置	180000马力
武器配置	6×508毫米火炮，18×102毫米火炮，9×76毫米火炮，8×450毫米鱼雷发射管
人员编制	–

G3 战列巡洋舰

1918年11月，在欧洲屠戮无数生灵的战火终于熄灭，皇家海军最终击败了世界排名第二的德国公海舰队。尽管仍旧掌握着制海权，但是西面的美国和东面的日本正在海平面上崛起，靠着战争发家的两个国家已经制定了雄心勃勃的大规模造舰计划。反观英国方面，虽然皇家海军有大量的主力舰正在服役，但都是日

德兰海战之前设计建造的，其在火力和防御上都存在着不足。在日德兰海战中，英国的3艘战列巡洋舰被击沉，战斗中暴露了英国主力舰水平防御能力不足、弹药舱的防火防爆措施不足的问题。正是看到了问题的严重性，英国在日德兰海战后立即对现役的和正在建造的主力舰进行专项改造，所有未开工的后续舰则全部取消，这其中就包括了剩下的3艘"海军上

将"级战列巡洋舰。

面对新一轮的海军军备竞赛，英国计划在1920至1921年建造3艘新型战列舰和1艘战列巡洋舰，1921年后再建造1艘战列舰和3艘战列巡洋舰。为了节省设计时间、提高设计效率并在之后的建造过程中能够相互借鉴，海军方面决定在新型战列舰和战列巡洋舰上采用相似的结构布局。

由于战后英国国力明显衰落，财政压力很大，因此政府希望新主力舰在设计论证上能够尽可能做到详细。1920年3月，英国战后问题委员会负责人海军中将理查德·福蒂斯·菲利莫尔（Richard Fortescue Philimore）考虑新型战列巡洋舰要与美国正在建造的"列克星敦"级战列巡洋舰对抗，提出了新战列巡洋舰的设计标准：安装8门主炮，拥有4座双联装主炮塔，排水量35000吨，最高航速达到33节。新主力舰的设计工作由海军部造舰局局长丁尼生-戴恩科特爵士（Sir Eustace Hugh Tennyson-d'Eyncourt）统一负责。

在主炮的选择上，英国人不得不紧跟美日两国，情报显示对手已经打算在新主力舰上安装406毫米甚至更大口径的主炮。自进入无畏舰时代之后，英国主力舰的主炮口径一直在对手之上，这次也不例外！海军方面考虑使用457毫米（18英寸）巨炮，这种火炮在一战时已经在大型轻巡洋舰"暴怒"号（HMS Furious）上安装。为了节省空间，设计人员尝试采用三联装主炮塔，不过大家仍然认为双联装炮塔是最佳选择。相比当时皇家海军主力舰装备的381毫米主炮，457毫米主炮上舰势必会导致战舰的排水量激增，舰体的宽度和吃水扩大，英国将没有合适的船坞建造这么庞大的战舰，巴拿马运河和苏伊士运河也无法允许这样的巨舰通过。457毫米主炮的安装带来的另外一个问题就是装甲防御的相应提升，一艘主力舰在正常交战距离上应该能够抵御自己发射的炮弹的攻击，但是考虑到对方406毫米穿甲弹的穿甲威力与英制381毫米穿甲弹威力相当，因此战舰的防御相应可以降低。

在经过之前的论证之后，英国将新型战列巡洋舰设计方案定为K方案，战列舰设计方案定为L方案。L方案以1914年的设计为基础，将所有主炮塔都安装在同一水平面上，这样可以保证舰体的稳定性。在L方案基础上又分出了安装4座双联装炮塔的L2方案和安装3座三联装炮塔的L3方案，两个方案采用传统布局，舰桥、烟囱等位于中部，主装甲带厚度为381毫米。

以L方案为基础，设计人员拿出了K2和K3两个战列巡洋舰方案，其区别也是火炮安装方式的不同。与战列舰设计方案相比，战列

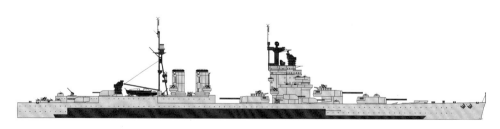

▲ K3战列巡洋舰方案的线图

巡洋舰的烟囱增加到两座，主装甲带厚度降低至279毫米。经过对K方案的研究论证，海军部指出战舰的防御力不足，理论航速也无法达到33节。

K方案之后的J方案依然沿用之前的基本设计，但是此时战列舰的M方案却出现了翻天覆地的变化。在主任设计师爱德华·阿特伍德（Edward Attwood）和其助手斯坦利·古多尔（Stanley Goodall）的带领下，设计团队将战列舰的全部主炮塔集中前置，动力舱则后置，这种突破常规的设计缩短了中心防御区的长度，有利于减少主装甲带的尺寸进而降低排水量。主炮集中前置带来了主炮射界受限，齐射产生的炮口爆风威胁舰桥等问题，而缺乏保护的舰体后部在被击穿后也容易进水。设计人员在J方案之后的I方案中采用了战列舰M方案的布局，不过由于战列巡洋舰安装有比战列舰更多的锅炉，因此其长度比后者长出了30米，达到了277米。鉴于I方案的尺寸太大，设计人员拿出了"减肥"版的H3方案。H3方案之下又分为H3a、H3b、H3c三个子方案，其主要的不同是主炮安装的区别。

尽管出现了多个方案，但是海军方面对新战列巡洋舰的设计并不满意，于是设计人员在主炮前置的主导思路下重新开始。就在此时，海军决定安装406毫米主炮，不过设计人员还是留了一手，使得战舰在必要的时候能够以双联装的457毫米主炮塔替换三联装的406毫米主炮塔。经过设计和论证，全新的G3战列巡洋舰方案于1920年12月13日诞生了。

G3战列巡洋舰与之前英国建造的所有战列巡洋舰都不同，其全身散发着一种突破旧

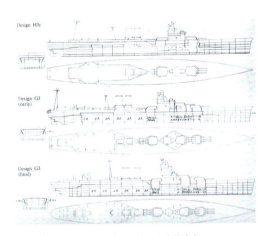

▲ 从设计图纸上看H3c到G3方案的演变

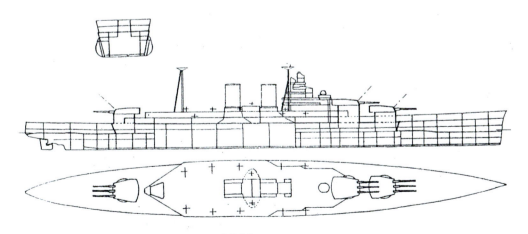

▲ J方案的线图，可以看到其主炮塔布局上还非常传统

◀ G3战列巡洋舰
进行射击的想象图

规范和大量采用新技术的前卫气息。G3战列巡洋舰一改之前英国战列巡洋舰惯用的长艏楼和带有冲角和内倾艏柱的舰艏设计，采用了平甲板舰形和直线形艏柱，这样的设计有利于提高战舰的航行性能。G3战列巡洋舰前甲板上集中了两座主炮塔，舰桥之后是第三座主炮塔，炮塔后面是宽大甲板室，安装有两根烟囱和高大的桅杆。G3战列巡洋舰长超过260米，标准排水量超过48000吨。

G3战列巡洋舰安装有9门406毫米（16英寸）45倍口径的Mark I舰炮，这9门火炮分别安装在三座三联装炮塔中，这是英国战列巡洋舰首次安装三联装主炮炮塔和406毫米主炮。G3战列巡洋舰每座主炮塔长20米、重1500吨。三座炮塔全部位于前甲板的舰体中轴线上，其中"A""B"两座炮塔在舰桥之前呈背负式布局，"X"则位于舰桥后面。G3战列巡洋舰上的每门406毫米主炮备弹100枚，其集中布局有利于集中防护，但是"X"炮塔的射界受限无法向前方和后方射击，战舰的后方因此成为主炮射击死角。G3战列巡洋舰上安装16门152毫米Mk XXII火炮作为副炮，每门炮长7.87米，重9.157吨，备弹150枚，射速5发/分钟。G3战列巡洋舰上的所有

152毫米副炮都安装在八座双联装炮塔中，这是英国战列巡洋舰第一次在设计时将副炮安装在具有全面防护能力的炮塔中，这样的设计既提高了火炮和人员的防护，又扩大了火炮的射击范围。双联装的152毫米炮塔重86吨，回旋速度为5°/秒。八座炮塔中有四座位于舰桥两侧的甲板上，另外四座则位于舰艉两舷且两两呈背负式排列。G3战列巡洋舰的防空武器包括6门40倍口径的120毫米高射炮和四座八联装的40毫米砰砰炮，所有防空火力都位于后部甲板室顶部和舰艉。除了火炮，G3战列巡洋舰原计划安装两具位于水下的533毫米鱼雷发射管，但是随着1921年4月Mk I型622毫米氧气鱼雷的研制成功，G3战列巡洋舰安装了这种新型鱼雷。622毫米鱼雷全长8.1米，重2.58吨，战斗部内有337公斤TNT，射程18300米，G3战列巡洋舰共载有12枚鱼雷。

G3战列巡洋舰的装甲防护采用了由美国海军最先提出的集中防御理念，既对主副炮、弹药舱、动力舱及指挥系统等要害部门进行重点防御，而其他次要部分几乎不安装太多装甲；面对大仰角下落的炮弹和航空炸弹，战舰加强了水平防御；面对鱼雷和水雷，对舰体水下部分进行改进完善。G3战列巡洋舰侧

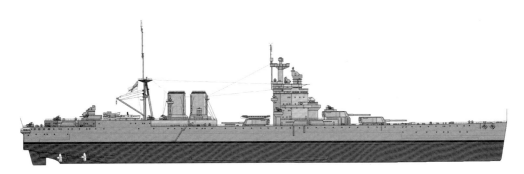

▲ G3战列巡洋舰线图，其外形设计上突破了传统格局

舰的主装甲带从舰艏的"A"炮塔直到舰艉的弹药舱，厚度达356毫米。战舰的主装甲带安装在舰体内部，其呈18°外倾。在主装甲带前后分别有两道横向的装甲隔壁连接，这样便形成了一个完整的装甲盒子。G3战列巡洋舰强化了水平方向上的防御，其轮机舱顶部装甲厚102毫米，主炮弹药舱和锅炉舱顶部的装甲厚203毫米，舰艉的弹药舱顶部装甲厚178毫米。作为重点防御部分的主炮塔，其正面装甲厚406毫米、两侧厚279毫米、背部厚229毫米、顶部厚184毫米，炮塔基座装甲厚330至381毫米。与主炮塔防御相反，G3战列巡洋舰的副炮炮塔正面装甲厚38毫米，其他位置为25毫米；G3战列巡洋舰的指挥塔拥有厚实的装甲，其正面厚305毫米，侧面厚356毫米、背面厚254毫米、顶部厚190毫米，除了指挥塔，舰桥上的操舵室和烟道也拥有装甲防护。在水下防御上，G3战列巡洋舰最大可以承受340千克炸药爆炸的冲击。

G3战列巡洋舰的动力系统得到全新设计，其空间相当大。舰上安装有18座10000马力的亚罗锅炉，整艘战舰的最大输出功率达到160000马力，最高航速32节。考虑到美国的"列克星敦"级战列巡洋舰将拥有33.5节的高速，海军方面希望G3战列巡洋舰延长机

舱空间以安装更多的锅炉，这样航速可以达到33节。1921年2月16日，海军部召开专门会议，会议上戴恩科特爵士指出想要达到33节的最高航速，G3战列巡洋舰就要将舰体延长7.5米，排水量会增加200吨，造价增加35万英镑。即便如此，战舰只能获得0.5节的航速提升，实在是得不偿失，于是维持了原设计。关于G3战列巡洋舰的速度还有一个趣闻：当时古多尔与戴恩科特爵士打赌，如果战舰试航时航速达到32节，他就输给戴恩科特爵士1英镑，反之则赢5英镑，看来大家对G3战列巡洋舰是否能够达到设计航速心中还是打问号的。

G3战列巡洋舰方案完成后得到海军部的支持，1921年10月国会通过了建造4艘G3战列巡洋舰的财政预算。10月21日，海军部向斯万·亨特公司、比尔的莫尔公司、法尔费德公司及约翰·布朗公司下达订单，4艘战舰很可能被冠以"无敌""不屈""不挠"及"不倦"这几个名字。就在造舰合同签订的同时，为这些巨舰准备的37门406毫米主炮也开始生产。按照计划，所有的4艘G3战列巡洋舰将在1924年11月竣工。

之前一直受到新战列舰设计方案影响的G3方案此时凭借着成功的设计反过来影响了

战列舰的设计,其最终的结果便是促成N3战列舰方案的诞生。与G3战列巡洋舰相比,N3舰体更短、火力更强、装甲更厚,当然速度也更慢。

就在订单下达一个月后的1921年11月,船厂接到了海军部的停工令,原来在大洋另一端的美国,一场针对主力舰的"杀戮"正在进行。在决定巨舰命运的华盛顿会议上,五大海军强国同意限制海军军备,所有正在建造和计划建造的主力舰都将面临停工拆除的命运,G3战列巡洋舰也在其中。

从综合性能上看,G3战列巡洋舰和N3战列舰无疑是英国在后日德兰时代设计的最为成功的主力舰,其吸取了战争中的经验教训,采用了许多突破性的设计和技术。G3战列巡洋舰安装有大威力主炮,具有32节的高速,其安装在全防护炮塔内的大口径副炮更安全更高效,更多的防空武器已经考虑到来自天空的威胁,严密的水下防御体系则能够抵挡来自水下的攻击。与同时代美国的"列克星敦"级和日本的"天城"级战列巡洋舰相比,G3战列巡洋舰的优势是不言而喻的,其技术上明显领先于对手。尽管由于一纸条约的签订,G3战列巡洋舰最终成为一个未实现的梦想,但是其设计理念和经验会被"纳尔逊"级战列舰吸收并沿用。

G3 战列巡洋舰一览表

基本技术性能	
基本尺寸	舰长260.9米,舰宽32.3米,吃水10.9米
排水量	标准48400吨 / 满载54000吨
最大航速	32节
动力配置	160000马力
武器配置	9×406毫米火炮,16×152毫米火炮,6×120毫米火炮,2×622毫米鱼雷发射管
人员编制	1716

海军假日时代的英国战列巡洋舰

第一次世界大战结束后,随着《华盛顿海军条约》和《伦敦海军条约》的签订,各海军强国的战舰建造受到了限制,新战列舰和战列巡洋舰建造计划被迫中止或取消。1922年至1936年的15年被称为"海军假日"(Navy Holiday),也称"条约时代"。尽管仍有战列舰建造,但是英国再也没有战列巡洋舰建造。

当第一次世界大战的硝烟刚刚消散,几大战胜国就推出了最新的主力舰建造方案。吸取了战争中的宝贵经验(特别是日德兰海战的教训),各国的设计师们都采用了更大口径的火炮、更厚重的装甲、更长的舰体。几年之中,各国造船厂的船台上纷纷铺下了新战舰的龙骨,新的海军军备竞赛已经拉开序幕。对于刚刚从战争泥潭中脱身的各国,首要的任务是从战争的破坏中恢复过来，而建造和维护一支以主力舰为核心的庞大舰队无疑是沉重的负担。在这个背景之下，英国、美国、日本、法国和意大利的代表在1921年至1922年举行的华盛顿会议上对各国海军力量的规模及各类战舰的规格等进行了讨论并最终达成了一致。1922年2月6日，在华盛顿会议结束当天，五大海军强国签署了《美、英、法、意、日五国关于限制海军军备条约》，通称《五国海军条约》，也称《华盛顿海军条约》。《华盛顿海军条约》的有效期至1936年12月31日，如果到期前两年之内缔约国没有提出疑议，那么条约将继续有效。

作为海军核心，《华盛顿条约》中对战列舰和战列巡洋舰进行了严格的限制，条约规定：英、美、日、法、意主力舰总吨位的比例为5∶5∶3∶1.75∶1.75，各国新建主力舰的排水量不得超过35000吨，主炮不得超过16英寸。按照条约规定，英国可以保留战列舰"英王乔治五世"号、"百人队长"号、"阿贾克斯"号、"大胆"号、"铁公爵"号、"马尔博罗"号、"本鲍"号、"印度皇帝"号、"伊丽莎白女王"号、"巴勒姆"号、"刚勇"号、"厌战"号、"马来亚"号、"复仇"号、"决心"号、"皇家橡树"号、"君权"号、"伊米拉"号，战列巡洋舰"胡德"号、"声望"号、"却敌"号、"虎"号，所有主力舰共计22艘，总吨位580450吨。除去保留的主力舰，英国需要退役拆解的主力舰包括战列舰"共同体"号、"阿伽门农"号、"无畏"号、"柏勒洛丰"号、"鲁莽"号、"壮丽"号、"圣文森特"号、"尼普顿"号、"赫剌克勒斯"号、"俄里翁"号、"君主"号、"征服者"号、"埃尔林"号、"阿金科特"号，战列巡洋舰"不屈"号、"不

挠"号、"澳大利亚"号、"新西兰"号、"狮"号、"大公主"号，所有退役拆除的主力舰共计20艘。除了以上这些主力舰，"巨像"号和"柯林伍德"号战列舰被允许改造成非战斗用途的舰艇。从表面上看，《华盛顿海军条约》迫使英国不得不拆毁大量战舰，其实无法建造最新的G3战列巡洋舰和N3战列舰才是最大的打击。

就在华盛顿会议各国都在为保留在建战舰争执不休时，日本要求保留已经"接近完工"的"长门"级2号舰"陆奥"号，其称战舰的建造费用很多来自国内小学生的捐款，要考虑到孩子们的感情。经过磋商，会议各方同意日本保留"陆奥"号，而英国则获得了建造2艘"纳尔逊"级战列舰的权利，美国则继续建造3艘"科罗拉多"级战列舰，这7艘战列舰成为海军假日期间的"七巨头"（BIG SEVEN）。不过作为新增加吨位的补偿，英国会拆除4艘"英王乔治五世"级战列舰，英国海军主力舰的总吨位下降至558950吨。

《华盛顿海军条约》签订8年之后的1930年，五大缔约国在伦敦再次召开海军军备会议，其在4月22日签订了《限制和削减海军军备条约》，通称《伦敦海军条约》。由于没有满足法国和意大利的要求，两个国家并没有在条约上签字。根据《伦敦海军条约》，各国的主力舰数量被进一步削减，英国将要退役的主力舰包括战列舰"铁公爵"号、"马尔博罗"号、"本鲍"号、"印度皇帝"号和战列巡洋舰"虎"号，这样一来英国仅剩下3艘战列巡洋舰还在服役。

随着1936年的临近，《华盛顿海军条约》即将到期，英、美、日、法、意五国在1935年12月9日再次在伦敦召开相关会议，这就是第二次伦敦海军军备会议。在会议上，

各方决定进一步限制各国海军军备，但是日本却在会议中途宣布退出。1936年3月25日，英、美、法三国签署了新的《限制海军军备条约》，通称《第二次伦敦海军条约》。《第二次伦敦海军条约》的有效期至1942年12月31日，而意大利没有在条约上签字。

在《第二次伦敦海军条约》中，规定各国新建的主力舰排水量不得超过35000吨，主炮口径不得超过14英寸。考虑到日本和意大利并没有在条约上签字，英、美、法在条约的附加条款中规定如果日本和意大利在1937年3月25日之前还不在条约上签字，那么各国主力舰的上限将自动放宽至45000吨、主炮口径16英寸。从当时的战舰建造技术上看，随着新型燃气轮机和锅炉的出现，战列舰的最高航速已经接近30节，战列巡洋舰所具备的速度优势已经荡然无存，因此已经失去了存在的价值。

经过了长达15年的海军假日，皇家海军的大批主力舰退役拆解，而新建的主力舰只有2艘"纳尔逊"级战列舰。海军假日对于世界各国的主力舰都是一场灾难，其不仅扼杀了优秀的设计而且还打击了英国的造船工业，皇家海军原有的10艘战列巡洋舰仅剩下3艘，战列巡洋舰的设计和建造最终变成了历史。

卢夫腾岛夜战

1939年9月1日，德国入侵波兰，第二次世界大战爆发。由于英法等国的绥靖，尽管已经与德国开战，但是却任由德国占领了波兰。为了保证由瑞典运来的铁矿砂的安全并防止英国海军进入波罗的海，德国于1940年4月2日正式实施入侵挪威和丹麦的"威悉河演习"计划。按照计划德军将迅速占领丹麦和挪威，其中对挪威的占领将以登陆和空降为主。

为了进行登陆作战，德国海军派出大量舰艇组成多支分舰队，其中的"沙恩霍斯特"号和"格诺森瑙"号2艘战列巡洋舰为登陆舰队提供远程支援。当时在挪威水域，英国战列巡洋舰"声望"号正率领"萤火虫"号、"英雄"号、"海泼里恩"号及"灰猎犬"号4艘驱逐舰执行布雷任务。4月7日，为了寻找一名落水的船员，"萤火虫"号离开编队独自进行搜救。

4月8日上午8时，在大雾中搜索的"萤火虫"号与2艘德国驱逐舰相遇，它们属于以重巡洋舰"希佩尔海军上将"号为核心的德军登陆编队。发现目标的"萤火虫"号抢先开火，德国驱逐舰立即召唤附近的"希佩尔海军上将"号进行支援。上午10时左右，赶到战场的"希佩尔海军上将"号用203毫米主炮向8400米外的"萤火虫"号开火，很快就取得了命中。

面对重巡洋舰的强大火力，"萤火虫"号舰长杰拉德·布罗德米德·鲁普（Gerard Broadmead Roope）海军少校命令释放烟雾并撤退，但是却被对方死死咬住，舰上多处严重受损。当两舰靠近至800米时，"萤火虫"号发射鱼雷但是没有击中目标，双方的距离继续靠近。就在此时，"萤火虫"号突然转向并与"希佩尔海军上将"号舰艏撞在一起，"萤火虫"号的舰艏被撞断，随后沉没，"希佩尔海军上将"号也遭受了一定的损伤。

"萤火虫"号在沉没之前发出了与敌遭遇的电报，这份电报很快被坐镇"声望"号的海军少将怀特沃斯（W.J. Whitworth）收到，他立即率领战列巡洋舰和"灰猎犬"号驱逐舰高速向"萤火虫"号驶去。等抵达目标海域，英国舰队并没有找到"萤火虫"号，更没有发现德国人的影子。经过一段时间的搜寻，怀特沃斯命令舰队继续执行原定的警戒任务。在航行途中，北大西洋上的风浪越来越高，为"声望"

号提供护航的驱逐舰落在后面，战列巡洋舰自身已经偏离了航线。此时的怀特沃斯并不知道，就在他附近有2艘德国战舰正在靠近。

4月9日凌晨，"声望"号驶入卢夫腾岛西南海域，它的雷达探测到两个目标，怀特沃斯判断这是2艘德国战舰。发现目标不久之后，"声望"号也出现在"格奈森瑙"号的雷达屏幕上。探测到不明目标的"格奈森瑙"号立即将情况通知了同行的"沙恩霍斯特"号，2艘战舰进入战斗状态。

凭借着更为先进的雷达和火控系统，"声望"号抢先完成了对目标的瞄准，其381毫米主炮在5时左右向10000米外的目标开火。炮弹呼啸着跨过天际向"格奈森瑙"号飞去，爆炸在其一侧掀起了高大的水柱。由于能见度不佳，德国人根本无法用战舰上的光学设备观测目标，当他们看到远处火炮发射的闪光时，早就被对手锁定了。

战斗开始之后，"声望"号独自面对着2艘敌舰，他仅有6门381毫米主炮，而对面的2艘德军却有多达18门280毫米主炮，"声望"号在火力上处于劣势。虽然是一打二，但是天气帮了大忙，汹涌的海浪和浓重的乌云导致战舰上的光学测距仪无法进行正常观测，双方只能靠雷达引导主炮进行射击。与性能落后、稳定性不足的德国雷达相比，"声望"号上的雷达要先进得多，因此其可以对目标进行从容射击。

面对不断在周围爆炸并掀起水柱的炮弹，"格奈森瑙"号和"沙恩霍斯特"号只能被动挨打。在"声望"号开火10多分钟之后，随着双方距离的拉近，终于锁定目标的德国战舰开始还击，而此时"声望"号开始向"沙恩霍斯特"号射击。在之后的一个小时里，1艘英国战列舰巡洋舰一直在对2艘德国战列巡

洋舰进行追击，双方的射击时断时续，但是都没有取得命中。

6时20分，"格奈森瑙"号发射的两枚280毫米炮终于击中了"声望"号，一枚击中了战舰前主桅下方，但是没有爆炸；另一枚击中了"Y"炮塔之后，炮弹从右舷舵机舱上方射入，贯穿了主甲板之后斜向击穿了另一侧的舰体，最后落入海中，这枚炮弹也没有爆炸。由于两枚炮弹都没有爆炸，"声望"号受损非常轻微，他开始向对手怒吼并还以颜色。很快一枚381毫米炮弹便击中了"格奈森瑙"号的舰桥，尽管这枚炮弹也没有爆炸，但是高速飞行的弹体切断了供电和通讯用电缆，产生的碎片打坏了光学测距仪并且杀死了6名官兵。很快又有一枚来自"声望"号的炮弹击中了"格奈森瑙"号的"A"炮塔，炮塔内的测距仪被击毁，火炮无法正常使用。

"声望"号的连续打击不但敲掉了"格奈森瑙"号三分之一的火力，而且还切断了电缆造成火控系统失灵。另一边雷达发生故障的"沙恩霍斯特"号更是犹如黑烟中的盲人一样，主炮打出的炮弹毫无准头可言。如果继续与"声望"号对抗，只要战舰再次被击中并且出现减速状况就会立即被围拢过来的英国海军吃掉。考虑到对自己越来越不利的处境，德国舰队指挥官决定尽快脱离战斗。2艘德国战列巡洋舰开足马力向北方驶去，"声望"号紧随其后，航速提高至29节。在大浪的冲击下，"声望"号"A"炮塔进水、舰桥结构遭到破坏，最终不得不降低速度。就这样，2艘德国战列巡洋舰很快就超出了"声望"号主炮的最大射程，他只能眼睁睁地看着对手逃走。

为了能够摆脱英国人的追击，"格奈森瑙"号和"沙恩霍斯特"号在北海上绕了一个大圈子，长时间的海上航行让这2艘战舰伤

痕累累。在高速航行中，大浪冲上了甲板，海水淹没了"A"炮塔造成整个炮塔无法使用。"沙恩霍斯特"号右主机发生故障，航速下降至25节。经过艰苦航行，2艘战舰最终于4月12日回到威廉港，它们立即开始接受维修。

英德双方战列巡洋舰在卢夫腾岛附近海域爆发的战斗被称为"卢夫腾岛夜战"，这是两国战列巡洋舰在二战中唯一的一次正面交锋。凭借雷达技术上的优势，孤身一人的老兵"声望"号击败了2艘先进的德国战列巡洋舰，而期间整个皇家海军的行动更是让盟军在挪威战役中开始占据优势。

卢夫腾岛夜战参战舰艇性能一览表

舰名	国籍	舰长	排水量	主炮	主装甲带	航速
声望	英国	242米	27600吨	6×381毫米火炮	229毫米	31.5节
沙恩霍斯特	德国	234.9米	32600吨	9×280毫米火炮	350毫米	31节
格奈森瑙	德国	234.9米	32600吨	9×280毫米火炮	350毫米	31节

英国战列巡洋舰主炮一览

驰骋于大海之上的战列巡洋舰具有强大的战斗力，其大口径舰炮是这些海上巨兽的锋利长矛。要想击中数千米之外的敌人其实并不简单，战列巡洋舰不但要有精度准确、威力强大的主炮，还要有先进的火控系统。下面让我们看看英国战列巡洋舰曾经装备过的主炮。

BL 12英寸 Mk X 舰炮

开启无畏舰时代先河的"无畏"号战列舰安装了10门BL 12英寸Mk X舰炮，该炮在Mk IX舰炮的基础上加长了炮管长度，增加了炮弹的发射药。

12英寸Mk X舰炮采用45倍口径，全长13.72米，重57吨，火炮初速823米/秒，有效射击距离25000米，射速1发/分钟。12英寸Mk X舰炮能够发射普通弹、穿甲弹和高爆弹，炮弹

重385.6千克。

12英寸Mk X舰炮的研制和生产由维克斯公司完成，其产量达到了88门。这种舰炮最早安装在前无畏舰"英王爱德华七世"级（后3艘）和"纳尔逊勋爵"级上，之后的"无畏"号及"柏勒洛丰"级战列舰，"无敌"级、"不倦"级战列巡洋舰上也安装了该型火炮。

BL 13.5英寸 Mk V 舰炮

1909年，英国为了在主力舰建造上压制德国，开始建造全新的"俄里翁"级战列舰，为了获得火力上的优势，英国方面研制了更大口径的13.5英寸Mk V舰炮。

13.5英寸Mk V舰炮采用45倍口径，火炮全长15.43米，重76吨，火炮初速787米/秒，在20°仰角时发射穿甲弹的最大射程为23800米，炮弹重567千克，射速2发/分钟，不过在

实际使用中每发射两枚炮弹需要1分20秒。

13.5英寸Mk V舰炮由维克斯公司生产，其装备了"俄里翁"级、"英王乔治五世"级、"铁公爵"级和"爱尔林"号战列舰，"狮"级、"玛丽女王"号及"虎"号战列巡洋舰。除了在战舰上使用，3门13.5英寸Mk V舰炮还被改装成铁路炮投入陆战，它们的名字分别为"角斗士""制造商"和"除雪机"。1940年，英国海军陆战队将这几门巨炮布置在多佛附近用来打击德军在加莱周围的海上运输。当撤出战斗后，铁路炮会进入隧道中躲避对手的袭击。

BL 15英寸Mk I舰炮

15英寸Mk I舰炮由英国海军军械局研制，该炮是在13.5英寸主炮的基础上扩大火炮口径制成的，这样做既缩短了研制周期又避免了复杂烦琐的理论和技术验证。15英寸Mk I舰炮是专门为"伊丽莎白女王"级设计的，因为当时有情报显示德国将在"国王"级战列舰上安装381毫米主炮。

15英寸Mk I舰炮采用42倍口径，火炮全长16.52米，重100吨，火炮初速749米/秒，在30°仰角时发射穿甲弹的最大射程为30680米，炮弹重879千克，射速2发/分钟。由于发射炮弹会严重磨损炮管中的膛线，15英寸Mk I舰炮的身管寿命为330至340枚。

15英寸Mk I舰炮由多家工厂生产，其产量多达186门，这些火炮都是在1912年至1918年间生产的。15英寸Mk I舰炮最早装备了"伊丽莎白女王"级战列舰，之后的"复仇"级、"前卫"号战列舰，"声望"级、"胡德"号战列巡洋舰，"勇敢"级大型轻巡洋舰，"厄瑞玻斯"级、"内伊元帅"级、"罗伯茨"级潜水重炮舰都安装了这种火炮。除了战舰，英国肯特郡的海岸炮台和新加坡要塞中分别装备了2门和4门15英寸Mk I舰炮。在服役期间，15英寸Mk I舰炮和炮弹经过了多次改进，到装备"前卫"号时，该炮的最大射程达到了34630米，海岸炮台中该炮的最大射程更是达到了40370米。

15英寸Mk I舰炮是英国海军最著名的大口径舰炮，其从1915年服役直到1959年退役，前后共44年之久。作为一种被广泛使用的大口径舰炮，它不但安装在战舰上，还被安装在海岸炮台中。15英寸Mk I舰炮在皇家海军中的地位无法取代，其经历了两次世界大战的腥风血雨，安装这种火炮的英国战舰一次次在大洋上与对手展开搏杀。

英国战列巡洋舰主炮性能一览表

名称	口径	长径比	初速	射程	射速	弹重
BL 12英寸Mk X舰炮	305毫米	45	823米/秒	25000米	1发/分钟	385.6千克
BL 13.5英寸Mk V舰炮	343毫米	45	787米/秒	23800米	2发/分钟	567千克
BL 15英寸Mk I舰炮	381毫米	42	749米/秒	34630米	2发/分钟	879千克

"金刚"级
（Kongō Class）

太平洋西侧的日本曾经只是一个不起眼的小国，从明治维新开始，日本国力出现了跳跃式增长。经过了甲午战争和日俄战争，日本已经跻身世界强国之列，其强大的海军成为国家力量的重中之重。1905年，跨时代的"无畏"号战列舰下水，英德两国立即展开了新一轮的海军军备竞赛。遥远东方的日本注意到世界海军新的发展动向，海军大臣斋藤实提出了"海军整备计划"，计划中要求建造3艘战列舰、4装甲巡洋舰、3艘轻巡洋舰、30艘驱逐舰及6艘潜艇。该计划提交国会经过讨论，国会批准了建造2艘战列舰、1艘装甲巡洋舰、3艘轻巡洋舰、1艘驱逐舰及2艘潜艇的预算。到了1910年，斋藤实又提出了更大规模的"八八舰队案"，该计划要求建造7艘战列舰、3艘装甲巡洋舰和41艘其他类型的战舰。1911年，日本内阁通过了"八八舰队案"，这样日本海军获得了足够的拨款以建造军舰。

1909年，"河内"级战列舰按照计划如期开工，但是装甲巡洋舰却因为日俄战争之后各船厂繁重的维修改造任务而迟迟无法开工。1910年夏天，海军方面最终决定在1911年开始建造新的装甲巡洋舰，其被定名为"金刚"级。"金刚"级的初期设计方案与"河内"级相似，其排水量19000吨，安装10门305毫米主炮和16门152毫米副炮。由于看到西方海军技术日新月异的发展，日本决定从英国订购"金刚"级的首艘战舰。作为日本海军的老朋友，英国各大造船厂曾经为日本建造了大量的战舰，其中以维克斯公司的实力最为雄厚。1910年11月，日本海军舰政本部与维克斯公司交换了建造协议书，根据这份协议，维克斯公司不仅要建造战舰，而且还要培训日方的造船技术人员并提供战舰的全套技术图纸。

为了研制并建造"金刚"级，维克斯公司请出了造船大师瑟斯顿爵士，日本方面则派出了舰政本部造船部部长藤基树作为日方设计负责人。在战列舰的设计上，瑟斯顿参考了英国为土耳其建造的"雷沙迪耶"号（Reishadieh，后被英国征用并改名为"爱尔林"号），因此在最早的设计图中，战舰有5座炮塔，装有10门305毫米主炮。到了1911年日本了解到英国海军研制了更大口径的343毫米主炮，遂要求"金刚"级采用更大口径的主炮，而火炮的搭载量可以酌情减至8门。修改之后的方案编号为472C，其排水量达到25000吨，航速27节，主炮为8门356毫米火炮。

"金刚"级尽管是在"雷沙迪耶"号基础上设计的，但是两者的布局还是有明显的不同，"金刚"级采用了长艏楼船外形。由于日本海军中曾多次出现军舰相撞导致沉没的严重事故，因此"金刚"级取消了冲角形舰艏。"金刚"级的舰体细长，采用了上下两层甲板布局。前两座主炮塔之后是高大的舰桥，舰桥后面是三角主桅，主桅之后有三根高大的烟囱，再后面是两座炮塔。"金刚"级舰长214.6米，舰宽28.04米，吃水8.38米，标准排水量达到26610吨，满载排水量32156吨。

在武器系统上，"金刚"级安装了8门356毫米45倍口径的火炮，这些火炮都是专门研制的。在"金刚"级建造时，日本得到情报称美国很可能在下一代战列舰上安装356毫米主炮，于是要求维克斯公司为自己研制356毫米主炮。该级别所有主炮都安装在4座双联装炮塔中，炮塔布置在战舰的中轴线上，每座炮塔重664吨。"金刚"级的"A""B"两座炮塔以背负式安装在舰桥前面，"Q"炮塔则安装在三根烟囱之后，"Y"炮塔位于舰艉甲板上，其与前面的"Q"炮塔距离较远。"金刚"级上的356毫米主炮的俯仰角在−5°至+20°之间，当以20°进行射击时，343毫米主炮发射穿甲弹的最大射程为35450米，其发射的穿甲弹重673.5千克，炮口初速为775米/秒，射速为2发/分钟。"金刚"级的每门356毫米主炮备弹80枚，全舰共运载有640枚炮弹及发射药。"金刚"级的副炮为16门152毫米Mk VII速射炮，主要用于对付威胁越来越大的驱逐舰和鱼雷艇。"金刚"级的152毫米炮中有16门以8对安装在舯楼两侧，其中向前的4对在舰桥至第2根烟囱两侧，向后的4对在第2根烟囱至"Q"炮塔之间。152毫米炮的俯仰角在−7°至+15°之间，当以15°进行射击时，最大射程为21000米，其发射的炮弹重45.36千克，炮口初速为840米/秒，射速4至6发/分钟。在防空武器方面，"金刚"级安装了4门76毫米防空炮，这4门火炮都安装在高脚架上，最大射高为75°。76毫米防空炮发射6千克炮弹，其炮口初速为680米/秒，最大射高7500米。除了火炮，"金刚"级上有8具533毫米鱼雷发射管。

"金刚"级的装甲采用了克虏伯渗碳硬化装甲钢板，装甲总重量为5405吨。"金刚"级主装甲带装甲厚203毫米，主装甲带至甲板之间的装甲厚152毫米，主装甲带向前和向后的装甲厚度为76毫米。在"金刚"级主装甲带之下"A"至"B"炮塔部分安装有高1.14米、厚76毫米的装甲带，这是为了保护两座炮塔集中布局的弹药舱。"金刚"级的甲板装甲厚38至70毫米。"金刚"级的炮塔装甲较厚，炮塔正面装甲厚229毫米，两侧的装甲厚83毫米，经过钢筋加强的顶部装甲厚64毫米，炮塔基座装甲厚229毫米，基座之下装甲厚度由203毫米降至76毫米。位于舰桥下方的指挥塔是全舰装甲防护最强的地方，其最大装甲厚度

达到了360毫米，顶部和底部装甲厚76毫米，其与战舰下方相连的通信筒装甲厚度为102至76毫米。为了加强战舰的抗沉性，"金刚"级采用了双层舰底，防护区划分为84个水密舱和44个水密隔舱。

"金刚"级具有强大的动力，其采用四轴四桨推进，共装有两组改良型帕森斯蒸汽轮机，每组由一台高压汽轮机和一台低压汽轮机组成，经过齿轮减速装置驱动4具螺旋桨转动，每具螺旋桨每分钟转动290周。"金刚"级上共安装有36座亚罗水管燃煤蒸汽锅炉，分布在8个锅炉舱中，这些锅炉可以通过在煤炭上喷洒重油助燃来提供更高的动力。36座锅炉为战舰提供了强大的动力，其蒸汽轮机设计功率达到64000马力，航速27节。在海试中，"金刚"号的功率一度达到了78275马力，航速27.54节。在"金刚"级上装有以蒸汽轮机为动力的发电机，其输出功率为1118千瓦，电压225伏，电力主要用于舰内的照明、通信、水泵等。"金刚"级能够装载4300吨煤炭和1000吨重油，煤舱位于锅炉舱及油舱外侧，占据了足足四层甲板的高度。当以14节速度航行时，"金刚"号能够持续航行8000海里。

1911年1月17日，"金刚"级的"金刚"号战列巡洋舰在维克斯公司位于巴罗因弗内斯的造船厂开工建造，该级的"比睿"号在横须贺的海军工厂建造，"榛名"号在位于神户的川崎造船厂建造，"雾岛"号在位于长崎的三菱造船厂建造。"金刚"号于1913年8月16日建成，其在8月28日离开朴次茅斯返回日本。"比睿"号在1914年8月建成，"榛名"号和"雾岛"号在1915年4月建成。

第一次世界大战爆发时，"金刚"号和"比睿"号已经服役，2艘战舰在太平洋和东海海域执行护航任务。1915年12月4日，日本

大正天皇登基，"金刚"号、"榛名"号、"雾岛"号参加了观舰式。1917年，"金刚"号开始了搭载和起飞水上飞机的试验，不过试验并不是非常成功。到1917年中期，英国向日本提出购买或租借"金刚"号和"比睿"号的提议，不过日本方面没有答应。

第一次世界大战结束后，日本根据战争中的经验对其主力舰进行改造，第一艘便是"金刚"号。"金刚"号接受了脱胎换骨的大改造，在1928年被重新定义为战列舰，之后其他三艘姐妹舰相继接受了类似的改造，"金刚"级因此成为战列舰（1934年，日本海军取消了战列巡洋舰的分类）。在海军假日期间，"金刚"级除"比睿"号之外都得以保留，"比睿"号则被改造成练习舰。1933年开始，"金刚"级开始接受第二次大规模改造，其武器、防御、动力方面得到了很大的提高。

第二次世界大战爆发之后，经过多次改造的"金刚"级状态较好，其高航速能够跟随航空母舰作战。1941年11月，"比睿"号和"榛名"号跟随机动部队袭击了美国太平洋舰队的基地珍珠港，太平洋战争爆发。1942

年，"金刚"级在印度洋作战，6月又参加了扭转整个太平洋战场形势的中途岛海战。瓜达尔卡纳尔岛战役爆发之后，"金刚"级作为航空母舰的护航兵力一同前往。鉴于岛上的美军亨德森机场对日军构成了严重的威胁，10月至11月，"金刚"级战列舰对机场进行了多次炮击。11月12日，"比睿"号在炮击美军机场时与美国舰队遭遇并爆发激烈的战斗，战舰遭到重创而失去控制，最终在13号自沉。"比睿"号成为日军在第二次世界大战中沉没的第一艘战列舰。14日，"雾岛"号再次前往瓜达尔卡纳尔岛对美军机场进行炮击，其又一次与美国舰队相遇，"雾岛"号以主炮重创了美国战列舰"南达科他"号，但是立即被"华盛顿"号打成重伤。失去战斗力的"雾岛"号最终在15日凌晨3时25分沉没，成为第二艘战沉的日本战列舰。

瓜达尔卡纳尔战役之后，剩下的2艘"金刚"级战列舰经过改造先后参加了马里亚纳海战和莱特湾海战，两舰在战斗中都不同程度受损。1944年11月21日，"金刚"号在台湾海峡遭到美国潜艇"海狮"号的鱼雷攻击而沉没，

▲ 正在海面上高速航行的"榛名"号，其已经完成了1933年的大改造

▲ 正在干船坞内进行维修的"金刚"号战列舰，与周围的水兵相比，战舰显得尤为巨大

▲ 停泊在海面上的"雾岛"号战列舰，照片拍摄于二战期间

成为日本唯一一艘被潜艇击沉的战列舰。至此"金刚"级就剩下"榛名"号一艘，该舰停泊于江田岛，后来被美国舰载机击沉于港内。第二次世界大战结束后，"榛名"号被拆除。

从第一次世界大战爆发到第二次世界结束，在长达30年的时间内，"金刚"级作为日本海军的主力成为其进行侵略战争的海上急先锋。作为英国外售的唯一一级战列巡洋舰，"金刚"级凭借其优秀的设计和扎实的建造成为太平洋和印度洋上的恶魔，不过邪恶终究无法战胜正义，作为侵略工具的"金刚"级最终难逃覆灭的命运。

"金刚"级战列巡洋舰一览表

舰名	译名	建造船厂	开工日期	下水日期	服役日期	命运
Kongō	金刚	维克斯公司	1911.1.17	1912.5.18	1913.8.16	1944年11月21日被美国潜艇击沉
Hiei	比睿	横须贺海军工厂	1911.11.4	1912.11.21	1914.8.4	1942年11月13日遭重创后自沉
Kirishima	雾岛	三菱造船厂	1912.3.17	1913.12.1	1915.4.19	1942年11月15日被击沉
Haruna	榛名	川崎造船厂	1912.3.16	1913.12.14	1915.4.19	1945年7月28日被击沉，1946年拆解

基本技术性能	
基本尺寸	舰长214.6米，舰宽28.04米，吃水8.38米
排水量	标准26610吨 / 满载32156吨
最大航速	27节
动力配置	36座燃煤锅炉，4台蒸汽轮机，64000马力
武器配置	8×356毫米火炮，16×152毫米火炮，8×533毫米鱼雷发射管
人员编制	1100名官兵

英国战列巡洋舰一览表

级别	数量	舰长	排水量	主炮	主装甲带厚度	航速
无敌	3	172.8米	17530吨	8×305毫米火炮	152毫米	26节
不倦	3	179.8米	18800吨	8×305毫米火炮	152毫米	25节
狮	2	213.4米	26690吨	8×343毫米火炮	229毫米	28节
玛丽女王	1	214.4米	27200吨	8×343毫米火炮	229毫米	28节
虎	1	214.6米	29000吨	8×343毫米火炮	229毫米	28节
声望	2	242米	27600吨	6×381毫米火炮	152毫米	31.5节
海军上将	1	262.3米	41125吨	8×381毫米火炮	305毫米	31节
无比	0	304米	46000吨	6×508毫米火炮	279毫米	35节
G3	0	260.9米	48400吨	9×406毫米火炮	356毫米	32节